Ciência picareta

Ben Goldacre

Ciência picareta

Tradução de
Renato Rezende

4ª edição

Rio de Janeiro
2023

Copyright@ Ben Goldacre, 2008
Copyright da tradução@ Renato Rezende, 2012

TÍTULO ORIGINAL EM INGLÊS
Bad Science

CAPA
Gabinete de Artes/Axel Sande

CIP-BRASIL. CATALOGAÇÃO NA FONTE
SINDICATO NACIONAL DOS EDITORES DE LIVROS, RJ

G563c
4ª ed.

Goldacre, Ben
    Ciência picareta / Ben Goldacre; [tradução Renato Rezende]. – 4ª ed. –
Rio de Janeiro: Civilização Brasileira, 2023.

    Tradução de: Bad science
    ISBN 978-85-200-1063-1

    1. Erros 2. Erros científicos. 3. Medicina – Aspectos sociais I. Título.

12-8392

CDD: 500
CDU: 5-051

Todos os direitos reservados. Proibida a reprodução, armazenamento
ou transmissão de partes deste livro, através de quaisquer meios,
sem prévia autorização por escrito.

Este livro foi revisado segundo o Acordo Ortográfico da Língua Portuguesa
de 1990.

Direitos desta tradução adquiridos pela
EDITORA CIVILIZAÇÃO BRASILEIRA
Um selo da
EDITORA JOSÉ OLYMPIO LTDA
Rua Argentina 171 – 20921-380 – Rio de Janeiro, RJ – Tel.: (21) 2585-2000.

Seja um leitor preferencial Record.
Cadastre-se em www.record.com.br e receba
informações sobre nossos lançamentos e nossas promoções.

Atendimento e venda direta ao leitor:
sac@record.com.br

Impresso no Brasil
2023

A quem possa interessar

Sumário

Introdução	9
1 O assunto	13
2 Ginástica cerebral	25
3 O complexo de Progenium XY	33
4 Homeopatia	41
5 O efeito placebo	77
6 O *nonsense* do dia	103
7 Dra. Gillian McKeith, Ph.D.	129
8 "Pílula resolve problema social complexo"	153
9 Professor Patrick Holford	179
10 Agora, o médico vai processá-lo	201
11 A medicina dominante é maligna?	217
12 Como a mídia promove os equívocos do público sobre a ciência	245
13 Por que pessoas inteligentes acreditam em tolices	263
14 Estatísticas erradas	277
15 Medos em relação à saúde	299
16 O boato da vacina tríplice viral na mídia	311
Outra coisa	353
Leituras adicionais e agradecimentos	361
Índice	363

Introdução

Vou contar como as coisas ficaram ruins. Em milhares de escolas públicas britânicas, as crianças aprendem, com seus professores, que, se mexerem a cabeça para cima e para baixo, farão aumentar o fluxo de sangue para os lobos frontais, ajudando a melhorar a concentração; que esfregar os dedos de uma maneira aparentemente "científica" e especial aumentará o "fluxo de energia" pelo corpo; que não existe água nos alimentos processados; e que manter um pouco de água na língua hidrata o cérebro diretamente pelo céu da boca, tudo como parte de um programa especial de exercícios chamado ginástica cerebral. Vamos dedicar algum tempo a essas crenças e, mais importante, aos palhaços de nosso sistema educacional que as apoiam.

Mas este livro não é uma coletânea de absurdos triviais. Ele segue um *crescendo* natural das tolices dos charlatões dada a credibilidade que recebem nos meios de comunicação, aos truques do setor de suplementos alimentares de 30 bilhões de libras, aos males do setor farmacêutico de 300 bilhões de libras, à tragédia da divulgação científica e aos casos em que as pessoas acabaram na prisão, ridicularizadas ou mortas, simplesmente devido ao mal-entendimento das estatísticas e das evidências que existem em toda a nossa sociedade.

Na época da famosa palestra de C. P. Snow sobre as "duas culturas", da ciência e das ciências humanas, há meio século, os formados em artes simplesmente nos ignoraram. Hoje, médicos e cientistas se encontram em desvantagem diante do grande número de pessoas que se sentem no direito de expressar uma opinião em relação às evidências — uma aspiração admirável — sem se dar ao trabalho de obter uma compreensão básica dessas questões.

Na escola, você aprendeu sobre substâncias químicas em tubos de ensaio, equações que descrevem movimento e talvez alguma coisa sobre a fotossíntese — que será mencionada adiante —, mas o mais provável é que você não tenha aprendido nada sobre morte, risco, estatísticas e a ciência que irá matá-lo ou curá-lo. O furo em nossa cultura está se transformando em abismo: a medicina baseada em evidências, a suprema ciência aplicada, contém algumas das ideias mais inteligentes dos dois últimos séculos e salvou milhões de vidas, mas nunca houve uma única exposição sobre o assunto no Museu de Ciências de Londres.

E não é por falta de interesse. Nós somos obcecados com a saúde — metade de todas as histórias de ciência nos meios de comunicação são relacionadas à medicina — e somos repetidamente bombardeados com afirmações e histórias que parecem científicas. Mas, como você verá, recebemos as informações das mesmas pessoas que repetidamente têm se demonstrado incapazes de ler, interpretar e testemunhar de modo confiável as evidências científicas.

Antes de começarmos, vamos mapear o território.

Em primeiro lugar, veremos o que significa realizar um experimento, para observar os resultados com seus próprios olhos e julgar se eles combinam com determinada teoria ou se uma alternativa é mais indicada. Você pode achar que esses primeiros passos são infantis e condescendentes — os exemplos são certamente ingênuos e absurdos —, mas todos eles foram promovidos de modo crédulo e com grande autoridade pelos meios de comunicação. Vamos examinar a atração das histórias aparentemente científicas sobre nosso corpo e a confusão que elas provocam.

Depois, vamos passar para a homeopatia, não porque ela seja importante ou perigosa — ela não é —, mas porque é o modelo perfeito para ensinar a medicina com base em evidências: afinal de contas, os comprimidos de homeopatia são pequenas pílulas de açúcar que parecem funcionar, e assim elas contêm tudo que você precisa saber sobre os "testes justos" de um tratamento e de como podemos ser levados a pensar equivocadamente que uma intervenção é mais efetiva do que realmente é. Você aprenderá tudo que existe para saber a respeito de como

INTRODUÇÃO

fazer um estudo adequado e de como identificar um estudo malfeito. O efeito placebo encontra-se oculto no segundo plano e é provavelmente o aspecto mais fascinante e incompreendido da cura humana, que vai muito além de uma mera pílula de açúcar: é contraintuitivo, é estranho, é a verdadeira história da cura mente-corpo e é muito mais interessante do que qualquer bobagem inventada sobre padrões de energia quânticos terapêuticos. Iremos rever as evidências sobre seu poder e você poderá tirar suas próprias conclusões.

Depois passaremos para as questões mais importantes. Os nutricionistas são terapeutas alternativos, mas, de algum modo, conseguiram se posicionar como se fossem cientistas. Seus erros são muito mais interessantes do que os cometidos pelos homeopatas porque têm uma pitada de ciência verdadeira neles e isso os torna não só mais interessantes, mas também mais perigosos, pois a ameaça real não é que seus clientes possam morrer — isso ocorre às vezes, embora pareça grosseiro alardear —, e sim o fato de eles sistematicamente sabotarem o entendimento do público sobre a própria natureza das evidências.

Veremos os golpes retóricos e os erros amadores que o enganaram tantas vezes quanto a alimentos e nutrição, examinaremos como esse novo setor atua como uma distração dos fatores de risco genuínos no estilo de vida em relação à saúde e também como isso tem um impacto mais sutil, mas igualmente alarmante, sobre o modo como vemos nosso corpo, especificamente no movimento amplo para medicalizar os problemas sociais e políticos, para concebê-los em um quadro de referência reducionista e biomédico e para buscar soluções vendáveis, especialmente sob a forma de pílulas e dietas da moda. Mostrarei evidências de que uma vanguarda de equívocos assustadores está penetrando nas universidades britânicas, juntamente com pesquisas acadêmicas genuínas em nutrição. Este é o capítulo em que você encontrará a nutricionista preferida do Reino Unido, Gillian McKeith, Ph.D. Depois, aplicaremos essas mesmas ferramentas à medicina tradicional e veremos os truques usados pelo setor farmacêutico para vender os olhos de médicos e pacientes.

A seguir, vamos examinar como a mídia promove o mal-entendido público em relação à ciência, a paixão bitolada por "não histórias" sem sentido e os mal-entendidos básicos em relação à estatística e às evidências, que ilustram o próprio cerne do motivo de fazermos ciência: para evitar que sejamos enganados por nossos próprios preconceitos e experiências fragmentadas. Finalmente, na parte do livro que considero mais preocupante, veremos como pessoas em posições de grande poder, que deveriam tomar mais cuidado, também cometem erros básicos com graves consequências e veremos como a distorção cínica das evidências cometida pelos meios de comunicação em relação a dois medos específicos de saúde atingiu extremos perigosos e francamente grotescos. Sua tarefa é observar, no decorrer do livro, como essa questão é incrivelmente prevalente e também pensar o que você pode fazer a respeito.

Você não consegue desacreditar as pessoas sobre algo em que elas, sem raciocinar, passaram a acreditar. Mas, ao final deste livro, você terá as ferramentas para vencer — ou, ao menos, para entender — qualquer discussão que queira iniciar, seja sobre curas miraculosas, a vacina tríplice viral, os males das grandes empresas farmacêuticas, a probabilidade de um determinado vegetal evitar o câncer, as tolices da divulgação científica, medos discutíveis em relação à saúde, os méritos das evidências anedóticas, o relacionamento entre o corpo e a mente, a ciência da irracionalidade, a medicalização da vida cotidiana e outras coisas mais. Você terá visto as evidências por trás de algumas ilusões muito populares, mas ao longo do caminho também terá aprendido tudo o que há de útil para saber sobre pesquisa, níveis de evidências, vieses, estatísticas (calma), história da ciência, movimentos anticiência e charlatanices, bem como terá encontrado algumas das histórias incríveis que as ciências naturais podem nos contar sobre o mundo que nos rodeia.

E não será nada difícil porque esta é a única lição de ciências em que posso garantir que são as outras pessoas quem farão erros idiotas. E se, no final, você achar que ainda discorda de mim, só tenho a dizer o seguinte: você continuará errado, mas vai errar com muito mais conhecimento e elegância do que lhe seria possível agora.

Ben Goldacre
Julho de 2008

1 O assunto

Eu passo muito tempo falando com pessoas que discordam de mim — eu até diria que essa é a minha diversão predileta — e vivo encontrando pessoas que estão ansiosas para me contar como veem a ciência, apesar do fato de *nunca terem feito um experimento*. Elas nunca testaram uma ideia por si mesmas, usando as próprias mãos; nem viram os resultados desse teste, usando seus próprios olhos; e nunca pensaram cuidadosamente sobre o que esses resultados significavam para a ideia que estavam testando, usando o próprio cérebro. Para essas pessoas, a "ciência" é um monólito, um mistério e uma autoridade, em vez de ser um método.

Desconstruir nossas afirmações pseudocientíficas iniciais e mais absurdas é um modo excelente para aprender os fundamentos da ciência, em parte porque a ciência tem muito a ver com refutar teorias, mas também porque a falta de conhecimento científico entre os artistas que realizam curas milagrosas, profissionais de marketing e jornalistas nos oferece algumas ideias muito simples para testar. O conhecimento que eles têm da ciência é rudimentar e, assim, além de cometer erros básicos de raciocínio, ainda se baseiam em ideias como magnetismo, oxigênio, água, "energia" e toxinas: ideias de ciência do nível do ensino médio que estão dentro do domínio da química de cozinha.

CIÊNCIA PICARETA

Desintoxicação e o teatro de bobagens

Como o ideal é que seu primeiro experimento seja autenticamente confuso, vamos começar com a desintoxicação. Aqua Detox é um banho de desintoxicação para os pés, um dentre muitos produtos similares. Ele tem sido promovido inquestionavelmente em alguns artigos muito constrangedores nos jornais britânicos *Telegraph*, *Mirror*, *Sunday Times*, na revista *GQ* e em diversos programas de TV. Aqui está um exemplo extraído do *Mirror*.

> Enviamos Alex para fazer um novo tratamento chamado Aqua Detox, que libera as toxinas diante de seus olhos. Alex diz: "Coloquei meus pés em uma bacia de água, enquanto Mirka, a terapeuta, derramava sal em uma unidade de ionização, que ajustava o campo bioenergético da água e estimulava meu corpo a descartar as toxinas. A água muda de cor conforme as toxinas são liberadas. Depois de meia hora, a água estava vermelha... ela pediu a Karen, a nossa fotógrafa, que experimentasse. A bacia dela ficou com bolhas marrons. Mirka diagnosticou um fígado sobrecarregado e linfa — Karen precisa beber menos álcool e mais água. Nossa, eu me sinto virtuosa!"[1]

A hipótese dessas empresas é muito clara: seu corpo está cheio de "toxinas", sejam elas quais forem; seus pés estão repletos de "poros" especiais (descobertos, nada menos, por antigos cientistas chineses); se você colocar os pés na bacia, as toxinas serão extraídas e a água ficará marrom. O marrom da água deve-se às toxinas? Ou é apenas um teatro?

Um modo de testar isso é seguir em frente e fazer um tratamento Aqua Detox em um spa, salão de beleza ou em qualquer um dos milhares de lugares que estão disponíveis on-line e tirar os pés da bacia quando o terapeuta sair da sala. Se a água ficar marrom sem que seus pés estejam nela, então não foram seus pés nem as suas toxinas que fizeram isso. Esse é um experimento controlado: tudo continua igual nas duas condições, exceto pela presença ou ausência dos seus pés.

---

[1] *Daily Mirror*, 4 de janeiro de 2003.

Existem desvantagens nesse método experimental (e há uma lição importante a aprender aqui: muitas vezes precisamos pesar os benefícios e os lados práticos das diferentes formas de pesquisa, o que se tornará importante nos próximos capítulos). De um ponto de vista prático, o experimento "sem os pés" envolve um subterfúgio, o que pode deixar você pouco à vontade. Mas também custa caro: o valor de uma sessão de Aqua Detox é maior do que os elementos necessários para construir seu próprio aparelho de desintoxicação, um modelo perfeito do aparelho real.

Você vai precisar de:
- um carregador de bateria de automóvel
- dois pregos grandes
- sal de cozinha
- água morna
- uma boneca Barbie
- um laboratório analítico completo (opcional)

NÃO TENTE ISSO EM CASA

Este experimento envolve eletricidade e água. Em um mundo de caçadores de furacões e vulcanólogos, devemos aceitar que todas as pessoas definem seu próprio nível de tolerância a riscos. Você poderia levar um forte choque elétrico se fizesse esse experimento e também poderia facilmente queimar a fiação elétrica de sua casa. Ele não é seguro, mas, em algum sentido, é relevante para que você entenda a vacina tríplice viral, a homeopatia, as críticas pós-modernistas à ciência e os males das grandes empresas farmacêuticas. Não faça o experimento.

Quando ligar seu aparelho de desintoxicação da Barbie, você verá que a água fica marrom, devido a um processo muito simples chamado eletrólise: os eletrodos de ferro enferrujam, essencialmente, e a ferrugem marrom passa para a água. Mas algo mais está acontecendo ali, algo que você talvez lembre vagamente das suas aulas de química. Há sal na água. O nome científico para o sal caseiro é "cloreto de sódio": em solução, isso significa que existem íons de cloreto flutuando na água, e eles têm uma carga negativa (e íons de sódio, que têm uma carga positiva). O conector vermelho do carregador de bateria de automóvel é um "eletrodo positivo" e aqui os elétrons são roubados dos íons de cloreto carregados negativamente, resultando na liberação de gás cloro.

Assim, o gás cloro é liberado pelo aparelho de desintoxicação da Barbie e também pelo banho para pés Aqua Detox; e as pessoas que usam esse produto incluíram elegantemente esse odor nítido de cloro em sua história: são as substâncias químicas, explicam elas; é o cloro que sai de seu corpo, de todas as embalagens plásticas de sua comida e de todos esses anos nadando em piscinas tratadas com cloro. "Foi interessante ver a cor da água mudando e sentir o odor do cloro que saía de meu corpo", diz um depoimento para o produto similar Emerald Detox. Em outro site de vendas: "Na primeira vez que ela experimentou o Q2 (spa de energia), o sócio dela disse que seus olhos estavam ardendo por causa de todo o cloro que estava saindo dela, sobras de sua infância e juventude." Todo esse gás cloro que se acumulou em seu corpo no decorrer dos anos. É um pensamento assustador.

Mas existe algo mais que precisamos verificar. Existem toxinas na água? Aqui encontramos um novo problema: o que eles chamam de toxinas? Fiz essa pergunta aos fabricantes de muitos produtos de desintoxicação, muitas e muitas vezes, mas eles desconversam. Eles gesticulam, falam sobre o estresse da vida moderna, falam sobre poluição e sobre junk food, mas não me dizem o nome de uma única substância química que eu possa medir. "Quais as toxinas que são extraídas do corpo com o seu tratamento? Diga-me o que está na água e procurarei a substância em um laboratório." Nunca recebi uma resposta.

Depois de muita enrolação, escolhi duas substâncias químicas quase aleatoriamente: creatinina e ureia. Esses são dejetos comuns provenientes

O ASSUNTO

do metabolismo corporal e os rins se livram deles por meio da urina. Graças a um amigo, consegui um genuíno tratamento Aqua Detox, colhi uma amostra da água marrom e usei as instalações analíticas desproporcionalmente avançadas do Hospital St. Mary, em Londres, para procurar essas duas "toxinas" químicas. Não havia toxinas na água. Apenas muito ferro enferrujado e marrom.

Bom, com descobertas como essas, os cientistas poderiam dar um passo atrás e rever as ideias sobre o que acontece com os banhos de pés. Nós realmente não esperamos que os fabricantes façam isso, mas o que eles dizem em resposta às descobertas é muito interessante, ao menos para mim, porque define um padrão que veremos repetido por todo o mundo da pseudociência: em vez de rebater as críticas ou incluir os novos dados em um novo modelo, eles parecem mudar as regras e recuar, crucialmente, para *posições impossíveis de testar*.

Alguns deles agora negam que as toxinas saiam no banho de pés (o que me impediria de medi-las): seu corpo, de algum modo, é informado de que é a hora de liberar as toxinas pelo modo normal — qualquer que seja ele e quaisquer que sejam as toxinas —, só que faz isso com mais intensidade. Alguns deles agora admitem que a água fica um pouco marrom sem que seus pés estejam nela, mas "não tanto". Muitos deles contam longas histórias sobre o "campo bioenergético" que, segundo dizem, não pode ser medido, mas pode ser avaliado por sua sensação de bem-estar. Todos eles falam sobre todo o estresse da vida moderna.

Isso bem pode ser verdade. Mas não tem nada a ver com o banho de pés, que é apenas um teatro: e teatro é o tema comum em todos os produtos de desintoxicação, como veremos. Continuemos com as bobagens marrons.

Velas de ouvido

Você pode achar que as velas de ouvido Hopi são um alvo fácil. Mas sua eficácia foi alegremente promovida pelo *Independent*, o *Observer* e a BBC, para citar apenas alguns veículos respeitados. Como esses são fornecedores de informações científicas tidos como confiáveis, deixarei que a BBC explique como esses tubos de cera ocos vão desintoxicar o seu corpo:

CIÊNCIA PICARETA

As velas funcionam vaporizando seus ingredientes quando são acesas, fazendo com que uma corrente de convecção flua para a primeira câmera do ouvido. A vela cria uma sucção suave que permite que os vapores massageiem gentilmente o tímpano e o canal auditivo. Quando a vela é colocada no ouvido, ela forma um selo que torna possível a extração da cera e de outras impurezas.[2]

A prova é vista quando você abre a vela e descobre que ela está preenchida com uma substância alaranjada cerosa familiar, que certamente é cera de ouvido. Se quiser testar isso por si mesmo, você precisará de: uma orelha, um pregador de roupas, um pouco de massa adesiva, um piso empoeirado, uma tesoura e duas velas de orelha. Eu recomendo as velas Otosan por causa de seu slogan: "O ouvido é o portal para a alma."

Se você acender uma vela de ouvido e segurá-la sobre um pouco de poeira, encontrará pouca evidência de qualquer sucção. Antes de correr para publicar sua descoberta em uma publicação acadêmica revista por pares, saiba que alguém já fez isso: um artigo publicado na revista *Laryngoscope*[3] usou um equipamento caro de timpanometria e descobriu — como você — que as velas de ouvido não exercem sucção. Não há verdade na afirmação de que os médicos desconsideram as terapias alternativas imediatamente.

Mas e se a cera e as toxinas estiverem sendo levadas para o interior da vela por alguma rota mais esotérica, como muitas vezes se afirma? Para isso você precisará fazer algo chamado de experimento controlado, comparando os resultados de duas situações diferentes, no qual uma é a situação experimental e a outra, a "situação controle", sendo que a única diferença entre elas é o que você está querendo testar. É por esse motivo que você precisa de duas velas.

Coloque uma vela no ouvido de alguém, seguindo as instruções do fabricante, e deixe-a lá até que se extinga.* Coloque a outra vela no

---

[2] Disponível em: <http://www.bbc.co.uk/wales/southeast/sites/mind/pages/hopi.shtml>.
[3] Seely D. R., Quigley S. M., Langman A. W., "Ear Candles: Efficacy and Safety", *Laryngoscope*, v. 10, n. 106, outubro de 1996, pp. 1226-9.
*Tome cuidado. Um artigo entrevistou 122 médicos otorrinolaringologistas e coletou 21 casos de ferimentos graves por queimadura causada pela queda de cera quente sobre o tímpano durante o tratamento com a vela de ouvido.

pregador de roupas e deixe-a na posição vertical usando a massa adesiva: essa é a "parte controlada" do seu experimento. O objetivo de um controle é simples: você precisa minimizar as diferenças entre as duas situações de modo que a única diferença real entre elas seja o fator que você está estudando e que neste caso deve ser: "É a minha orelha que produz a gosma laranja?"

Pegue as duas velas novamente e abra-as. Na vela que estava no ouvido, você encontrará uma substância cerosa alaranjada. Na vela de controle, você encontrará uma substância cerosa alaranjada. Existe apenas um método reconhecido internacionalmente para identificar algo como cera de ouvido: pegue um pouco com a ponta do dedo e encoste-o na língua. Se seu experimento tiver o mesmo resultado que o meu, ambas terão gosto de cera de vela.

Será que a vela removeu cera do seu ouvido? Não dá para saber, mas um estudo publicado[4] acompanhou pacientes durante um programa completo de uso de vela de ouvido e não encontrou redução. Com tudo que você pode ter aprendido de útil sobre o método experimental, existe algo mais importante que você deveria ter percebido: é caro, tedioso e demorado testar cada produto criado do nada pelos terapeutas que vendem curas milagrosas improváveis. Mas pode ser feito e é feito.

Emplastros de desintoxicação e a "barreira incômoda"

Por fim, em nosso tríptico de desintoxicação e lama marrom, temos o emplastro de desintoxicação para pés. Eles estão disponíveis na maioria das lojas de alimentos saudáveis e também com as revendedoras inglesas da Avon (é verdade). Eles parecem saquinhos de chá, com um lado de papel-alumínio, que é grudado em seu pé, por meio de um adesivo, na hora em que você vai dormir. Ao acordar na manhã seguinte, você verá uma lama grudenta e marrom, com aroma estranho, presa a seu pé e dentro do saquinho de chá. Dizem — e você pode perceber um padrão aqui — que essa lama está repleta de "toxinas". Mas o caso é que ela não

---

[4]Ibidem.

CIÊNCIA PICARETA

está. Agora você provavelmente pode criar um experimento rápido para demonstrar isso. Vou lhe dar uma sugestão em uma nota de rodapé.*

Um experimento é um modo de determinar se um efeito observável — lama — está relacionado com determinado processo. Mas você também pode esmiuçar as coisas a partir de um nível mais teórico. Se examinar a lista de ingredientes desses emplastros, você verá que eles foram planejados cuidadosamente.

A primeira coisa na lista é "ácido pirolenhoso" ou vinagre de madeira. Esse é um pó marrom altamente "higroscópico", uma palavra que simplesmente significa que ele atrai e absorve água, como aqueles saquinhos de sílica que vêm nas embalagens de equipamentos eletrônicos. Se houver alguma umidade no local, o vinagre de madeira irá absorvê-la e criar uma pasta marrom que provoca sensação de calor na pele.

Qual é o outro importante ingrediente, impressionantemente listado como "carboidrato hidrolisado"? Um carboidrato é uma longa cadeia de moléculas de açúcar, todas juntas. O amido, por exemplo, é um carboidrato e, no seu corpo, ele é quebrado gradualmente pelas enzimas digestivas em moléculas de açúcar, separadas de modo que você possa absorvê-las. O processo de quebrar uma molécula de carboidrato em açúcares individuais é chamado de "hidrólise". Então, "carboidrato hidrolisado", como você já deve estar desconfiando, por mais que soe científico, basicamente significa "açúcar". Obviamente, o açúcar vira pasta quando úmido.

Existe algo mais nesses emplastros? Sim. Existe um novo artifício que deveríamos chamar de "barreira incômoda", outro tema recorrente nas formas mais avançadas de tolice que iremos examinar mais adiante. Existe um grande número de marcas diferentes e muitas delas fornecem documentos extensos e excelentes, cheios de ciência, para provar que eles funcionam: eles possuem diagramas e gráficos e toda uma aparência científica, mas os elementos principais estão faltando. Eles dizem que experimentos comprovam que os emplastros

---

*Se você pegar um desses saquinhos, esguichar um pouco de água sobre ele, colocar uma xícara de chá quente em cima e esperar 10 minutos, você verá uma lama marrom se formando. E não existem toxinas na porcelana.

de desintoxicação fazem algo... mas eles não dizem em que consistem esses experimentos, nem quais foram seus "métodos", eles só oferecem gráficos decentes de "resultados".

Focar-se nos métodos é não entender o ponto crucial desses "experimentos": eles não têm a ver com métodos, mas sim com resultados positivos, gráficos e aparência científica. Esses são dados superficialmente plausíveis para assustar um jornalista questionador, uma *barreira incômoda*, e esse é outro tema recorrente que veremos — sob formas mais complexas — ao redor de muitas áreas avançadas da ciência picareta. Você vai adorar os pormenores.

Se isso não é ciência, então o que é?

> Descubra se beber urina, equilibrar-se na beira de montanhas e fazer levantamento de peso genital realmente mudou suas vidas para sempre.
>
> *Extreme Celebrity Detox* [programa de TV]

Esses são os absurdos extremos da desintoxicação, mas eles apontam para um mercado mais amplo — as pílulas antioxidantes, as poções, os livros, os sucos, os "programas" de cinco dias, os métodos para levantar o bumbum e os horrendos programas de TV —, que iremos atacar principalmente em um capítulo posterior sobre nutrição. Mas existe algo de importante acontecendo aqui, com a desintoxicação, e eu não acho que basta dizer: "Tudo isso é bobagem."

O fenômeno da desintoxicação é interessante porque ele representa uma das mais grandiosas inovações dos profissionais de marketing, gurus do bem-estar e terapeutas alternativos: a invenção de todo um novo processo fisiológico. Em termos de bioquímica humana básica, a desintoxicação é um conceito sem significado. Ele não está presente em nossa natureza. Não existe nada sobre o "sistema de desintoxicação" nos livros de medicina. Que hambúrgueres e cerveja podem ter efeitos negativos sobre seu corpo certamente é verdade, por diversas razões, mas a ideia de que eles deixam um resíduo específico que pode ser removido por um processo específico, ou seja, por um sistema fisiológico chamado desintoxicação, é uma invenção de marketing.

Se você examinar um gráfico de fluxo metabólico, um mapa gigantesco de todas as moléculas em seu corpo, detalhando o modo como os alimentos são quebrados em suas partes constituintes e como esses componentes são convertidos entre si e, depois, como esses novos blocos de construção formam músculos, ossos, língua, bílis, suor, meleca, cabelo, pele, esperma e cérebro e tudo que faz de você, você, é difícil encontrar aquilo que seria o "sistema de desintoxicação".

Como não tem significado científico, a desintoxicação é muito mais bem entendida como um produto cultural. Como as melhores invenções pseudocientíficas, ela mistura deliberadamente bom senso útil com uma fantasia médica exacerbada. Em alguns aspectos, o quanto você acredita nisso reflete o quanto deseja ser autodramático ou, em termos menos negativos, o quanto você gosta de rituais no seu cotidiano. Quando passo por períodos de muitas festas, bebidas, pouco sono e alimentação inadequada, geralmente decido — por fim — que preciso de um pouco de descanso. Então, fico em casa algumas noites, lendo calmamente e comendo mais saladas do que o comum. Modelos e celebridades, entretanto, se "desintoxicam".

Precisamos ser absolutamente claros quanto a uma coisa, porque esse é um tema recorrente em todo o mundo da ciência picareta. Não existe nada de errado com a ideia de se alimentar de forma saudável e de evitar os diversos fatores de risco para a saúde, como o excesso de bebidas alcoólicas. Mas desintoxicação não é isso: esses são reparos rápidos para a saúde, pensados desde o princípio como algo a curto prazo, enquanto estilos de vida que geram riscos para a saúde têm impacto ao longo da vida. Mas eu até estou disposto a concordar que algumas pessoas poderiam experimentar uma desintoxicação de cinco dias e lembrar-se de (ou até aprender como) comer vegetais, e não é isso que estou criticando.

O que está errado é fazer de conta que esses rituais se baseiam na ciência ou mesmo dizer que eles são novos. Quase todas as religiões e culturas têm algum ritual de purificação ou abstinência com jejum, mudança na dieta, banhos ou diversas outras intervenções, das quais

O ASSUNTO

a maioria está envolta em tolices místicas. Elas não são apresentadas como ciência porque vêm de uma era anterior àquela em que os termos científicos entraram para o dicionário, mas, ainda assim, o Yom Kippur no judaísmo, o Ramadã no islã e todos os tipos de rituais similares no cristianismo, hinduísmo, fé baha'i, budismo, jainismo têm a ver com abstinência e purificação (entre outras coisas). Esses rituais, como os regimes de desintoxicação, são evidentemente e — também para alguns crentes, tenho certeza — exageradamente precisos. O jejum hindu, por exemplo, se for observado estritamente, vai do pôr do sol do dia anterior até *48 minutos* depois do amanhecer do dia seguinte.

A purificação e a redenção são muito recorrentes nos rituais porque existe uma clara e onipresente necessidade desses temas: todos nós fazemos coisas lamentáveis como resultado de nossas próprias circunstâncias, e novos rituais são frequentemente inventados em resposta às novas circunstâncias. Em Angola e Moçambique, surgiram rituais de purificação e limpeza para as crianças afetadas pela guerra, especialmente para as antigas crianças-soldados. Esses são rituais de cura nos quais a criança é purificada do pecado e da culpa, da "contaminação" da guerra e da morte (contaminação é uma metáfora recorrente em todas as culturas, por motivos óbvios); a criança também é protegida das consequências de suas ações prévias, ou seja, ela é protegida da retaliação pelos espíritos vingadores daqueles que matou. Como diz um relatório do Banco Mundial de 1999:

> Esses rituais de limpeza e purificação para as crianças-soldados têm a aparência do que os antropólogos chamam de ritos de transição. Isto é, a criança passa por uma mudança de status simbólico de alguém que existiu em um domínio de violação sancionada da norma ou de suspensão da norma (isto é, assassinato, guerra) para alguém que deve agora viver em um domínio de normas sociais e comportamentais pacíficas e se conforma a elas.[5]

---

[5]Green E. C., Honwana A., *Indigenous Healing of War-Affected Children in Africa*, IK Notes N. 10 Knowledge and Learning Center Africa Region, World Bank Washington, 1999. Disponível em: <http://www.africaaction.org/docs99/viol9907.htm>

Não acho que eu esteja indo longe demais. No que chamamos de mundo ocidental desenvolvido, buscamos redenção e purificação das formas mais extremas de nossa indulgência material: nos enchemos de drogas, bebidas, comidas ruins e outros excessos, sabemos que é um comportamento inadequado e ansiamos pela proteção ritualística diante das consequências, por um "ritual de transição" público que celebre nosso retorno às normas comportamentais mais saudáveis.

A apresentação dessas dietas e rituais de purificação tem sempre sido um produto de seu tempo e lugar, e agora que a ciência é nosso quadro de referência explicativo dominante para o mundo natural e moral, para o bem ou para o mal, é natural que devamos incluir uma justificativa pseudocientífica e bastarda em nossa redenção. Como tantas das bobagens da ciência picareta, a pseudociência da "desintoxicação" não é algo feito *a nós* por exploradores estranhos e maldosos; ela é um produto cultural, um tema recorrente, e nós mesmos a criamos.

2 Ginástica cerebral

Sob circunstâncias normais, esta deveria ser a parte do livro em que eu criticaria fervorosamente o criacionismo, sob muitos aplausos, mesmo que esta seja uma questão marginal nas escolas britânicas. Mas se você quiser um exemplo mais próximo, existe um vasto império de pseudo-ciência sendo comercializado por altas cifras nas escolas públicas de todo o Reino Unido, chamado ginástica cerebral. Onipresente em todo o sistema público de educação britânico, foi completamente engolido pelos professores, é apresentado diretamente às crianças e está repleto de bobagens óbvias, constrangedoras e embaraçosas.

No centro da ginástica cerebral está uma cadeia de exercícios complicados e patenteados para crianças que "ampliam a experiência da aprendizagem de todo o cérebro". Eles são entusiásticos da água, por exemplo. "Tome um copo d'água antes da ginástica cerebral", dizem eles. "Como um importante componente do sangue, a água é vital para transportar o oxigênio para o cérebro." Que Deus não permita que seu sangue seque. Essa água deve ser mantida em sua boca, dizem eles, porque assim ela poderá ser absorvida *diretamente* pelo seu cérebro.

Há mais alguma coisa que você possa fazer para levar sangue e oxigênio a seu cérebro de modo mais eficiente? Sim, existe um exercício chamado "Botões do cérebro":

Faça um "C" com seu polegar e indicador e coloque-o de um dos lados do esterno, logo abaixo da clavícula. Massageie suavemente por 20 ou

CIÊNCIA PICARETA

30 segundos enquanto coloca a outra mão sobre o umbigo. Troque as mãos e repita. Esse exercício estimula o fluxo de oxigênio carregado pelo sangue, que flui pelas artérias carótidas para o cérebro para despertá-lo e aumentar a concentração e o relaxamento. Por quê? "Porque os botões do cérebro estão diretamente sobre as artérias carótidas e as estimulam."

Crianças podem ser irritantes e frequentemente são capazes de desenvolver talentos extraordinários, mas ainda não encontrei nenhuma que pudesse estimular suas artérias carótidas no interior da caixa torácica. Para isso, seriam necessárias tesouras afiadas que apenas a mamãe pode usar.

Você pode imaginar que essa bobagem é uma tendência marginal, periférica, que encontrei em um pequeno número de escolas isoladas e equivocadas. Mas não. A ginástica cerebral é praticada em centenas, ou até mesmo milhares de escolas públicas em todo o país. Atualmente, tenho uma lista de mais de 400 escolas que a mencionam especificamente em seus sites e muitas outras também a utilizam. Pergunte se existe essa prática na sua escola. Eu ficaria genuinamente interessado em saber a reação dela.

A ginástica cerebral é promovida pelas autoridades educacionais locais, é paga pelo governo e o treinamento conta como desenvolvimento profissional contínuo para os professores. Mas isso não ocorre apenas em um nível local. Você verá a ginástica cerebral ser promovida no site do Departamento de Educação e Competências britânico, em todos os tipos de lugares, e ela surge repetidamente como uma ferramenta para promover a "inclusão", como se empurrar a pseudociência para as crianças fosse, de algum modo, diminuir suas dificuldades sociais em vez de piorá-las. Esse é um vasto império de bobagens que infecta todo o sistema educacional britânico, desde a menor escola primária ao governo central, e ninguém parece notar ou se importar.

Talvez se eles fizessem os exercícios de "conexão", na página 31 do manual do professor de ginástica para o cérebro (no qual os dedos são pressionados uns contra os outros em estranhos padrões contorcidos), isso iria "conectar os circuitos elétricos no corpo, contendo e focalizando a atenção e a energia desorganizada" e finalmente veriam a luz da razão. Talvez se eles sacudissem as orelhas com os dedos, como diz o manual da ginástica para o cérebro, isso iria "estimular a formação reticular do cérebro para excluir os sons irrelevantes que o distraem e focá-lo na linguagem".

O mesmo professor que explica a seus filhos como o sangue é bombeado aos pulmões e depois ao corpo pelo coração também lhes diz que quando eles fazem o exercício de "energização" (que é complicado demais para descrever), "esse movimento da cabeça para trás e para frente aumenta a circulação no lobo frontal, provocando maior compreensão e pensamento racional". O mais assustador é que esse professor sentou-se em uma classe, ouviu essas bobagens ditas por um instrutor de ginástica para o cérebro e não as rebateu nem as questionou.

Em alguns aspectos, as questões aqui são similares às abordadas no capítulo sobre desintoxicação: se você só deseja fazer um exercício de respiração, tudo bem. Mas os criadores da ginástica para o cérebro vão muito além. Seu boceJo especial, teatral e patenteado causará uma "maior oxidação para um funcionamento eficiente e relaxado". A oxidação é o que causa a ferrugem. Não é a mesma coisa que oxigenação, que é o que suponho que queiram dizer. (E mesmo que estejam falando de oxigenação, não é preciso fazer um bocejo engraçado para levar oxigênio ao sangue: como a maioria dos outros animais selvagens, as crianças têm um sistema fisiológico fascinante e perfeitamente adequado para regular os níveis de oxigênio e de dióxido de carbono no sangue e estou certo de que muitas delas prefeririam aprender isso e também o papel da eletricidade no corpo, ou qualquer das outras coisas que a ginástica cerebral aborda de modo confuso, a essa bobagem evidentemente pseudocientífica.)

Como essas tolices podem ser tão difundidas nas escolas? Uma explicação óbvia é que os professores foram iludidos por todas essas expressões longas e engenhosas como "formação reticular" e "maior oxidação". Na verdade, esse fenômeno foi estudado em um fascinante conjunto de experimentos publicados na edição de março de 2008 do *Journal of Cognitive Neuroscience*, que demonstrou elegantemente que as pessoas acreditam em explicações sem base com muito mais facilidade quando são expressas com algumas palavras técnicas do mundo da neurociência.

Os participantes receberam descrições de vários fenômenos do mundo da psicologia e, depois, aleatoriamente, receberam uma dentre quatro explicações para eles. As explicações continham ou não neurociência e eram "boas" ou "ruins" (as ruins eram, por exemplo, afirmações reformuladas do próprio fenômeno ou palavras vazias). Um dos fenômenos descritos era: experimentos demonstraram que as pessoas não são boas em estimar o conhecimento das outras: se *nós* soubermos a resposta a uma pergunta sobre uma informação trivial, iremos superestimar a extensão em que as outras pessoas também sabem essa resposta.

No experimento, uma explicação "sem neurociência" para esse fenômeno era: "Os pesquisadores afirmam que essa [superestimativa] acontece porque os indivíduos têm dificuldade em alterar seu ponto de vista para considerar o que outra pessoa possa saber, equivocadamente projetando seu próprio conhecimento sobre os outros." (Essa era uma explicação "boa".)

Uma explicação "com neurociência" — e sem nenhum refinamento também — era esta: "Imagens do cérebro indicam que essa [superestimativa] acontece por causa do circuito cerebral do lobo frontal, que se sabe estar envolvido no autoconhecimento. Os indivíduos cometem mais erros quando têm de julgar o conhecimento dos outros. As pessoas são muito melhores quando julgam o que elas mesmas sabem." Essa explicação acrescenta muito pouco, como se pode ver. Além disso, a informação de neurociência é meramente decorativa e irrelevante para a lógica da explicação.

Os participantes no experimento pertenciam a três grupos: pessoas comuns, estudantes de neurociência e professores em neurociência; e o desempenho deles foi muito diferente. Todos os três grupos consideraram as boas explicações como mais satisfatórias do que as ruins, mas os participantes nos dois grupos de não especialistas consideraram que as explicações *com* as informações logicamente irrelevantes de neurociência eram mais satisfatórias do que as explicações *sem* a neurociência falsa. Além do mais, a neurociência falsa teve um efeito especialmente forte nos julgamentos das pessoas quanto às explicações "ruins". Os charlatões, é claro, sabem bem disso, e têm acrescentado explicações que parecem científicas a seus produtos desde que o charlatanismo surgiu, como um meio de aumentar sua autoridade sobre o paciente (numa era em que, interessantemente, os médicos se esforçam para dar mais informações aos pacientes e para envolvê-los nas decisões sobre seu próprio tratamento).

É interessante pensar a respeito do motivo por que esse tipo de decoração é tão sedutora até para pessoas que deveriam percebê-la. Em primeiro lugar, a própria presença de informações neurocientíficas poderia ser vista como um marcador de uma "boa" explicação, independentemente do que foi realmente dito. Como os pesquisadores afirmaram, "algo em relação à informação neurocientífica pode incentivar as pessoas a acharem que receberam uma explicação científica quando na verdade isso não aconteceu".

Mas outras pistas podem ser encontradas na extensa literatura sobre a irracionalidade. As pessoas tendem, por exemplo, a avaliar explicações mais longas como mais similares às "explicações dos especialistas". Existe também o efeito dos "detalhes sedutores": se você apresentar detalhes relacionados (mas logicamente irrelevantes) às pessoas, como parte de um argumento, isso parece tornar mais difícil a tarefa de codificar e depois lembrar o argumento principal de um texto, porque sua atenção foi desviada.

Mais do que isso, talvez todos nós tenhamos um fetiche bem vitoriano pelas explicações reducionistas sobre o mundo. Elas parecem simples e elegantes, de algum modo. Quando lemos a linguagem pretensamente neurocientífica no experimento de "explicações falsas de neurociência" — e na literatura da ginástica cerebral — nos sentimos como se tivéssemos recebido uma explicação física para um fenômeno comportamental ("uma pausa para exercícios na aula é revigorante"). De alguma forma, nós fizemos com que os fenômenos comportamentais parecessem ligados a um sistema explicativo mais amplo — as ciências físicas, um mundo de certezas, gráficos e dados não ambíguos. Parece progresso. Na verdade, como costuma acontecer com as certezas falsas, é exatamente o oposto.

Novamente, vamos nos focar por um momento sobre o que há de bom a respeito da ginástica cerebral porque, quando são retiradas todas as bobagens, ela recomenda pausas regulares, exercícios leves intermitentes e beber muita água. Tudo isso é muito sensato.

Mas a ginástica cerebral exemplifica perfeitamente dois outros temas recorrentes na indústria da pseudociência. O primeiro é este: você pode usar tolices — ou o que Platão chamava eufemisticamente de um "mito nobre" — para levar as pessoas a fazerem algo bem sensato, como beber água e ter uma pausa para exercícios. Você terá uma opinião sobre quando isso é justificado e proporcional (talvez levando em conta questões como se é necessário e quais os efeitos colaterais de aceitar as bobagens), mas o que me surpreende no caso da ginástica cerebral é que não é isso que acontece: as crianças são predispostas a aprender sobre o mundo com os adultos e, especificamente, com os professores; elas são esponjas que absorvem informações e pontos de vista, e as figuras de autoridade que enchem sua cabeça com bobagens estão preparando o solo, eu diria, para uma vida de exploração.

O segundo tema talvez seja mais interessante: a apropriação do bom senso. Você pode fazer uma intervenção perfeitamente sensata, como um copo d'água e uma pausa para exercícios, mas acrescente as bobagens, dê um toque mais técnico e irá parecer mais inteligente. Isso destaca o efeito placebo, mas você também pode pensar se o objetivo básico não é algo muito mais cínico e lucrativo: transformar o bom senso em objeto de direitos autorais, único, patenteado e *privado*.

Veremos isso repetidamente, em uma escala maior, no trabalho dos profissionais de saúde dúbios e, especificamente, no campo do "nutricionismo", porque o conhecimento científico e os conselhos sensatos sobre alimentação são gratuitos e de domínio público. Qualquer pessoa pode usá-los, entendê-los, vendê-los ou simplesmente distribuí-los. A maioria das pessoas já sabe o que constitui uma dieta saudável. Se você quiser ganhar dinheiro com isso, terá de abrir espaço no mercado e, para fazer isso, você terá de complicar e colocar seu próprio selo dúbio.

Existe algum dano nesse processo? Bom, certamente é um desperdício e mesmo no Ocidente decadente, enquanto entramos em uma provável recessão, parece peculiar pagar por conselhos básicos de dieta ou por pausas para exercícios na escola. Mas existem outros perigos ocultos, que são muito mais ameaçadores. Esse processo de profissionalizar o óbvio alimenta um senso de mistério ao redor da ciência e dos conselhos de saúde, que é desnecessário e destrutivo. Mais do que qualquer coisa, mais do que a propriedade desnecessária do óbvio, ele descapacita as pessoas. Com demasiada frequência, essa privatização espúria do bom senso está acontecendo em áreas em que poderíamos assumir o controle, fazer por nós mesmos, sentir nossa própria potência e nossa capacidade para tomar decisões sensatas, mas, em vez disso, estamos alimentando nossa dependência de pessoas e sistemas externos e caros.

Mas o mais assustador é o modo como a pseudociência amolece sua cabeça. Deixem-me lembrar-lhes que para desmascarar a ginástica cerebral, não é preciso ter um conhecimento especializado de alto nível. Estamos falando sobre um programa que afirma que "alimentos processados não contêm água", possivelmente a afirmação mais rapidamente desmascarável que vi nesta semana. E sopa? "Todos os outros líquidos são processados no corpo como alimento e não suprem as necessidades de água."

Essa é uma organização que funciona nos limites da razão, mas que está operando em inúmeras escolas britânicas. Quando escrevi sobre a ginástica cerebral na minha coluna de jornal, em 2005, dizendo que "as pausas para exercícios são boas, as bobagens pseudocientíficas são ridículas", enquanto muitos professores reagiram com aprovação, muitos outros ficaram ofendidos e "enojados" pelo que viram como um ataque aos exercícios que eles consideravam úteis. Um deles — um assistente da direção da escola, nada menos — escreveu: "Pelo que pude perceber, você não visitou nenhuma sala de aula, não entrevistou nenhum professor, não questionou nenhuma criança e muito menos teve uma conversa com qualquer especialista neste campo."

Preciso visitar uma sala de aula para descobrir se existe água na comida processada? Não. Se eu encontrar um "especialista" que me diga que uma criança pode massagear as duas artérias carótidas através da caixa torácica (sem tesouras), o que eu diria a ele? Se eu encontrar um

CIÊNCIA PICARETA

professor que acha que unir os dedos irá conectar o circuito elétrico do corpo, o que poderemos concluir depois?

Eu gostaria de imaginar que vivemos em um país em que os professores teriam percebido essa bobagem e impedido seu avanço. Se eu fosse um tipo diferente de pessoa, eu estaria confrontando fervorosamente os departamentos do governo responsáveis e exigindo que fizessem algo a respeito e relataria a vocês a defesa constrangida e hesitante deles. Mas eu não sou esse tipo de jornalista e a ginástica cerebral é tão óbvia e transparentemente estúpida que nada que eles possam dizer poderia justificar as afirmações feitas em seu benefício. Só uma coisa me dá esperança: os numerosos e-mails que recebi de crianças extasiadas com a burrice de seus professores:

> Eu gostaria de contar para a coluna Ciência Picareta que a minha professora nos deu uma folha em que estava escrito que "a água é mais bem absorvida pelo corpo quando ingerida em pequenas quantidades e frequentemente". Eu quero saber o seguinte: se eu beber água demais de uma vez só, ela vai vazar pelo meu traseiro?

Anton, 2006

Obrigado, Anton.

3 O complexo de Progenium XY

Tenho muito respeito pelos fabricantes de cosméticos. Eles estão na outra ponta do espectro em relação à indústria da desintoxicação: esse é um setor estritamente regulamentado, no qual muito dinheiro pode ser ganho com tolices, e dessa forma encontramos equipes grandes e bem organizadas de empresas internacionais de biotecnologia gerando pseudociência elegante, sugestiva e que gera confusão, mas que é extremamente defensível. Depois da infantilidade da ginástica cerebral, podemos agora aumentar o nível de dificuldade.

Antes de começarmos, é importante entender como os cosméticos — e especificamente os cremes hidratantes — realmente funcionam, pois não deve haver mistérios aqui. Em primeiro lugar, você deseja que seu creme caro hidrate sua pele. Todos eles fazem isso, e a vaselina cumpre muito bem essa função; na verdade, grande parte da pesquisa inicial e importante em cosméticos voltava-se para preservar as propriedades umectantes da vaselina ao mesmo tempo que se evitasse sua oleosidade, e esse desafio técnico foi resolvido há décadas. Hydrobase, cujo frasco de meio litro pode ser comprado na farmácia por 10 libras, cumpre essa função de modo excelente.

Se você realmente quiser, poderá replicar esse efeito e fabricar seu próprio hidratante em casa: seu objetivo é obter uma mistura de água e óleo, mas que seja "emulsificada", isto é, misturada de determinada maneira. Quando eu estava envolvido em teatro de rua — e estou falando totalmente sério aqui —, fazíamos hidratante usando partes iguais de azeite de oliva, óleo de coco, mel e água de rosas (pode-se usar água da torneira). A cera de abelha é melhor do que o mel como emulsificante, e você pode mudar facilmente a consistência do creme: mais cera de abelha irá torná-lo firme, mais óleo irá deixá-lo macio, e mais água irá deixá-lo fofo, de certa forma, mas aumentará o risco de que os ingredientes se separem. Aqueça levemente os seus ingredientes, mas separadamente. Misture o óleo na cera, batendo o tempo todo e, depois, misture a água. Coloque em um pote e mantenha por três meses na geladeira.

Os cremes vendidos na farmácia parecem ir muito além. Eles estão repletos de ingredientes mágicos: tecnologia Regenium XY, complexo Nutrileum, RoC Retinol Correxion, VitaNiacin, Covabead, ATP Stimuline e tensor peptídico vegetal. Certamente você nunca poderia replicar essas substâncias em sua cozinha, nem com os cremes que cobram por litro o quanto esses cobram por uma gota de um tubo minúsculo, não é? O que são esses ingredientes mágicos? E o que eles fazem?

Existem basicamente três grupos de ingredientes nos cremes hidratantes. Em primeiro lugar, existem substâncias químicas poderosas, como os ácidos alfa-hidróxidos, níveis elevados de vitamina C ou variações moleculares sobre o tema da vitamina A. Já foi demonstrado genuinamente que essas substâncias fazem com que sua pele pareça mais jovem, mas elas só são efetivas em concentrações tão elevadas ou em níveis tão altos de acidez que os cremes provocam irritação, pontadas, queimaduras e vermelhidão. Eles foram a grande esperança nos anos 1990, mas agora todos foram regulamentados e só podem ser vendidos sob prescrição médica. Nada vem de graça e não existem efeitos sem efeitos colaterais, como sempre.

As empresas ainda colocam esses nomes nos rótulos, aproveitando a fama de sua eficácia em potências elevadas, porque não é preciso discriminar as dosagens dos ingredientes, apenas classificá-los em ordem de quantidade. Mas essas substâncias químicas geralmente estão em seu creme em concentrações talismânicas, apenas para constar. As afirmações feitas nos diversos frascos e tubos vêm dos dias felizes dos ácidos efetivos e de alta potência, o que é difícil confirmar, porque elas são geralmente baseadas em estudos patrocinados e publicados privadamente, encomendados pelo setor e que raramente estão disponíveis em forma publicada completa, como um estudo acadêmico adequado deveria estar, de modo que você possa verificar o trabalho. É claro que, esquecendo esse material técnico, a maior parte das "evidências" citadas nos anúncios de cremes vem de relatos subjetivos, nos quais "sete em cada dez pessoas que receberam potes gratuitos do creme ficaram muito felizes com os resultados".

O segundo ingrediente em quase todos os cremes caros tem algum efeito: proteína vegetal cozida e amassada (nutricomplexos de microproteína X hidrolisada, tensor peptídico vegetal ou qualquer que seja o nome que estejam lhe dando neste mês). Essas são cadeias de aminoácidos longas e encharcadas que dançam no creme, langorosamente alongadas em toda essa umidade. Quando o creme seca no seu rosto, essas cadeias longas e molhadas se contraem e endurecem; a sensação levemente desagradável que você sente no rosto quando usa esses cremes vem das cadeias de proteínas se contraindo sobre toda a sua pele e que, temporariamente, diminuem as rugas mais superficiais. É um efeito imediato, mas temporário, de se usar os cremes caros, mas isso não ajuda a escolher entre eles, já que quase todos contêm cadeias de proteínas amassadas.

Finalmente, existe uma lista enorme de ingredientes esotéricos, envolto sem uma prece numa linguagem sugestiva, elegantemente, de modo que se acredite em tudo que está sendo dito.

Geralmente, as empresas de cosméticos pegam informações altamente teóricas e livrescas sobre o modo como as células funcionam — os componentes em nível molecular ou o comportamento das células em uma placa de vidro — e fingem que essa é a mais recente descoberta de algo que irá deixá-la mais bonita. "Esse componente molecular", dizem, com um floreio, "é crucial para a formação de colágeno." E isso é totalmente verdade (juntamente com muitos outros aminoácidos que são usados por seu corpo para montar proteínas em articulações, pele e em tudo o mais), mas não há motivo para acreditar que ele falte a alguém, nem que passá-lo em seu rosto fará alguma diferença em sua aparência. Em geral, as substâncias não são bem absorvidas pela pele porque o propósito dela é ser relativamente impermeável. Se você se sentar numa banheira cheia de feijões assados em uma brincadeira num evento beneficente, não vai engordar nem começar a arrotar.

Apesar disso, em qualquer visita à farmácia (eu recomendo que você faça isso), é possível encontrar um conjunto fenomenal de ingredientes mágicos à venda. Valmont Cellular DNA Complex é feito de "DNA de ovas de salmão especialmente tratadas" ("Infelizmente, esfregar salmão em seu rosto não teria o mesmo efeito", disse o *The Times* em sua crítica), mas é espetacularmente improvável que o DNA — uma molécula muito grande, sem dúvida — seja absorvido por sua pele ou que, de fato, tenha qualquer uso para a atividade sintética que acontece nela, mesmo sendo absorvido. Você provavelmente não sofre de falta de componentes de DNA em seu corpo. Já existe uma grande quantidade deles.

No entanto, pensando bem, se o DNA do salmão *fosse* absorvido por inteiro por sua pele, então você estaria absorvendo padrões alienígenas, ou melhor, de peixe, em suas células; isto é, você absorveria as instruções para gerar células de peixe, o que poderia não ser muito bom, já que você é um ser humano. Também seria uma surpresa se o DNA fosse digerido, em seus elementos constituintes, pela pele (suas vísceras, porém, são especificamente adaptadas para digerir grandes moléculas, usando enzimas digestivas que as quebram em suas partes constituintes antes da absorção).

O tema simples que une todos esses produtos é que você pode ludibriar seu corpo quando, na verdade, existem mecanismos "homeostáticos" finamente ajustados, grandes sistemas elaborados com mecanismos de feedback e mensuração que calibram e recalibram constantemente as quantidades dos diversos elementos químicos enviados às diferentes partes de seu corpo. Qualquer coisa que interfira com esse sistema provavelmente terá o efeito oposto ao que afirma a publicidade.

Como exemplo perfeito, existem muitos cremes (e outros tratamentos de beleza) que dizem levar oxigênio diretamente para sua pele. Muitos deles contêm peróxido. Se você realmente quiser se convencer de sua eficácia, a fórmula química deste composto é H_2O_2, o que poderia até ser compreendido como água "com algum oxigênio extra", embora as fórmulas químicas não funcionem desse modo — afinal de contas, um montinho de ferrugem é uma ponte de ferro "com algum oxigênio extra", e você não ia supor que isso oxigenaria sua pele.

Mesmo se dermos a eles o benefício da dúvida e fingirmos que esses tratamentos realmente vão levar oxigênio à superfície da pele e que ele irá penetrar nas células, que bem isso traria? Seu corpo está constantemente monitorando a quantidade de sangue e nutrientes que fornece aos tecidos, assim como a quantidade de pequenos vasos capilares que alimentam determinada área, e mais vasos aparecerão nas áreas com baixo oxigênio, porque esse é um bom indicador da necessidade de maior suprimento de sangue. Mesmo que fosse verdadeira a afirmação de que o oxigênio no creme penetra em seus tecidos, seu corpo simplesmente diminuiria o suprimento de sangue para aquela parte da pele, marcando um gol contra homeostático. Na realidade, o peróxido de hidrogênio é simplesmente uma substância química corrosiva, que cria uma queimadura leve em potências baixas. Isso pode explicar a sensação fresca e radiante.

Esses detalhes aplicam-se à maioria das afirmações feitas nas emba-lagens. Examine de perto os rótulos e a publicidade e você verá rotinei-ramente que está sendo alvo de um jogo semântico elaborado, com a cumplicidade dos responsáveis pela regulamentação: é raro encontrar uma afirmação explícita de que esfregar esse ingrediente mágico específi-co em seu rosto fará com que você fique mais bonita. A afirmação é feita para o creme *como um todo* e é verdadeira para o creme como um todo porque, como você sabe agora, todos os cremes hidratantes — mesmo um frasco grande de hidratante barato — vão hidratar.

Quando você sabe disso, fazer compras fica um pouco mais interes-sante. A ligação entre o ingrediente mágico e a eficácia é feita apenas na mente do cliente e, lendo as afirmações do fabricante, você pode ver que elas foram cuidadosamente revisadas por um pequeno exército de consultores a fim de garantir que o rótulo seja altamente sugestivo, mas também — para o olhar de um pedante bem-informado — semântica e legalmente à prova d'água. (Se você deseja ganhar a vida nesse campo, eu lhe recomendo o caminho usual: um estudo das normas de comércio, normas publicitárias ou qualquer outro órgão regulamentador antes de começar a trabalhar como consultor no setor.)

Então o que há de errado com esse tipo de publicidade? Quero deixar uma coisa bem clara: não estou em uma cruzada em prol dos consumidores. Como a loteria federal, o setor de cosméticos joga com os sonhos das pessoas, e elas são livres para desperdiçar seu dinheiro. Posso muito bem considerar os cosméticos de luxo — e outras formas de charlatanismo — como um imposto voluntário, especial e autoadministrado sobre as pessoas que não entendem a ciência corretamente. Eu também seria o primeiro a concordar que as pessoas não compram cosméticos caros só porque acreditam em sua eficácia, porque sei que é um pouco mais complicado do que isso: eles são bens de luxo, itens de status e são comprados por todo o tipo de motivos interessantes.

Mas isso não é totalmente neutro do ponto de vista moral. Em primeiro lugar, os fabricantes desses produtos vendem atalhos para fumantes e obesos; eles promovem a ideia de que um corpo saudável pode ser obtido usando-se poções caras em vez de se aplicar a solução simples e tradicional de fazer exercícios e comer verduras. Esse é um tema recorrente por todo o mundo da ciência picareta.

Mais do que isso, esses anúncios vendem uma visão de mundo dúbia. Eles vendem a ideia de que a ciência não tem a ver com o relacionamento delicado entre evidências e teoria. Em vez disso, eles sugerem, com todo o poder de seus orçamentos internacionais para publicidade, com seus complexos microcelulares, seu Neutrillium XY, seu tensor peptídico vegetal e tudo o mais, que a ciência tem a ver com tolices impenetráveis que envolvem equações, moléculas, diagramas "científicos" e afirmações didáticas enfáticas ditas por autoridades em jalecos brancos e que esse material que parece científico bem poderia ter sido inventado, fabricado, concebido do nada a fim de ganhar dinheiro. Eles vendem a ideia de que a ciência é incompreensível, com todo o seu poder, e vendem essa ideia principalmente para jovens atraentes, que são desconcertantemente pouco representadas nas ciências.

Na verdade, eles vendem a visão de mundo da Barbie adolescente que fala, fabricada pela Mattel com um circuito de voz doce em seu interior

O COMPLEXO DE PROGENIUM XY

para que possa dizer coisas como: "A aula de matemática é difícil!", "Adoro fazer compras!" e "Algum dia teremos roupas suficientes?" quando você pressiona os botões. Em dezembro de 1992, o grupo ativista feminista Barbie Liberation Organization [Organização de Libertação das Barbies] trocou os circuitos de voz de centenas de bonecas Barbie e bonecos G.I. Joe nas lojas dos Estados Unidos. No dia de Natal, as Barbies disseram "Homens mortos não mentem", em uma voz firme, e os meninos ganharam soldados que diziam "A aula de matemática é difícil!" e perguntavam: "Quer fazer compras?"

O trabalho das ativistas ainda não terminou.

4 Homeopatia

E, agora, vamos ao assunto principal. Mas antes de pisarmos nesta arena, quero deixar algo bem claro: apesar do que você possa pensar, não estou desesperadamente interessado em medicina complementar e alternativa (que, por si só, é um exemplo questionável de fraseologia e *rebranding**). Estou interessado no papel da medicina em relação a nossas crenças sobre o corpo e a cura e sou fascinado — em meu trabalho cotidiano — com as complexidades de como podemos reunir evidências quanto aos benefícios e aos riscos de determinada intervenção.

A homeopatia,** em tudo isso, é simplesmente nosso instrumento.

Aqui, vamos abordar uma das mais importantes questões na ciência: como sabemos se uma intervenção funciona? Quer seja um creme facial, um regime de desintoxicação, um exercício escolar, um comprimido de vitamina, um programa para pais ou um remédio para enfarte, as habilidades envolvidas no teste de uma intervenção são as mesmas. A homeopatia é o elemento de ensino mais claro para a medicina baseada

---

Rebranding é o processo pelo qual uma marca ou logotipo de um produto ou serviço é redesenhado com objetivo de atualizar sua imagem ou buscar um reposicionamento. (*N. do E.*)

**No Brasil, a profissão de homeopata é regulamentada como especialidade médica e, como tal, sujeita à fiscalização pelos conselhos regionais de medicina; apenas os médicos formados em cursos universitários de medicina reconhecidos pelo MEC e especializados em cursos de homeopatia podem usar o título de médico homeopata. Quem estudar homeopatia e começar a atender pacientes estará incorrendo na prática ilegal da medicina e sujeito às penas previstas na lei. No Reino Unido, a situação legal é diferente. (*N. do T.*)

em evidências por uma razão simples: os homeopatas usam pilulinhas de açúcar, e pílulas são a coisa mais fácil do mundo para se estudar.

No final deste capítulo, você saberá mais sobre medicina baseada em evidências e planejamento de triagens do que um médico comum. Você entenderá como triagens podem dar errado e ter falsos resultados positivos, como funciona o efeito placebo e por que tendemos a superestimar a eficácia dos comprimidos. Ainda mais importante, você verá como um mito de saúde pode ser criado, alimentado e mantido pelo setor de medicina alternativa, usando com vocês, o público, os mesmos truques que as grandes empresas farmacêuticas usam com os médicos. Isso vai muito além da homeopatia.

O que é a homeopatia?

A homeopatia talvez seja o exemplo paradigmático de uma terapia alternativa: ela conclama a autoridade de uma rica herança histórica, mas sua história é rotineiramente reescrita conforme as necessidades de relações públicas do mercado contemporâneo, ela tem uma elaborada e aparentemente científica estrutura que explica como ela funciona, sem haver evidências científicas que demonstrem sua veracidade, e seus proponentes são muito enfáticos ao dizer que os comprimidos farão com que você melhore, quando, na verdade, eles foram exaustivamente pesquisados em inúmeros testes e descobriu-se que não funcionam melhor do que um placebo.

A homeopatia foi criada por um médico alemão chamado Samuel Hahnemann, no final do século XVIII. Em uma época em que a medicina dominante consistia em sangrias, laxativos e vários outros métodos ineficazes e perigosos e em que novos tratamentos eram criados do nada por autoridades arbitrárias, que chamavam a si mesmas de "doutores", muitas vezes com poucas evidências que as apoiassem, a homeopatia deve ter parecido bastante razoável.

As teorias de Hahnemann diferiam porque ele decidiu — e não há uma palavra melhor para isso — que uma substância que induzisse os sintomas de uma doença em um indivíduo saudável poderia ser usada para tratar os mesmos sintomas em uma pessoa doente. Seu primeiro remédio homeopático foi a quina, sugerida como um tratamento para a malária. Ele mesmo a tomou, em dosagem elevada, e experimentou sintomas que considerou similares aos da própria malária:

> Meus pés e as pontas dos dedos ficaram frios imediatamente; fiquei mole e sonolento; meu coração começou a palpitar; meu pulso ficou rápido e forte; surgiram uma ansiedade intolerável e tremores... prostração... pulsação na cabeça, vermelhidão nas faces e sede insuportável... febre intermitente... estupor... rigidez...

E assim por diante.

Hahnemann supôs que todos teriam esses sintomas se tomassem quina (embora existam algumas evidências de que ele só teve uma reação adversa idiossincrática). Ainda mais importante, ele também decidiu que uma pequena quantidade de quina trataria os sintomas da malária, ao invés de causá-los. A teoria da "cura pelo semelhante", que ele criou em sua época, é, essencialmente, o primeiro princípio da homeopatia.*

Distribuir substâncias químicas e ervas pode ser um trabalho perigoso, pois elas podem ter efeitos genuínos sobre o corpo (elas induzem sintomas, como Hahnemann percebeu). Mas ele resolveu esse problema com sua segunda inspiração, que é a característica da homeopatia mais conhecida pelas pessoas atualmente: ele decidiu — novamente, essa é a única palavra para isso — que, se diluísse uma substância, "potencializaria" sua capacidade de curar os sintomas, "ampliando" seus "poderes medicinais espirituais" e, ao mesmo tempo, por um golpe de sorte, diminuindo também seus efeitos colaterais. Na verdade, ele foi ainda mais longe: quanto mais você diluir uma substância, mais potente ela se torna no tratamento dos sintomas que, de outro modo, induziria.

Uma diluição simples não era o bastante. Hahnemann decidiu que o processo tinha de ser realizado de um modo muito específico — tendo

---

*Em doses elevadas adequadas, a quina contém quinina, que pode de fato ser usada para tratar a malária, embora a maioria dos parasitas da malária seja imune a ela atualmente.

em vista a identidade da marca ou um sentido de ritual e de ocasião — e assim ele criou um processo chamado "sucussão". A cada diluição, o frasco de vidro que continha o remédio era sacudido firmemente 10 vezes e era batido contra "um objeto duro, porém elástico". Para esse propósito, Hahnemann pediu a um fabricante de selas que construísse uma tábua de madeira, com um dos lados coberto com couro, e estofada com pelo de cavalo. Esses 10 golpes firmes ainda são realizados nas empresas de pílulas homeopáticas atuais, algumas vezes por meio de robôs sofisticados e construídos especialmente para essa finalidade.

Os homeopatas têm desenvolvido uma ampla gama de remédios no decorrer dos anos e esse processo passou a ser chamado, de forma um tanto grandiosa, "provar" (do alemão *Prüfung*). Um grupo de voluntários, que pode ir desde uma pessoa a algumas dezenas, se reúne, e todos tomam seis doses do remédio que está sendo "provado", em diferentes diluições, no decorrer de dois dias, mantendo um diário das sensações mentais, físicas e emocionais experimentadas nesse período, inclusive sonhos. No final, o "mestre da prova" irá coletar as informações dos diários, e essa lista não sistemática de sintomas e sonhos de um pequeno número de pessoas irá se tornará a "imagem de sintomas" para aquele remédio, escrita em um livro grosso e, em alguns casos, reverenciada para todo o sempre. Quando você vai a um homeopata, ele tentará encontrar uma correspondência entre seus sintomas e aqueles que foram provocados por um remédio em uma prova.

Existem problemas óbvios nesse sistema. Em primeiro lugar, não se pode ter certeza de que as experiências que os "provadores" estão tendo sejam causadas pela substância que eles tomaram ou por algo sem nenhuma relação com ela. Poderia ser um efeito "nocebo", o oposto do placebo, no qual as pessoas se sentem mal porque estão esperando isso (aposto que poderia fazer você ficar enjoado neste momento lhe contando algumas verdades sobre como sua última refeição pronta foi feita), poderia ser uma forma de histeria em grupo ("existem pulgas neste sofá?"), um deles poderia ter uma dor de barriga que teria de qualquer modo, todos poderiam ter o mesmo resfriado brando, e assim por diante.

HOMEOPATIA

Mas os homeopatas tiveram muito sucesso no marketing dessas "provas" como investigações científicas válidas. Se você visitar o site da rede de farmácias inglesa Boots, www.bootslearningstore.co.uk, por exemplo, e fizer o módulo de ensino 16+ para adolescentes sobre terapias alternativas, você verá, entre outros tecnicismos sobre os remédios homeopáticos, que eles estão ensinando que as provas de Hahnemann foram "testes clínicos". Isso não é verdade, como você agora pode ver, e isso não é incomum.

Hahnemann professava, e até recomendava, a ignorância completa sobre os processos fisiológicos que ocorrem dentro do corpo: ele o tratava como uma caixa-preta, com remédios entrando e efeitos saindo, e só respeitava os dados empíricos, os efeitos do remédio sobre os sintomas ("a totalidade dos sintomas e circunstâncias observados em cada caso individual", disse ele, "é o único indicador que pode nos levar à escolha do remédio").

Isso é o exato oposto de "a medicina só trata os sintomas, nós tratamos e entendemos a causa subjacente", retórica usada pelos terapeutas alternativos modernos. Também é interessante observar, nesta época de "o que é natural é bom", que Hahnemann não disse nada sobre a homeopatia ser "natural". Ele se dizia um homem da ciência.

A medicina convencional da época de Hahnemann era obcecada com a teoria e se orgulhava de basear sua prática em uma compreensão "racional" da anatomia e do funcionamento do corpo. Os médicos do século XVIII acusavam desdenhosamente os homeopatas de "mero empirismo", confiando demais nas observações de pessoas que melhoravam. Agora os papéis se inverteram: atualmente, os médicos muitas vezes ficam felizes em aceitar a ignorância dos detalhes do mecanismo, desde que os dados dos estudos demonstrem que os tratamentos são efetivos (tendemos a abandonar os que não são), enquanto os homeopatas se baseiam exclusivamente em suas teorias exóticas e ignoram o grande volume de evidências empíricas negativas quanto a sua eficácia. Esse talvez seja um pequeno ponto, mas essas mudanças sutis na retórica e no significado podem ser reveladoras.

CIÊNCIA PICARETA

O problema da diluição

Antes de continuarmos a falar sobre homeopatia e examinar se ela realmente funciona ou não, existe um problema central que precisamos tirar do caminho.

A maioria das pessoas sabe que os remédios homeopáticos são diluídos em tal medida que não existem moléculas deles na dose que você recebe. O que você talvez não saiba é o quanto esses remédios são diluídos. A diluição homeopática típica é 30C: isso significa que uma gota da substância original foi diluída em 100 por 30 vezes. Na seção "O que é homeopatia?", do site da Society of Homeopaths [Sociedade de Homeopatas], a maior organização de homeopatas no Reino Unido lhe dirá que "30C contém menos de uma parte por milhão da substância original".

Eu diria que "menos de uma parte por milhão" é uma atenuação: uma preparação homeopática 30C é uma diluição de um em 100^{30}, ou melhor, 10^{60}, ou o algarismo um seguido por 60 zeros. Para evitar qualquer mal-entendido, essa é uma diluição de um em 1.000.000.00 0.000.000.000.000.000.000.000.000.000.000.000.000.000.000 .000.000 ou, para usar os termos da Sociedade dos Homeopatas, "uma parte por milhão milhão milhão milhão milhão milhão milhão milhão milhão milhão". Isso é certamente "menos do que uma parte por milhão da substância original". Para colocarmos em perspectiva, existem apenas cerca de 100.000.000.000.000.000.000.000.000.000 moléculas de água em uma piscina olímpica. Imagine uma esfera com um diâmetro de 150 milhões de quilômetros (a distância da Terra ao Sol). A luz leva oito minutos para percorrer essa distância. Imagine uma esfera desse tamanho cheia de água, com uma molécula de uma substância nela: essa é a diluição 30C.*

Na diluição homeopática de 200C (você pode comprar diluições muito mais altas em qualquer farmácia homeopática), a substância de tratamento está diluída numa proporção maior do que o número total

---

*Para os pedantes, a diluição é de 30,89C.

de átomos no universo e por uma margem imensamente grande. Dizendo de outro modo, o universo contém 3×10^{80} metros cúbicos de espaço de armazenagem (ideal para se começar uma família); se fosse preenchido com água e com uma molécula do ingrediente ativo, isso corresponderia a diluição um tanto irrisória de 55C.

Devemos lembrar, porém, que a improbabilidade nas afirmações dos homeopatas sobre *como* suas pílulas podem funcionar permanece absolutamente inconsequente e não é importante para nossa observação principal de que elas não funcionam melhor do que um placebo. Nós não sabemos *como* uma anestesia geral funciona, mas sabemos que *funciona* e a usamos, apesar de ignorarmos o mecanismo. Eu mesmo já cortei profundamente o abdômen de um homem e mexi em seus intestinos em uma sala de operações — totalmente supervisionado, devo acrescentar — enquanto ele estava nocauteado pela anestesia e, naquele momento, as lacunas em nosso conhecimento em relação ao modo de ação da anestesia não incomodaram nem a mim nem ao paciente.

Além disso, na época em que a homeopatia foi criada por Hahnemann, ninguém sabia que esses problemas existiam, porque o físico italiano Amadeo Avogadro e seus sucessores ainda não tinham calculado quantas moléculas existem em determinada quantidade de substância nem, muito menos, quantos átomos existem no universo. Nós nem sabíamos realmente o que eram átomos.

Como os homeopatas lidaram com o surgimento desse novo conhecimento? Dizendo que as moléculas ausentes são irrelevantes porque "a água tem memória". Parece factível se pensarmos em uma banheira ou em um tubo de ensaio cheio de água. Mas se pensarmos, no nível mais básico, sobre a escala desses objetos, uma pequena molécula de água não será deformada por uma enorme molécula de arnica, ficando com um "amassado sugestivo", que é como muitos homeopatas parecem imaginar o processo. Uma bolinha do tamanho de uma ervilha não pode absorver uma impressão da superfície de seu sofá.

Os físicos estudaram a estrutura da água intensamente, por décadas, e, embora seja verdade que as moléculas de água formam estruturas ao redor de uma molécula dissolvida nelas em temperatura ambiente, o movimento aleatório e cotidiano das moléculas de água significa que essas estruturas têm vida muito curta, medida em picossegundos ou até menos. Esse é um prazo de validade muito curto.

Os homeopatas, às vezes, pegam resultados anômalos dos experimentos de física e sugerem que eles provam a eficácia da homeopatia. Eles têm falhas fascinantes que podem ser encontradas por toda parte (frequentemente a substância homeopática — que testes de laboratório muito sensíveis revelam ser sutilmente diferente de uma diluição não homeopática — foi preparada de um modo completamente diferente, a partir de diferentes ingredientes, o que é então detectado por equipamentos extremamente sensíveis). Para um argumento rápido, também vale a pena observar que o mágico e cético americano James Randi ofereceu um prêmio de 1 milhão de dólares a qualquer pessoa que demonstrasse "afirmações anômalas" sob condições de laboratório e afirmou especificamente que qualquer pessoa poderia ganhar o prêmio se distinguisse confiavelmente uma preparação homeopática de uma não homeopática, usando qualquer método que desejasse. Esse prêmio de 1 milhão de dólares ainda não foi reclamado.

Mesmo que consideremos a possibilidade de sua existência, a afirmação da "memória da água" tem grandes furos conceituais, e você mesmo pode percebê-los. Se a água tem uma memória, como dizem os homeopatas, e essa memória funciona em uma diluição de 10^{60}, então, neste momento, toda a água deveria ser uma diluição homeopática curativa de todas as moléculas no mundo. A água flui pelo globo terrestre há muito tempo, afinal de contas, e a água em meu corpo, enquanto eu me sento aqui, digitando, em Londres, já passou pelos corpos de muitas outras pessoas. Talvez algumas das moléculas de água que estão em meus dedos enquanto eu digito esta sentença estejam atualmente em seu globo ocular. Talvez algumas das moléculas de água que se encontram em meus neurônios enquanto eu decido se devo escrever "xixi" ou "urina" nesta frase estejam agora na bexiga da rainha (Deus a abençoe): a água iguala tudo e vai a toda parte. Olhe só para as nuvens.

Como uma molécula de água sabe esquecer cada uma das outras moléculas que já encontrou? Como ela sabe que deve tratar meu machucado com sua memória de arnica em vez de fazê-lo com a memória das fezes de Isaac Asimov? Eu escrevi isso no jornal, certa vez, e um homeopata fez uma reclamação junto à Comissão de Queixas contra a Imprensa. Não tem a ver com a diluição, disse ele: é a sucussão. É preciso bater o frasco de água vigorosamente, 10 vezes, em uma superfície de couro estofada com pelo de cavalo, e é isso que faz com que a água lembre-se de uma molécula. Como eu não mencionei isso, afirmou ele, *eu fiz deliberadamente com que os homeopatas parecessem idiotas*. Esse é outro universo de tolices.

E já que todos os homeopatas falam da "memória da água", devemos lembrar que o que você toma, em geral, é uma pílula de açúcar, e não uma colher de chá de água diluída homeopaticamente — então eles também devem começar a pensar na memória do açúcar. A memória do açúcar, que consiste em lembrar algo que estava sendo lembrado pela água (depois de uma diluição proporcionalmente maior do que o número de átomos no universo) e que passou para o açúcar conforme ele secou. Estou tentando ser claro porque não quero nenhuma reclamação.

Uma vez que esse açúcar — que se lembrou de algo que a água estava lembrando — entrar em seu corpo, ele deve ter algum tipo de efeito. Qual seria ele? Ninguém sabe, mas aparentemente você precisa tomar as pílulas com regularidade, em um regime de dosagem que é suspeitamente similar ao usado para medicamentos (que são dados em intervalos espaçados conforme a velocidade em que são quebrados e excretados por seu corpo).

Eu exijo um julgamento justo

Essas improbabilidades teóricas são interessantes, mas não o levarão a ganhar nenhuma discussão: Sir John Forbes, médico da rainha Vitória, apontou o problema da diluição no século XIX e, 150 anos depois, a discussão não avançou. A questão real da homeopatia é muito simples: ela funciona? Na verdade, como podemos saber se *qualquer* tratamento específico está funcionando?

Os sintomas são algo muito subjetivo e, assim, todos os modos concebíveis de se estabelecer os benefícios de qualquer tratamento devem começar com o indivíduo e sua experiência, e seguir a partir daí. Vamos imaginar que estamos conversando — e talvez até discutindo — com alguém que pensa que a homeopatia funciona, alguém que sente que essa é uma experiência positiva e que melhora mais rapidamente com seu uso. Eles diriam: "Tudo o que sei é que sinto que funciona. Eu me sinto melhor quando tomo homeopatia." Parece óbvio para eles e, em certa medida, é. O poder dessa afirmação, e sua falha, encontra-se em sua simplicidade. Aconteça o que acontecer, a afirmação continua verdadeira.

Mas você poderia dizer: "Bom, talvez seja o efeito placebo." Esse efeito é muito mais complexo e interessante do que a maioria das pessoas suspeita e vai muito além de uma mera pílula de açúcar: tem a ver com toda a experiência cultural do tratamento, suas expectativas prévias, o processo de consulta pelo qual você passa e muito mais.

Sabemos que duas pílulas de açúcar são um tratamento mais efetivo do que uma pílula de açúcar, por exemplo, e sabemos que as injeções de água salgada são um tratamento mais efetivo para a dor do que as pílulas de açúcar — não porque as injeções de água salgada tenham qualquer ação biológica sobre o corpo, mas porque uma injeção parece uma intervenção mais dramática. Sabemos que a cor das pílulas, sua embalagem, seu preço e até mesmo as crenças das pessoas que lhe dão as pílulas são fatores importantes. Sabemos que as operações placebo podem ser eficazes para dores no joelho e até mesmo para angina. O efeito placebo funciona em animais e em crianças. Ele é muito potente e misterioso e você não conhecerá nem a metade sobre ele até ler o capítulo sobre placebo neste livro.

Assim, quando nosso fã de homeopatia disser que o tratamento homeopático faz com que se sinta melhor, podemos dizer "entendo, mas talvez sua melhora se deva ao efeito placebo", e ele não poderá responder "não", porque não *há como saber* se a melhora foi causada pelo efeito placebo ou não. Eles não têm como saber. O máximo que podem fazer é reafirmar, em resposta ao seu questionamento: "Tudo o que sei é que sinto que funciona. Eu me sinto melhor quando tomo homeopatia."

A seguir, você pode dizer: "Ok, eu aceito, mas talvez, também, você sinta que está melhorando por causa da 'regressão ao normal'." Essa é apenas uma dentre as muitas "ilusões cognitivas" descritas neste livro, as falhas básicas em nosso aparelho de raciocínio que nos levam a ver padrões e conexões no mundo que nos rodeia, quando um exame mais próximo revelará que, na verdade, nada disso existe.

A "regressão ao normal" é basicamente outra expressão para o fenômeno pelo qual, como gostam de dizer os terapeutas alternativos, todas as coisas têm um ciclo natural. Digamos que você tem dor nas costas. Ela vem e vai. Você tem dias bons e dias ruins, semanas boas e semanas ruins. Quando ela chega ao auge, começa a melhorar porque é isso o que acontece com a sua dor nas costas.

Do mesmo modo, muitas doenças têm o que se chama de uma "história natural": elas pioram e depois melhoram. Como disse Voltaire: "A arte da medicina consiste em divertir o paciente enquanto a natureza cura a doença." Digamos que você tenha um resfriado. Ele vai melhorar depois de poucos dias, mas no momento você se sente péssimo. É bem natural que, quando os sintomas chegarem a um ponto máximo, você faça coisas para tentar melhorar. Você pode tomar um remédio homeopático. Você poderia sacrificar um bode e pendurar as vísceras dele ao redor do pescoço. Você poderia pressionar seu clínico geral para que lhe receitasse antibióticos. (Listei essas soluções em ordem crescente de ridículo.)

Depois, quando melhorar — como certamente acontecerá com um resfriado —, você irá supor, naturalmente, que aquilo que fez quando os sintomas estavam no máximo deve ter sido o motivo de sua recuperação. *Post hoc ergo propter hoc.*[6]* Todas as vezes que você tiver um resfriado, daqui em diante, você voltará ao clínico geral, implorando por antibióticos, e ele dirá: "Veja bem, essa não é uma boa ideia." Mas você insistirá, porque eles funcionaram da última vez, e a resistência a antibióticos na comunidade vai aumentar e, no fim das contas, bactérias

---

[6]*"Depois disso; logo, causado por isso." (*N. do T.*)

resistentes a múltiplos antibióticos vão matar velhinhas por causa desse tipo de irracionalidade, mas essa é outra história.*[7]

Você pode examinar a regressão ao normal de um modo mais matemático, se preferir. No programa de TV *Play Your Cards Right* [Jogue bem suas cartas], apresentado por Bruce Forsyth, todo o público grita "Mais alta!" quando ele coloca um três na mesa porque eles sabem que há mais chances de que a próxima carta seja mais alta do que um três. "Você quer uma carta mais alta ou mais baixa do que um valete? Mais alta? Mais alta?" "Mais baixa!"

Uma versão ainda mais extrema da "regressão ao normal" é o que os americanos chamam de "a maldição da *Sports Illustrated*". Sempre que um esportista aparece na capa da revista *Sports Illustrated*, diz a lenda, ele cairá em desgraça. Mas para chegar à capa é preciso estar completamente no auge de sua forma, ser um dos melhores esportistas do mundo, e, para ser o melhor naquela semana, provavelmente também estar em uma maré de sorte incomum. A sorte ou o "falatório" geralmente acabam; tudo "regride ao normal" por si mesmo, como acontece quando se joga um dado. Se você não entender isso, começará a procurar outro motivo para essa regressão e encontrará... "a maldição da *Sports Illustrated*".

Os homeopatas aumentam ainda mais as probabilidades de alcançar sucesso em seus tratamentos ao falar sobre "agravamentos", explicando que, às vezes, o remédio certo pode fazer com que os sintomas piorem antes de melhorarem, como parte do processo de tratamento. Do mesmo

---

*Os clínicos gerais algumas vezes receitam antibióticos a pacientes insistentes e desesperados, embora saibam que são ineficazes no tratamento de um resfriado viral, mas muitas pesquisas sugerem que isso é contraproducente, mesmo que seja para economizar tempo. Em um estudo, receitar antibióticos em vez de dar conselhos sobre automedicação para dor de garganta resultou em um aumento geral na carga de trabalho devido aos retornos à consulta. Calculou-se que, se um clínico geral prescrevesse antibióticos para dor de garganta para menos 100 pacientes a cada ano, menos 33 deles iam acreditar que os antibióticos eram eficazes, menos 25 pretenderiam se consultar sobre o problema no futuro e menos 10 voltariam no ano seguinte. Se você fosse um terapeuta alternativo, ou um vendedor de remédios, poderia inverter esses números e verificar como aumentar as vendas do seu negócio, e não as diminuir.

[7] Marshall T., "Reducing Unnecessary Consultation: A Case of NNNT?", *Bandolier*, v. 4, n. 44, 1997, p. 1-3.

HOMEOPATIA

modo, as pessoas que defendem a desintoxicação muitas vezes dizem que seus remédios podem fazer com que você se sinta pior a princípio, enquanto as toxinas são retiradas de seu corpo: sob os termos dessas promessas, literalmente qualquer coisa que aconteça a você depois de um tratamento prova a precisão clínica e a habilidade de prescrição do terapeuta.

Então, poderíamos voltar a nosso fã de homeopatia e dizer: "Você disse que se sente melhor, e eu aceito. Mas talvez seja por causa da 'regressão ao normal' ou simplesmente devido à 'história natural' da doença." Novamente, ele não poderá dizer que "não" (ou, pelo menos, não com algum sentido — poderá dizer isso em um acesso de raiva), porque não existe um modo possível de saber se ele se sentiria melhor de qualquer jeito nas ocasiões em que aparentemente melhorou depois de consultar um homeopata. A "regressão ao normal" pode ser a verdadeira explicação para seu retorno a um estado saudável. Ele simplesmente não tem como saber. Ele só pode reafirmar, mais uma vez, sua declaração original: "Tudo o que sei é que sinto que funciona. Eu me sinto melhor quando tomo homeopatia."

Pode ser que ele só queira ir até aí. Mas quando alguém vai além e diz "a homeopatia funciona" ou murmura sobre "ciência", então existe um problema. Não podemos simplesmente decidir coisas como essa com base nas experiências de uma pessoa, pelas razões descritas acima: ela pode estar confundindo o efeito placebo com o efeito real ou confundindo um resultado fortuito com um resultado real. Mesmo que tivéssemos um caso genuíno, sem ambiguidade e surpreendente, de uma pessoa que melhora de um câncer em estágio terminal, ainda teríamos de tomar cuidado com o uso da experiência dessa pessoa porque, às vezes, inteiramente por sorte, milagres realmente acontecem. Algumas vezes, mas não com muita frequência.

Durante muitos anos, uma equipe de oncologistas australianos acompanhou 2.337 pacientes de câncer terminal em cuidados paliativos. Eles morreram, em média, depois de cinco meses. Mas cerca de 1% deles ainda estava vivo depois de cinco anos. Em janeiro de 2006, esse estudo foi publicado no jornal *Independent*, de modo sensacionalista, como:

Curas "milagrosas" comprovadas

Médicos encontraram evidências estatísticas de que tratamentos alternativos como dietas especiais, poções de ervas e fé podem curar doenças aparentemente terminais, mas não têm certeza sobre os motivos.

Mas o estudo focava-se especificamente na *não* existência de curas milagrosas (nenhum desses tratamentos foi examinado; isso foi inventado pelo jornal). Em vez disso, o estudo mostrou algo muito mais interessante; ou seja, que coisas incríveis simplesmente acontecem às vezes e que as pessoas podem sobreviver, contra todas as probabilidades, sem que haja motivo aparente. Como os pesquisadores deixaram claro em sua descrição, as afirmações de curas miraculosas devem ser tratadas com cautela porque "milagres" acontecem, rotineiramente, em 1% dos casos e *sem* nenhuma intervenção específica. A lição desse estudo é que não podemos raciocinar a partir da experiência de uma pessoa, nem mesmo das experiências de algumas pessoas selecionadas, para comprovar uma hipótese.[8]

Então como seguimos em frente? A resposta é que selecionamos muitas pessoas, uma amostra que representa os pacientes que desejamos tratar, com todas as suas experiências individuais, e levamos todos em conta. Essa é a pesquisa médica acadêmica clínica, em resumo, e de fato não existe nada além disso: nenhum mistério, nenhum "outro paradigma", nenhuma fumaça, nenhum espelho. É um processo inteiramente transparente, e essa ideia provavelmente salvou mais vidas, em uma escala mais espetacular, do que qualquer outra ideia que você venha a encontrar este ano.

Também não é uma ideia nova. O primeiro experimento aparece no Velho Testamento, e o mais interessante — embora a nutrição só recentemente tenha se transformado no que poderíamos chamar de "a bobagem do dia"— é que foi sobre comida. Daniel estava discutindo

---

[8]MacManus M. P., Matthews J. P., Wada M., Wirth A., Worotniuk V., Ball D. L., "Unexpected Long-Term Survival After Low-Dose Palliative Radiotherapy for Non-Small Cell Lung Cancer", *Cancer*, v. 5, n. 106, 1° de março de 2006, pp. 1110-6.

com o chefe dos eunucos do rei Nabucodonosor a respeito das rações dos judeus cativos. A dieta deles era composta de alimentos gordurosos e vinho, mas Daniel queria que seus soldados comessem apenas vegetais. O eunuco preocupava-se com a possibilidade deles se tornarem soldados piores se não comessem refeições substanciosas e de que tudo o que pudesse ser feito a um eunuco para tornar sua vida pior fosse feito a ele. Daniel, por outro lado, estava disposto a fazer concessões, e assim sugeriu o primeiro experimento clínico da história:

> E Daniel disse ao guarda... "Submeta-nos a este teste por 10 dias. Dê-nos apenas vegetais para comer e água para beber, e, depois, compare nossa aparência com a dos jovens que tiverem sido alimentados com a comida indicada pelo rei e ajuste o modo como nos tratará conforme o que vir."
>
> O guarda ouviu o que disseram e os testou por 10 dias. Ao final dos 10 dias, eles pareciam mais saudáveis e estavam mais bem nutridos do que todos os jovens que haviam consumido os alimentos indicados pelo rei. Então, o guarda deixou de lado as comidas e o vinho que lhes haviam sido indicados e passou a lhes dar apenas vegetais.
>
> *Daniel 1: 1-16.*

Em certa medida, isto é tudo: não há nada de especialmente misterioso a respeito de um experimento e, se quisermos saber se as pílulas homeopáticas funcionam, podemos fazer um experimento muito semelhante. Vamos esboçá-lo. Nós pegaríamos, digamos, 200 pessoas que são atendidas em uma clínica homeopática. Elas seriam divididas aleatoriamente em dois grupos e passariam por todo o processo de serem atendidas, diagnosticadas e receberem qualquer receita que o homeopata deseje lhes dar. No entanto, no último minuto, sem que elas soubessem, trocaríamos as pílulas de açúcar de metade dos pacientes e lhes daríamos pílulas de açúcar inativas, que não tivessem sido magicamente potencializadas pela homeopatia. Depois de um tempo adequado, poderíamos medir quantas pessoas melhoraram em cada um dos grupos.

Ao falar com homeopatas, me deparei com muita angústia em relação à ideia de mensuração, como se esse não fosse um processo transparente, como se ele forçasse um parafuso quadrado a entrar em um orifício redondo, porque "medir" soa científico e matemático. Devemos parar por um momento e pensar claramente sobre isso. Medir não envolve nenhum mistério e não exige nenhum dispositivo especial. Perguntamos às pessoas se elas se sentem melhor e contamos as respostas.

Em um experimento — ou, às vezes, rotineiramente, em ambulatórios —, podemos pedir às pessoas que meçam sua dor no joelho em uma escala de um a dez, todos os dias, e anotem em um diário. Ou que contem o número de dias sem dor em uma semana. Ou que meçam o efeito que a fadiga teve sobre sua vida naquela semana: quantos dias elas conseguiram sair de casa, que distância conseguiram percorrer, quanto trabalho doméstico puderam fazer. Você pode fazer inúmeras perguntas simples, transparentes e, muitas vezes, bastante subjetivas, porque o objetivo da medicina tem a ver com melhorar a vida e diminuir o sofrimento.

Podemos sofisticar o processo um pouco, padronizá-lo e permitir que nossos resultados sejam comparados mais facilmente com outras pesquisas (o que é algo bom, pois nos ajuda a ter uma compreensão mais ampla de uma doença e de seu tratamento). Podemos usar o General Health Questionnaire [Questionário de saúde geral], por exemplo, porque esse é um instrumento padronizado; mas, mesmo com todo o alarido, o GHQ-12, como é chamado, é só uma lista simples de perguntas sobre sua vida e seus sintomas.

Se você for partidário da retórica antiautoritária, então tenha isto em mente: realizar um experimento controlado com placebo num tratamento aceito, quer seja uma terapia alternativa ou qualquer forma de medicamento, é um ato inerentemente subversivo. Você sabotará uma falsa certeza e privará os médicos, pacientes e terapeutas de tratamentos que anteriormente lhes agradavam.

Existe uma longa história de perturbações causadas por experimentos, na medicina e em outras áreas, e todo o tipo de pessoa criará todo o tipo de defesa contra eles. Archie Cochrane, um dos avôs da medicina com base em evidências, certa vez descreveu de modo divertido como diferentes grupos de cirurgiões estavam seriamente afirmando que seu tratamento para o câncer era o mais eficaz: era bastante óbvio para todos

HOMEOPATIA

eles que o seu próprio tratamento era o melhor. Em seu esforço para persuadi-los da necessidade de experimentos, Cochrane chegou até a reunir alguns deles em uma sala para que cada um pudesse testemunhar a certeza inabalável dos outros. Juízes, de forma similar, também podem ser muito resistentes à ideia de experimentar diferentes formas de sentença para usuários de heroína, acreditando que sabem o que funciona melhor em cada caso individual. Essas são batalhas recentes e não são, de modo algum, exclusivas ao mundo da homeopatia.

Assim, pegamos nosso grupo de pessoas que saíam da clínica homeopática, trocamos as pílulas de metade dos pacientes por pílulas de placebo e medimos quem melhorou. Esse é um experimento controlado, por placebo, de pílulas homeopáticas, e esta não é uma discussão hipotética: esses experimentos têm sido feitos com a homeopatia e parece que, em geral, a homeopatia não funciona melhor do que o placebo.

No entanto, você certamente já ouviu homeopatas dizerem que existem experimentos positivos sobre a homeopatia; você pode até já ter visto citações específicas de alguns deles. O que está acontecendo aqui? A resposta é fascinante e nos leva diretamente ao cerne da medicina com base em evidências. Existem *alguns* experimentos que concluem que a homeopatia tem resultado melhor do que o placebo, mas apenas alguns e, de modo geral, esses são experimentos com "falhas metodológicas". Isso soa técnico, mas tudo o que quer dizer é que existem problemas na maneira pela qual os experimentos foram realizados e que esses problemas são tão grandes que significam que os experimentos foram menos do que um "teste justo".

A literatura sobre terapia alternativa está certamente repleta de incompetências, mas falhas em experimentos são, na verdade, muito comuns em toda a medicina. De fato, seria justo dizer que toda pesquisa tem algumas "falhas", simplesmente porque todo experimento envolve um compromisso entre o que seria ideal e o que é prático ou viável financeiramente. (A literatura sobre medicina complementar e alternativa muitas vezes falha gravemente no estágio de interpretação: os médicos às vezes sabem se estão citando estudos malfeitos e descrevem suas falhas, mas os homeopatas tendem a ser pouco críticos diante de qualquer resultado positivo.)

CIÊNCIA PICARETA

É por isso que é importante que a pesquisa seja sempre publicada em sua totalidade, de modo que os métodos e os resultados estejam disponíveis para exames detalhados. Esse é um tema recorrente neste livro e é importante porque, quando as pessoas afirmam coisas com base em suas pesquisas, precisamos poder decidir por nós mesmos qual é a extensão dos "erros metodológicos" e chegar a uma opinião sobre se os resultados são ou não confiáveis e se esse é ou não um "teste justo". As coisas que impedem que um experimento seja justo são completamente óbvias quando você as conhece.

Cegamento

Uma característica importante de um bom experimento é que nem os pesquisadores nem os pacientes devem saber se receberam a pílula homeopática ou a pílula do placebo, porque queremos ter certeza de que qualquer variação medida resulte da diferença entre as pílulas e não das expectativas ou das inclinações das pessoas. Se os pesquisadores souberem quais de seus queridos pacientes estão tomando as pílulas reais e quais tomam as pílulas de placebo, eles podem entregar o jogo ou mudar a avaliação do paciente, consciente ou inconscientemente.

Digamos que eu esteja fazendo um estudo sobre um comprimido criado para reduzir a hipertensão. Eu sei quais de meus pacientes estão tomando o novo e caro comprimido e quais estão tomando o placebo. Uma das pessoas que toma os novos e sofisticados comprimidos procura-me com a pressão muito mais elevada do que seria de se esperar, especialmente porque está tomando o novo medicamento. Então, eu meço de novo sua pressão "só para ter certeza de que não me enganei". O novo resultado é mais normal e, assim, eu o registro e ignoro o mais elevado, e correto, obtido anteriormente.

As leituras de pressão arterial são uma técnica inexata, assim como a interpretação de eletrocardiogramas, raios X, índices de dor e muitas outras medidas que são usadas rotineiramente nos experimentos clínicos. Depois dessa decisão, saio para almoçar sem me dar conta de que estou calma e tranquilamente contaminando os dados, destruindo o estudo, produzindo evidências imprecisas e, portanto, em última instância, matando pessoas (porque nosso maior erro seria esquecer que os dados são usados para decisões sérias no mundo real e que as informações erradas causam sofrimento e morte).

Existem diversos bons exemplos na história médica recente em que o fracasso em garantir o chamado "cegamento" adequado do estudo resultou em erro, em toda a comunidade médica, sobre qual seria o melhor tratamento. Não tínhamos como saber se a cirurgia por laparoscopia era melhor do que a cirurgia aberta, por exemplo, até que um grupo de cirurgiões de Sheffield tomou a dianteira e realizou um experimento muito teatral,[9] no qual bandagens e esguichos de sangue falso foram usados para garantir que ninguém pudesse saber por qual tipo de cirurgia uma pessoa havia passado.

Alguns dos maiores especialistas em medicina baseada em evidências reuniram-se e fizeram uma revisão do cegamento[10] utilizado em todos os tipos de experimentos de medicamentos, descobrindo que os experimentos em que o estudo cego era inadequado exageravam que aproximadamente 17% os benefícios dos tratamentos que estavam sendo estudados. O cegamento não é uma técnica obscura de detalhismo, idiossincrática para pedantes como eu, para atacar as terapias alternativas.

Mais próximo da homeopatia, uma revisão de experimentos[11] de acupuntura para dor nas costas mostrou que os estudos adequadamente cegos indicam um pequeno benefício para a acupuntura, que não era "estatisticamente significante" (voltaremos ao que isso significa mais adiante). Enquanto isso, os experimentos que não eram cegos — aqueles em que os pacientes sabiam se estavam ou não no grupo de tratamento — mostraram um benefício expressivo e estatisticamente significante para a acupuntura. (O controle placebo para acupuntura, caso você

---

[9]Majeed A.W. *et al.*, "Randomised, Prospective, Single-Blind Comparison of Laparoscopic versus Small-Incision Cholecystectomy", *Lancet*, v. 9007, n. 347, 13 de abril de 1996, pp. 989-94.
[10]Schulz K. F., Chalmers I., Hayes R. J., Altman D. G. "Empirical evidence of bias: Dimensions of methodological quality associated with estimates of treatment effects in controlled trials", *Journal of the American Medical Association*, n. 273, 1995, pp. 408-12.
[11]Ernst E., White A. R., "Acupuncture for back pain: a meta-analysis of randomised controlled trials", *Arch Int Med*, n. 158, 1998, p. 2235-41.

esteja imaginando, é a acupuntura fraudulenta, com agulhas falsas ou nos lugares "errados", embora uma complicação divertida seja que, às vezes, uma escola de acupuntura afirma que os locais errados apontados por outra escola são, na verdade, os locais genuínos.)

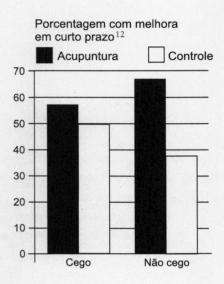

Assim, como podemos ver, o cegamento é importante e nem todo experimento é necessariamente bom. Não se pode dizer simplesmente "aqui está um teste que mostra que este tratamento funciona", porque existem bons experimentos, ou "testes justos", e existem experimentos ruins. Quando médicos e cientistas dizem que um estudo tem falhas metodológicas e que seus resultados não são confiáveis, não é porque eles são maldosos, porque tentam manter sua "hegemonia" ou porque querem manter os benefícios que recebem da indústria farmacêutica: é porque o estudo foi malfeito — não custa nada fazer um estudo cego apropriado — e simplesmente não foi um teste justo.

---

[12]Ibidem.

Randomização

Vamos sair do campo teórico e examinar alguns dos estudos que os homeopatas citam para apoiar sua prática. Tenho diante de mim uma análise crítica comum[13] de experimentos a respeito da arnica como medicamento homeopático, realizada pelo professor Edward Ernst, da qual podemos retirar alguns exemplos. Devemos deixar absolutamente claro que as inadequações aqui não são únicas, que eu não suponho que haja más intenções e que não estou sendo maldoso. O que estamos fazendo é simplesmente o que médicos e estudantes fazem quando avaliam evidências.

Assim, Hildebrandt *et al.* (como se diz nas universidades) examinaram 42 mulheres que tomavam arnica em medicamento homeopático devido a dores musculares tardias e descobriram que o medicamento tinha melhor resultado do que o placebo. À primeira vista, parece ser um estudo bem plausível, mas, se examinarmos melhor, veremos que não há nenhuma randomização descrita. A randomização é outro conceito básico nos experimentos clínicos. Nós designamos aleatoriamente os pacientes que estarão no grupo da pílula de placebo ou no grupo da pílula homeopática porque, de outro modo, existe um risco de que o médico ou homeopata — consciente ou inconscientemente — coloque pacientes que ache que vão se sair bem no grupo de homeopatia e aqueles com pior prognóstico, no grupo de placebo, alterando, assim, os resultados.

A randomização não é uma ideia nova. Ela foi proposta no século XVII por John Baptista van Helmont, um belga radical que desafiou os médicos de sua época a testarem seus tratamentos, como sangrias e purgação (baseados em "teoria"), em relação à sua própria abordagem, que, conforme dizia, se baseava mais na experiência clínica: "Vamos tirar dos hospitais, dos acampamentos ou de outros locais, 200 ou 500 pessoas pobres que tenham febres, pleurisias etc. Vamos dividi-las na metade, por meio da

---

[13]Ernst E., Pittler M. H., "Efficacy of homeopathic arnica: a systematic review of placebo-controlled clinical trials", *Arch Surg*, v. 11, n. 133, novembro de 1998, pp. 1187-90.

sorte, de modo que metade deles fiquem comigo e a outra metade com vocês... Veremos quantos funerais cada um de nós terá."[14]

É raro encontrar um responsável por experiências tão negligente que nem randomize seus pacientes, mesmo no mundo da medicina complementar e alternativa. Mas é surpreendentemente comum encontrar experimentos em que o método de randomização é inadequado: à primeira vista, eles parecem plausíveis, mas um exame mais atento revela que os pesquisadores fizeram apenas um tipo de teatro, como se tivessem randomizado os pacientes, mas ainda deixando espaço para que pudessem influenciar, consciente ou inconscientemente, a decisão sobre de que grupo cada paciente participará.

Em alguns testes malfeitos, em todas as áreas da medicina, os pacientes foram "randomizados" para o grupo de tratamento ou de placebo pela ordem em que foram recrutados para o estudo: o primeiro paciente recebe o tratamento real; o segundo, o placebo; o terceiro, tratamento; o quarto, placebo, e assim por diante. Isso parece muito justo, mas, na verdade, é um rombo que abre o experimento a potenciais vieses sistemáticos.

Imaginemos que o homeopata acredite que um paciente não tem esperança, que é um paciente desanimador que nunca melhora, independentemente do tratamento que receba, e o próximo lugar no estudo é para alguém que receberá a pílula homeopática. Não é inconcebível que o homeopata decida — mais uma vez, consciente ou inconscientemente — que esse paciente "provavelmente não está realmente interessado" no experimento. Entretanto, se, por outro lado, esse caso perdido tivesse chegado à clínica em um momento em que o próximo lugar no experimento fosse no grupo de placebo, o médico recrutador poderia se sentir muito mais otimista em relação a incluí-lo.

O mesmo acontece com todos os outros métodos inadequados de randomização: pelo último algarismo da data de nascimento, pela data de consulta na clínica e assim por diante. Existem até estudos que afirmam randomizar os pacientes jogando uma moeda, mas perdoem-me (e a toda

---

[14]Helmont J. B. van, *Oriatrike, or Physick Refined: The Common Errors Therein Refuted and the Whole are Reformed and Rectified*, Londres, Lodowick-Loyd, 1662, p. 526. Disponível em: <http://www.jameslindlibrary.org>.

a comunidade de medicina com base em evidências) por me preocupar com o fato de que jogar uma moeda deixa uma margem um pouco grande demais para manipulação. Há o melhor de três e tudo o mais. Desculpe-me, eu quis dizer o melhor de cinco. Ah, eu não vi essa, ela caiu no chão.

Existem muitos métodos de randomização genuinamente justos e, embora exijam um pouco de bom senso, não requerem nenhum custo financeiro extra. O método clássico é pedir às pessoas para ligarem para um número de telefone especial, sendo atendidas por alguém que está operando um programa computadorizado de randomização (e o pesquisador nem mesmo faz isso até o paciente estar incluído no estudo e comprometido com ele). Esse é, provavelmente, o método mais popular entre os pesquisadores meticulosos, que querem garantir que estão fazendo um "teste justo", simplesmente porque seria preciso ser um completo charlatão para manipular o programa, alguém que teria de se esforçar muito. Vamos voltar a rir dos charlatões daqui a pouco, mas, neste momento, você está aprendendo sobre uma das ideias mais importantes da história intelectual moderna.

A randomização importa? Como no caso dos cegamentos, as pessoas estudaram o efeito da randomização em revisões de um grande número de experimentos e descobriram que os que tinham métodos falhos de randomização superestimaram os efeitos de tratamentos em 41%. Na verdade, o maior problema com os experimentos de baixa qualidade não é o uso de um método de randomização inadequado, mas não dizer *como* os pacientes foram randomizados. Esse é um sinal clássico de alerta e, muitas vezes, significa que o experimento foi malfeito. Mais uma vez, eu não falo com preconceito: os experimentos com métodos indistintos de randomização superestimaram os efeitos do tratamento em 30%, quase tanto quanto os experimentos com métodos falhos de randomização.

De fato, como regra geral, sempre vale a pena se preocupar quando as pessoas não dão detalhes suficientes sobre seus métodos e resultados. Na verdade (prometo que vou parar logo com isso), houve dois estudos importantes[15] a respeito de se a informação inadequada em artigos científicos

---

[15]Khan K. S., Daya S., Jadad A. R. "The importance of quality of primary studies in producing unbiased systematic reviews", *Arch Intern Med*, n. 156, 1996, pp. 661-6.
Moher D., Pham B., Jones A. *et al.*, "Does quality of reports of randomised trials affect estimates of intervention efficacy reported in meta-analyses?", *Lancet*, n. 352, 1998, pp. 609-13.

está associada com resultados falsamente animadores e, sim, os estudos que não divulgam seus métodos plenamente superestimam os benefícios dos tratamentos em aproximadamente 25%. A transparência e o detalhamento são tudo na ciência. Apesar da culpa não ser de Hildebrandt *et al.*, eles acabaram sendo o pretexto para esta discussão da randomização (e sou grato a eles por isso): eles bem podem ter randomizado seus pacientes. Eles bem podem tê-lo feito de modo adequado. Mas eles não o relataram.

Voltemos aos oito estudos na revisão de Ernst sobre a arnica como medicamento homeopático — que escolhemos arbitrariamente —, porque eles demonstram um fenômeno que vimos muitas vezes nos estudos da medicina complementar e alternativa: a maioria dos experimentos tinha sérios defeitos metodológicos e mostrava resultados positivos para a homeopatia enquanto os poucos experimentos decentes — os "testes mais justos" — mostravam que a homeopatia não tinha um desempenho melhor do que o placebo.*

---

*Assim, Pinsent realizou um estudo duplamente cego, controlado por placebo, de 59 pessoas que fizeram cirurgia oral: o grupo que recebeu o medicamento homeopático de arnica sentiu significativamente menos dor do que o grupo que recebeu placebo. O que não se tende a ler no material de publicidade da arnica é que 41 sujeitos abandonaram o estudo, o que o torna completamente inútil. Foi demonstrado que pacientes que abandonam os testes têm menor probabilidade de tomar os remédios adequadamente, maior probabilidade de terem efeitos colaterais, menor probabilidade de melhorar e assim por diante. Não sou cético em relação a este estudo porque ele ofende meus preconceitos, mas por causa da elevada taxa de abandono. Os pacientes que faltavam podem ter sido perdidos no acompanhamento por terem morrido, por exemplo. Ignorar os abandonos tende a exagerar os benefícios do tratamento que está sendo testado, e uma taxa alta de abandono sempre é um sinal de alerta.

O estudo de Gibson *et al.* não menciona randomização e não se dignou a mencionar a dose do remédio homeopático nem a frequência em que foi administrado. Não é fácil levar os estudos a sério quando eles são tão pouco informativos.

Houve um estudo de Campbell, realizado com 13 sujeitos (o que significa apenas um punhado de pacientes nos grupos homeopáticos e de placebo): ele descobriu que a homeopatia tinha melhor desempenho do que o placebo (neste pequeno grupo de sujeitos), mas não verificou se os resultados eram estatisticamente significantes ou se eram devidos à pura sorte.

Por último, Savage *et al.* fizeram um estudo com apenas 10 pacientes, descobrindo que a homeopatia era melhor do que o placebo, mas eles também não fizeram uma análise estatística dos resultados.

Esses são os tipos de estudos que os homeopatas afirmam como evidências para apoiar seu caso, evidências que eles dizem serem ignoradas pela profissão médica. Todos esses estudos favoreceram a homeopatia. Todos merecem ser ignorados pelo simples motivo de que cada um deles não foi um "teste justo" da homeopatia, devido a essas falhas metodológicas.

Eu poderia continuar a examinar 100 experimentos de homeopatia, mas creio que um é doloroso o bastante.

Assim você pode ver, espero, que, quando os médicos dizem que uma pesquisa é "pouco confiável", isso não é necessariamente um preconceito; quando pesquisadores excluem deliberadamente um estudo malfeito que elogia a homeopatia, ou qualquer outro tipo de estudo, a partir de uma revisão sistemática da literatura, isso não ocorre por um viés pessoal ou moral: é pela simples razão de que, se um estudo não for bom, se ele não for um "teste justo" dos tratamentos, então ele pode ter resultados pouco confiáveis e, assim, deve ser considerado com muita cautela.

Existe uma questão moral e financeira aqui também: randomizar adequadamente seus pacientes não custa mais caro. Criar um experimento cego em que seus pacientes não saibam se receberam o tratamento ativo ou o placebo não custa nada. De modo geral, fazer pesquisa de modo sólido e correto não exige necessariamente mais dinheiro, simplesmente exige que você pense antes de começar. As únicas pessoas a culpar pelas falhas nesses estudos são os pesquisadores que os realizaram. Em alguns casos, eles são pessoas que viraram as costas para o método científico, considerando-o um "paradigma falho", e, no entanto, parece que seu grande e novo paradigma é simplesmente um caso de "testes injustos".

Esses padrões estão refletidos por toda a literatura de terapias alternativas. Em geral, os estudos falhos tendem a ser aqueles que favorecem a homeopatia ou qualquer outra terapia alternativa, e os estudos bem realizados, em que todas as fontes controláveis de vieses e de erros são excluídas, tendem a mostrar que os tratamentos não são melhores do que o placebo.

Esse fenômeno tem sido cuidadosamente estudado e existe quase uma relação linear entre a qualidade metodológica de um experimento sobre homeopatia e o resultado obtido. Quanto pior o estudo — ou seja, quanto menos justo ele for —, maior é a probabilidade do resultado indicar que a homeopatia é melhor do que o placebo. Os pesquisadores medem convencionalmente a qualidade de um estudo usando ferramentas padronizadas como a "escala de Jadad", uma lista de verificação com sete pontos que inclui as coisas de que estamos falando, como "o método de randomização foi descrito?" e "foram fornecidas muitas informações numéricas?".

Este gráfico, extraído da revisão de Ernst, mostra o que acontece quando se usa a escala de Jadad nos resultados dos experimentos de homeopatia. No alto, à esquerda, podemos ver os experimentos com grandes falhas de projeto, que triunfantemente descobrem que a homeopatia é muito, muito melhor do que o placebo. Indo para baixo e à direita, pode-se ver que, conforme a escala de Jadad tende para o nível máximo de cinco e os experimentos tornam-se mais justos, a linha tende a mostrar que a homeopatia não tem resultado melhor do que o placebo.

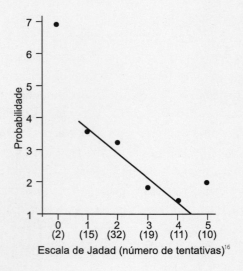

Existe, porém, um mistério neste gráfico: uma excentricidade digna de um romance policial. Aquele pontinho na margem direita do gráfico, representando os 10 experimentos de melhor qualidade, com as escalas de Jadad mais elevadas, situa-se claramente fora da tendência de todos os outros. Esse é um achado anômalo: subitamente, só naquele extremo do gráfico, existem alguns experimentos de boa qualidade contrariando a tendência e mostrando que a homeopatia é melhor do que o placebo.

---

[16]Ernst E., Pittler M. H, "Re-analysis of previous meta-analysis of clinical trials of homeopathy", J *Clin Epi*, v. 11, n. 53, 2000, p. 1.188.

O que está acontecendo aqui? Posso lhes dizer o que penso: alguns dos estudos que se situam nesse ponto são uma armação. Não sei quais são, nem como aconteceu, nem quem os fez, nem em quais dos 10 estudos, mas é isso que penso. Os pesquisadores muitas vezes têm de expressar críticas contundentes em uma linguagem diplomática. A seguir, há uma citação do professor Ernst, o homem que fez esse gráfico, discutindo esse ponto isolado e intrigante. Você pode decodificar a diplomacia existente aqui e concluir que ele também pensa que houve uma armação.

> Podem existir muitas hipóteses para explicar este fenômeno. Os cientistas que insistem que os remédios homeopáticos são, em todos os aspectos, idênticos aos placebos podem preferir a seguinte. A correlação fornecida pelos quatro pontos de dados (escala de Jadad = 1-4) reflete a verdade de modo geral. A extrapolação dessa correlação os levaria a esperar que os experimentos com menos espaço para vieses (escala de Jadad = 5) mostrassem que os remédios homeopáticos são puros placebos. O fato, contudo, de que o resultado médio dos 10 experimentos que marcam cinco pontos na escala de Jadad contradiz essa ideia é coerente com a hipótese que alguns (para não dizer todos) homeopatas, metodologicamente astutos e altamente convencidos, publicaram resultados que parecem convincentes, mas que, de fato, não merecem credibilidade.

Mas isso é uma curiosidade e uma observação. No todo, isso não importa, porque de modo geral, mesmo incluindo esses estudos suspeitos, as "meta-análises" ainda mostram que a homeopatia não é melhor do que o placebo.

Meta-análises?

Meta-análises

Esta será nossa última grande ideia por enquanto e é esta a ideia que salvou a vida de mais pessoas do que você jamais chegará a conhecer. Uma meta-análise é, de certa forma, algo muito simples de fazer: você

CIÊNCIA PICARETA

só coleta os resultados de todos os experimentos sobre determinado assunto, coloca-os em uma grande planilha e faz os cálculos, em vez de confiar em sua intuição gestáltica sobre todos os resultados de cada um de seus pequenos experimentos. Isso é especialmente útil quando há muitos experimentos, cada um pequeno demais para chegar a uma resposta conclusiva, mas todos examinando o mesmo assunto.

Assim, se existirem, digamos, 10 experimentos controlados com placebo e randomizados, examinando se os sintomas da asma melhoram com a homeopatia, cada um deles com escassos 40 pacientes, você pode colocar todos juntos em uma meta-análise e ter efetivamente (em alguns aspectos) um experimento com 400 pacientes com que trabalhar.

Em alguns casos muito famosos — pelo menos no mundo da medicina acadêmica —, as meta-análises demonstraram que um tratamento considerado não efetivo era, na verdade, muito bom, mas como os experimentos eram pequenos demais para detectar o benefício real individualmente, ninguém havia conseguido percebê-lo.

Como eu disse, a informação é algo que sozinha pode salvar vidas, e uma das maiores inovações institucionais dos últimos 30 anos é, sem dúvida, a Cochrane Collaboration, uma organização internacional sem fins lucrativos que produz sumários sistemáticos da literatura de pesquisa em serviços de saúde, inclusive meta-análises.

O logotipo da Cochrane Collaboration traz um *forest plot*, um gráfico dos resultados de uma meta-análise sobre uma intervenção feita com mulheres grávidas e que se tornou um ponto de referência. Quando o parto ocorre prematuramente, como se poderia esperar, os bebês têm mais probabilidade de sofrer e morrer. Alguns médicos, na Nova Zelândia, tiveram a ideia de que uma breve e barata administração de esteroides poderia ajudar a melhorar os resultados, e sete experimentos testando essa ideia foram feitos entre 1972 e 1981. Dois deles mostravam algum benefício com os esteroides, mas os outros cinco não detectaram nenhum benefício, e, por causa disso, a ideia não foi em frente.

A COCHRANE COLLABORATION®

Oito anos depois, em 1989, foi feita uma meta-análise reunindo os dados de todos os experimentos. Se você olhar o gráfico do logotipo, verá facilmente o que aconteceu. Cada linha horizontal representa um único estudo: se a linha estiver à esquerda, significa que os esteroides eram melhores do que o placebo e, se estiver à direita, que os esteroides eram piores. Se a linha horizontal de um experimento tocar a grande linha vertical ao meio, então o experimento não mostrou nenhuma diferença clara entre ambos. Mais uma coisa: quanto mais longa a linha horizontal, menos exato é o resultado do estudo.

Olhando o gráfico, podemos ver que existem muitos estudos pouco exatos, longas linhas horizontais, a maioria tocando a linha vertical central de "nenhum efeito", mas todas estão à esquerda, então todas parecem sugerir que os esteroides *poderiam* ser benéficos, ainda que cada estudo, por si só, não seja estatisticamente significante.

O losango embaixo mostra a resposta conjunta: existem, de fato, evidências muito fortes de que os esteroides reduzem o risco — de 30 a 50% — de que os bebês morram de complicações provocadas pela prematuridade. Devemos sempre lembrar o custo humano desses números abstratos: bebês morreram desnecessariamente porque, durante uma década, foram privados desse tratamento que salva vidas. Eles morreram *mesmo havendo informações suficientes disponíveis para saber o que os salvaria*, porque essas informações não haviam sido reunidas e analisadas sistematicamente em uma meta-análise.

CIÊNCIA PICARETA

De volta à homeopatia (você pode ver por que considero isso trivial agora). Uma meta-análise importante[17] foi publicada recentemente no *Lancet*. Ela foi acompanhada por um editorial com o título "O fim da homeopatia?". Shang *et al.* fizeram uma meta-análise muito detalhada de um grande número de experimentos sobre homeopatia e descobriram, de modo geral, adicionando todos eles, que a homeopatia não tem um desempenho melhor do que o placebo.

Os homeopatas se revoltaram. Se você mencionar essa meta-análise, eles tentarão lhe dizer que isso foi uma armação. O que Shang *et al.* fizeram, essencialmente, como todas as meta-análises anteriores negativas sobre a homeopatia, foi excluir de sua análise os experimentos de baixa qualidade.

Os homeopatas gostam de escolher aqueles experimentos que lhes dão a resposta que querem ouvir e ignorar o resto, uma prática conhecida como "escolha seletiva".* Mas você também pode escolher suas meta-análises favoritas ou interpretá-las de modo distorcido. Shang *et al.* foi apenas a última de uma longa linha de meta-análises que mostraram que a homeopatia não tem um desempenho melhor do que o placebo. O que é verdadeiramente incrível para mim é que, apesar dos resultados negativos dessas meta-análises, os homeopatas continuam — do alto de sua profissão — a afirmar que essas mesmas meta-análises *sustentam* o uso da homeopatia. Eles fazem isso citando apenas os resultados para *todos* os experimentos incluídos em cada meta-análise. Esse número inclui os experimentos de baixa qualidade. O número mais confiável, como você sabe, é o que restringe o conjunto aos "testes justos", e, quando esse resultado é examinado, a homeopatia não funciona melhor do que o placebo. Se isso causa algum fascínio (e eu ficaria muito surpreso), estou atualmente trabalhando com colegas em um resumo, e você logo poderá lê-lo em badscience.net, com todos os detalhes gloriosos, explicando os resultados das diversas meta-análises realizadas sobre a homeopatia.

---

[17]Shang A., Huwiler-Miintener K., Nartey L., Jiini P., Dorig S., Sterne J. A., Pewsner D., Egger M., "Are the clinical effects of homoeopathy placebo effects? Comparative study of placebo-controlled trials of homoeopathy and allopathy", *Lancet*, v. 9847, n. 366, 27 de agosto-2 de setembro de 2005, pp. 726-32.

*No original, *cherry-picking*, "escolher cerejas". (*N. do E.*)

HOMEOPATIA

Médicos, estudiosos e pesquisadores gostam de dizer coisas como "há necessidade de mais pesquisas" porque isso dá a impressão de pensamento avançado e mente aberta. Na verdade, nem sempre é assim, e um fato pouco conhecido é que essa frase foi banida do *British Medical Journal* por muitos anos, pois não acrescenta nada: você pode dizer qual pesquisa falta ser feita, com quem, como, medindo o que e por que você deseja fazê-la, mas a afirmação superficial e aberta da necessidade de "mais pesquisas" é inútil e sem significado.

Já foram feitos mais de 100 experimentos randomizados e controlados com placebo sobre homeopatia, mas chegou a hora de parar. As pílulas de homeopatia não funcionam mais do que as pílulas de placebo, já sabemos disso. Mas há espaço para pesquisas mais interessantes.

As pessoas têm experiências positivas com a homeopatia, mas a ação provavelmente envolve todo o processo de ver um homeopata, ser ouvido, receber uma explicação para os sintomas e todos os outros benefícios colaterais da medicina antiga, paternalista e reconfortante. (Ah, e a regressão ao normal.)

Assim, devemos medir esses fatores, e essa é a esplêndida lição final que a homeopatia pode nos ensinar sobre a medicina baseada em evidências: algumas vezes é preciso ser criativo quanto ao tipo de pesquisa que se realiza, fazer concessões e ser dirigido pelas questões que precisam de respostas em vez de se limitar a seguir as ferramentas disponíveis.

É muito comum que os pesquisadores pesquisem as coisas que os interessam em todas as áreas da medicina, mas eles podem estar interessados em coisas muito diferentes do que as que interessam aos pacientes. Um estudo de fato pensou em perguntar às pessoas com osteoartrite no joelho qual tipo de pesquisa gostariam que fosse realizado, e as respostas foram fascinantes: elas querem avaliações rigorosas e reais sobre os benefícios da fisioterapia e da cirurgia, das intervenções estratégicas de educação e de enfrentamento da doença, entre outras coisas pragmáticas. Elas não querem mais um estudo comparando uma pílula com outra ou com placebo.[18]

---

[18]Tallon D., Chard J., Dieppe P., "Relation between agendas of the research community and the research consumer", *Lancet*, n. 355, 2000, pp. 2.037-40.

CIÊNCIA PICARETA

No caso da homeopatia, de forma similar, os homeopatas querem acreditar que o poder está na pílula, e não em todo o processo de consultar um homeopata, conversar e assim por diante. Isso é crucialmente importante para a identidade profissional deles. Mas eu acredito que consultar um homeopata é provavelmente uma intervenção útil em alguns casos e para algumas pessoas, mesmo que as pílulas sejam apenas placebos. Acho que os pacientes concordariam e acho que seria algo interessante para se medir. Seria fácil e faríamos um pragmático "experimento controlado da sala de espera".

Pegaríamos 200 pacientes, digamos, todos adequados para o tratamento homeopático, atualmente sendo atendidos por clínicos gerais, e todos dispostos a serem encaminhados para a homeopatia, e, depois, eles seriam divididos randomicamente em dois grupos de 100. Um grupo seria tratado por um homeopata da forma normal, com pílulas, consultas, fumaça e vodu, além de qualquer outro tratamento que eles estejam usando, como ocorre no mundo real. O outro grupo ficaria apenas na fila de espera. Eles receberiam o tratamento comum, quer isso seja "negligência", "clínica geral" ou qualquer outro, menos homeopatia. Depois mediríamos os resultados e veríamos quem melhorou mais.

Você poderia argumentar que esse seria um achado positivo trivial e que é óbvio que o grupo da homeopatia se sairia melhor, mas é o único tipo de pesquisa que ainda não foi feito. Esse é um "experimento pragmático". Os grupos não são cegos, mas isso não seria possível nesse tipo de experimento e, às vezes, temos de fazer concessões na metodologia experimental. Seria um uso legítimo do dinheiro publico (ou talvez do dinheiro da Boiron, a empresa de pílulas homeopáticas avaliada em 500 milhões de dólares), mas nada impede que os homeopatas se juntem e o façam sozinhos: apesar das fantasias dos homeopatas, motivadas pela falta de conhecimento, de que pesquisas são difíceis, mágicas e caras, esse experimento, na verdade, seria bem barato.

De fato, não é dinheiro o que falta à comunidade de pesquisa de terapias alternativas, especialmente na Grã-Bretanha: é o conhecimento da medicina com base em evidências e sobre como fazer um teste. Sua literatura e debates estão repletos de ignorância e de fúria diante de qualquer um que ouse avaliar seus experimentos. Seus cursos universitários, e o tanto que eles ousam admitir que ensinam (tudo é suspeitamente oculto), parecem evitar essas questões explosivas e ameaçadoras. Sugeri, em vários lugares, inclusive em conferências acadêmicas, que a única coisa que melhoraria a qualidade das evidências da medicina complementar e alternativa seria a criação de um serviço telefônico de medicina baseada em evidências, para o qual qualquer pessoa que pensasse em fazer um experimento em sua clínica pudesse ligar e receber informações sobre como fazer isso de modo adequado, para que não acabasse desperdiçando seus esforços com um "teste injusto" que seria visto com restrições pelas outras pessoas.

No meu devaneio, tudo o que seria preciso (falo totalmente a sério, caso você tenha o dinheiro para investir nisso) é um impresso informativo, talvez um curso breve que cobrisse o básico, para que as pessoas não fizessem perguntas estúpidas, e um suporte telefônico. Enquanto isso, caso seja um homeopata sensato e queira fazer um experimento controlado em uma clínica geral, você poderia, talvez, participar dos fóruns on-line do badscience.com, onde existem pessoas que podem lhe dar algumas indicações (entre brigas infantis e bullying...).

Mas os homeopatas aceitariam isso? Acho que isso ofenderia seu senso de profissionalismo. Muitas vezes, os homeopatas tentam abrir caminho nessa área confusa e não conseguem se decidir. Existe, por exemplo, uma entrevista da Radio 4 da BBC, arquivada na íntegra e on-line, na qual a dra. Elizabeth Thompson (médica homeopata e palestrante honorária sênior no Departamento de Medicina Paliativa da Universidade de Bristol) agiu assim.

Ela começou com opiniões sensatas: a homeopatia funciona, mas por meio de efeitos inespecíficos, o significado cultural do processo, a relação terapêutica, não depende das pílulas, coisas assim. Ela praticamente abriu o jogo e disse que a homeopatia tem a ver com o significado cultural e o efeito placebo. "As pessoas querem dizer que a homeopatia é como um remédio de farmácia, mas não é", disse ela. "A homeopatia é uma intervenção complexa."

Então, o entrevistador perguntou: "O que você diria para as pessoas que vão até uma farmácia, onde é possível comprar remédios homeopáticos e, tendo rinite alérgica, pegam um remédio; quero dizer, não é assim que funciona?" Houve um momento de tensão. Desculpe-me, dra. Thompson, mas senti que você não quis dizer que as pílulas funcionam isoladamente quando são compradas em uma farmácia: mais do que qualquer coisa, você já tinha dito que elas não funcionam assim.

Mas ela também não queria romper relações e dizer que as pílulas não funcionam. Prendi a respiração. Como ela fará isso? Existe uma estrutura idiomática complexa o bastante, passiva o bastante, para ser uma saída para essa situação? Se existe, a dra. Thompson não a encontrou: "Elas poderiam dar uma olhada e passar pelo medicamento indicado... [mas] seria preciso ter muita sorte para entrar na farmácia e pegar o remédio exato."[19] Então, o poder está e não está na pílula: "P e não P", como diriam os filósofos da lógica.

Se não podem resolver a questão com o paradoxo "o poder não está na pílula", como os homeopatas contornam esses dados negativos? A dra. Thompson — pelo que vi — é uma homeopata civilizada e com uma forma de pensamento bastante clara. Em muitos aspectos, ela está sozinha. Os homeopatas tomaram o cuidado de se manter alheios ao ambiente civilizador da universidade, onde a influência e o questionamento dos colegas poderiam ajudar a refinar ideias e a extinguir as más. Em suas raras visitas, eles chegam secretamente, evitando críticas e revisões a suas ideias, recusando-se a compartilhar com estranhos o que está em suas folhas de exames.

É raro encontrar um homeopata envolvido com a questão da evidência, mas o que acontece quando eles se envolvem? Posso lhes dizer. Eles ficam bravos, ameaçam iniciar um processo, gritam com você em reuniões, reclamam de forma infundada e com ridículas distorções — é demorado expor isso, é claro, mas esse é o objetivo do aborrecimento — à Comissão de Queixas contra a Imprensa e ao seu editor, enviam e-mails raivosos e o acusam repetidamente de estar no bolso das grandes

---

[19] *BBC Radio 4 Case Notes*, 19 de julho de 2005.

empresas farmacêuticas (o que é mentira, mas você começa a pensar por que se dar ao trabalho de ter princípios quando enfrenta esse tipo de comportamento). Eles intimidam, eles xingam, com toda a força da profissão, e fazem tudo o que podem numa tentativa desesperada para fazer *você se calar* e evitar uma discussão sobre as evidências. Eles até chegam a ameaçar violência (não vou entrar em detalhes, mas eu levo tudo isso muito a sério).

Não estou dizendo que eu não gosto de um pouco de provocação. Só estou dizendo que não ocorrem coisas assim na maioria das outras áreas e que os homeopatas, dentre todas as pessoas neste livro, com exceção de alguns nutricionistas, parecem ser uma categoria singularmente raivosa. Experimente falar com eles sobre evidências e me conte o que aconteceu.

Agora sua cabeça deve estar doendo por causa de todos esses homeopatas confusos e maldosos e suas defesas estranhas e tortuosas: você precisa de uma adorável massagem científica. Por que as evidências são tão complicadas? Por que precisamos de todos esses detalhes inteligentes e desses paradigmas especiais de pesquisa? A resposta é simples: o mundo é muito mais complicado do que as histórias simples sobre pílulas que curam pessoas. Somos seres humanos, somos irracionais, temos fraquezas e o poder da mente sobre o corpo é maior do que qualquer coisa que você tenha imaginado.

5 O efeito placebo

Apesar de todos os perigos da medicina complementar e alternativa, a maior decepção para mim é o modo como ela distorce a compreensão de nosso corpo. Assim como a teoria do Big Bang é muito mais interessante do que a história da criação no *Gênesis*, a história que a ciência nos conta sobre o mundo natural é muito mais interessante do que qualquer fábula sobre pílulas mágicas preparadas por um terapeuta alternativo. Para recuperar esse equilíbrio, estou oferecendo uma turnê pelo redemoinho de uma das áreas mais bizarras e interessantes da pesquisa médica: o relacionamento entre o corpo e a mente, o papel do significado na cura e, em especial, "o efeito placebo".

Como o charlatanismo, os placebos saíram de moda na medicina assim que o modelo biomédico começou a produzir resultados tangíveis. Um editorial, em 1890, declarou sua morte ao descrever o caso de um médico que havia injetado água, em vez de morfina, em sua paciente: ela se recuperou plenamente, mas, ao descobrir o engodo, recorreu do pagamento nos tribunais e venceu. O editorial era um lamento porque os médicos sabem, desde o início da medicina, que palavras de conforto e bons cuidados junto ao leito do doente podem ser muito efetivos. "Será que [o placebo] nunca mais terá uma oportunidade de exercer seus maravilhosos efeitos psicológicos tão fielmente quanto um de seus substitutos mais tóxicos?", perguntava o *Medical Press* na ocasião.[20]

---

[20] "The placebo in medicine", *Med Press*, 18 de junho de 1890, p. 642.

CIÊNCIA PICARETA

Felizmente, seu uso permaneceu. Por toda a história, o efeito placebo tem sido especialmente bem documentado no campo da dor e alguns casos são surpreendentes. Henry Beecher,[21] um anestesista norte-americano, escreveu a respeito da cirurgia de um soldado com ferimentos horríveis, em um hospital de campanha na Segunda Guerra Mundial, usando água salgada como anestésico porque a morfina acabara, e, para sua surpresa, o paciente ficou bem. Peter Parker,[22] um missionário norte-americano, descreveu como realizou uma cirurgia sem anestesia em uma paciente chinesa em meados do século XIX: depois da operação, ela se pôs em pé, inclinou-se em agradecimento e saiu andando da sala como se nada tivesse acontecido.

Theodor Kocher realizou 1.600 tireoidectomias sem anestesia em Berna, nos anos 1890, e tiro meu chapéu para um homem que podia fazer cirurgias complexas no pescoço de pacientes conscientes. Mitchel, no início do século XX, realizava amputações e mastectomias totalmente sem anestesia; e os cirurgiões anteriores à invenção da anestesia descreveram muitas vezes como alguns pacientes podiam tolerar a faca cortando os músculos e a serra cortando os ossos, totalmente despertos e sem nem mesmo apertar os dentes. Você pode ser mais durão do que imagina.

Esse é um contexto interessante, que lembra duas reportagens de TV de 2006. A primeira foi uma cirurgia bastante melodramática, "sob hipnose", exibida pelo Channel 4, da Inglaterra: "Nós só queremos começar a debater esta importante questão médica", explicou a empresa produtora Zigzag. A operação, uma cirurgia trivial de hérnia, foi realizada com medicamentos, mas em dose reduzida, e tratada como se fosse um milagre médico.

A segunda reportagem apareceu em *Alternative Medicine: The Evidence*, um programa bastante sensacionalista na BBC2, apresentado por Kathy Sykes ("professora de Public Understanding of Science" [compreensão pública de ciência]). Essa série foi alvo de uma reclamação

---

[21]Beecher H. K. "The powerful placebo", *Journal of the American Medical Association*, v. 17, n. 159, 24 de dezembro de 1955, pp. 1.602-6.
[22]Skrabanek P., McCormick J., *Follies and Fallacies in Medicine*, Wigtowshire, Reino Unido, Tarragon Press, 1989.

bem-sucedida, ao nível mais alto da emissora, por enganar o público. Os espectadores acreditavam ter visto um paciente passar por cirurgia de tórax usando apenas acupuntura como anestesia, o que não era verdade: o paciente havia recebido diversos medicamentos convencionais para permitir que a cirurgia fosse realizada.*

Quando se consideram esses episódios enganosos juntamente com a realidade — de que com frequência operações têm sido realizadas *sem* anestesia, *sem* placebos, *sem* terapeutas alternativos, *sem* hipnotizadores e *sem* produtores de TV —, eles subitamente parecem muito menos dramáticos.

Mas essas são apenas histórias, e o plural de história não é dados. Todos conhecem o poder da mente — quer seja uma mãe suportando uma dor intensa para não derrubar uma chaleira de água fervente sobre seu bebê ou um rapaz levantando um carro de cima de sua namorada como o Incrível Hulk —, mas inventar um experimento que mexa com os benefícios psicológicos e culturais de um tratamento sem efeitos biomédicos é mais difícil do que se pode imaginar. Afinal de contas, com o que se pode comparar um placebo? Outro placebo? Ou nenhum tratamento?

Experimentos com o placebo

Na maioria dos estudos, não temos um grupo "sem tratamento" com o qual comparar o placebo e o medicamento, e isso ocorre por uma razão ética muito boa: se seus pacientes estão doentes, você não deve deixá-los sem tratamento simplesmente por causa de seu interesse insípido pelo efeito placebo. Na verdade, na maioria dos casos atuais é considerado er-

---

*A série também apresentou um experimento, com imagens cerebrais, sobre acupuntura, patrocinado pela BBC, e um dos cientistas envolvidos depois veio a público para reclamar não só de que os resultados haviam sido interpretados de modo exagerado (o que se esperaria da mídia), mas que, além disso, a pressão do patrocinador — ou seja, da BBC —, para se obter um resultado positivo havia sido muito intensa. Esse é um exemplo perfeito das coisas que *não* se fazem em ciência e o fato da série ter sido dirigida por uma "professora de Public Understanding of Science" [compreensão pública de ciência]" explica, em certa medida, por que estamos em uma posição tão desanimadora. O programa foi defendido pela BBC em uma carta com dez signatários acadêmicos. Vários deles disseram, depois, que não haviam assinado a carta. É mesmo de enlouquecer.

rado até mesmo usar o placebo em um experimento: sempre que possível, deve-se comparar o novo tratamento com o melhor tratamento em uso.

Isso não acontece apenas por motivos éticos (embora esteja sacramentado na Declaração de Helsinki, a bíblia internacional da ética). Os experimentos controlados por placebo também são malvistos pela comunidade da medicina com base em evidências porque se sabe que esse é um modo fácil de manipular os dados e obter resultados positivos para apoiar o novo e grande investimento de sua empresa. No mundo real da prática clínica, os pacientes e os médicos não estão tão interessados em saber se uma nova droga funciona melhor do que *nada*, eles estão interessados em saber se ela funciona *melhor do que o melhor tratamento disponível.*

Houve ocasiões, na história médica, em que os pesquisadores foram mais rudes. O Tuskegee Syphilis Study [Estudo Tuskegee sobre Sífilis], por exemplo, é um dos momentos mais vergonhosos dos Estados Unidos, se é que se pode dizer isso atualmente: 399 homens pobres, afro-americanos, de uma região rural, foram recrutados pelo serviço de saúde pública do país, em 1932, para um estudo de observação para saber o que aconteceria se a sífilis fosse, simplesmente, deixada sem tratamento. Surpreendentemente, o estudo continuou até 1972. Em 1949, a penicilina foi apresentada como um tratamento efetivo para a sífilis. Esses homens não receberam nem penicilina, nem Salvarsan, e nem mesmo um pedido de desculpas até que Bill Clinton o fez em 1997.

Se não queremos realizar experimentos científicos não éticos, com grupos "sem tratamento" formados por pessoas doentes, como poderemos determinar o tamanho do efeito placebo sobre as doenças modernas? Em primeiro lugar, de forma bastante engenhosa, podemos comparar um placebo com outro.

O primeiro experimento nesse campo foi uma meta-análise realizada por Daniel Moerman,[23] um antropólogo que se especializou no efeito placebo. Ele usou os dados de experimentos controlados por placebo a res-

---

[23]Moerman D. E., "General medical effectiveness and human biology: Placebo effects in the treatment of ulcer disease", *Med Anth Quarterly*, v. 4, n. 14, agosto de 1983, p. 3-16.

O EFEITO PLACEBO

peito de medicação para úlcera gástrica, o que foi seu primeiro movimento inteligente, pois as úlceras gástricas são um objeto de estudo excelente: sua presença ou ausência é determinada de modo objetivo, com uma câmera de gastroscopia passando pelo estômago para evitar qualquer dúvida.

Moerman usou apenas os dados de efeito placebo desses experimentos e, depois, em seu segundo movimento engenhoso, dentre todos esses estudos, com medicamentos e regimes de dosagens diferentes, ele pegou a taxa de cura de úlcera entre o grupo em que o tratamento com placebo consistia em duas pílulas de açúcar por dia e comparou esse resultado com a taxa de cura de úlcera no grupo de placebo em que o tratamento consistia em quatro pílulas de açúcar por dia. Ele descobriu, de modo espetacular, que quatro pílulas de açúcar são melhores do que duas (esses achados também foram replicados com outro conjunto de dados,[24] para aqueles que são suficientemente ligados para se preocupar com a replicabilidade dos achados clínicos importantes).

Como é o tratamento

Então, quatro pílulas são melhores do que duas, mas por que é assim? Será que uma pílula de açúcar simplesmente exerce efeito como qualquer outra pílula? Existe uma curva de resposta à dosagem, como farmacologistas encontrariam para qualquer outro fármaco? A resposta é que o efeito placebo vai muito além da pílula: ele tem a ver com o significado cultural do tratamento. As pílulas não se manifestam simplesmente em seu estômago: elas são ministradas de formas específicas, têm formatos variados e são engolidas com expectativas, com um impacto nas crenças da pessoa a respeito de sua saúde e, por sua vez, nos resultados. A homeopatia, aliás, é um exemplo perfeito do valor do cerimonial.

Entendo que isso bem possa parecer improvável para você e, por isso, reuni alguns dos melhores dados sobre o efeito placebo e proponho o

---

[24]Craen A. J., Moerman D. E., Heisterkamp S. H., Tytgat G. N., Tijssen J. G., Kleijnen J., "Placebo effect in the treatment of duodenal ulcer", *Br J Clin Pharmacol*, v. 6, n. 48, dezembro de 1999, pp. 853-60.

seguinte desafio: veja se você pode encontrar uma explicação melhor para o que é, asseguro, um conjunto muito estranho de resultados experimentais.

Em primeiro lugar, Blackwell[25] realizou um conjunto de experimentos, com 57 estudantes universitários, para determinar o efeito da cor e do número de comprimidos sobre os efeitos observados. Os indivíduos analisados assistiam a uma palestra tediosa durante uma hora e recebiam uma ou duas pílulas, que eram cor-de-rosa ou azul. Disseram-lhes que iam receber um estimulante ou um sedativo. Como o estudo foi feito por psicólogos na época em que se podia fazer o que se quisesse com os participantes do experimento — até mentir para eles —, *todos* os estudantes receberam simplesmente pílulas de açúcar, mas com cores diferentes.

Depois disso, quando mediram o grau de alerta — e também os efeitos subjetivos —, os pesquisadores descobriram que duas pílulas eram mais eficientes do que uma, como poderíamos esperar (e duas pílulas também eram melhores para provocar efeitos colaterais). Eles também descobriram que a cor afetava o resultado: as pílulas de açúcar cor-de-rosa eram melhores para manter a concentração do que as azuis. Como as cores não têm nenhuma propriedade farmacológica intrínseca, a diferença no efeito só poderia ter sido causada pelos significados culturais: o cor-de-rosa é quente, o azul é frio. Outro estudo[26] sugeriu que o Oxazepam, um medicamento similar ao Valium (que certa vez foi receitado sem sucesso para mim, por meu clínico geral, por eu ser uma criança hiperativa), era mais eficiente para tratar a ansiedade na forma de um comprimido verde e mais efetivo para a depressão quando o comprimido era amarelo.

As empresas farmacêuticas, mais do que a maioria, conhecem bem os benefícios de uma boa marca: elas gastam mais em relações públicas,

---

[25]Blackwell B., Bloomfield S. S., Buncher C. R; "Demonstration to medical students of placebo responses and non-drug factors", *Lancet*, v. 7763, n. 1, 10 de junho de 1972, p. 1279-82.
[26]Schapira K., McClelland H. A., Griffiths N. R., Newell D. J., "Study on the effects of tablet colour in the treatment of anxiety states", *British Medical Journal*, v. 5707, n. 1, 23 de maio 1970, pp. 446-9.

O EFEITO PLACEBO

afinal de contas, do que em pesquisa e desenvolvimento. Como se poderia esperar de homens de ação que têm grandes casas de campo, eles colocam essas ideias teóricas em prática: assim, o Prozac, por exemplo, é azul e branco; e, caso você ache que estou escolhendo exemplos aqui, uma pesquisa das cores dos comprimidos vendidos atualmente descobriu que os medicamentos estimulantes tendem a ser veiculados em comprimidos vermelhos, laranja ou amarelos, enquanto os antidepressivos e tranquilizantes geralmente são azuis, verdes ou roxos.[27]

As questões de formato vão muito além da cor. Em 1970,[28] descobriu-se que um sedativo — clorodiazepóxido — era mais efetivo na forma de cápsula do que na de pílula, mesmo sendo o mesmo fármaco, na mesma dosagem: na época, as cápsulas pareciam mais novas e mais científicas. Talvez você já tenha se pego pagando mais por cápsulas de ibuprofeno na farmácia.

A forma de administração também tem efeito: três experimentos demonstraram que injeções de água salgada são mais efetivas do que pílulas de açúcar para pressão sanguínea, dores de cabeça e dor pós-operatória, não porque haja qualquer benefício físico da injeção de água salgada sobre as pílulas de açúcar — não há nenhum —, mas porque, como todos sabem, uma injeção é uma intervenção muito mais dramática do que simplesmente tomar uma pílula.[29]

Mais perto dos terapeutas alternativos, o *British Medical Journal* publicou recentemente um artigo comparando dois tipos de tratamentos com placebo para dor no braço: uma pílula de açúcar e um "ritual" se-

---

[27]Craen A. J., Roos P. J., Leonard de Vries A., Kleijnen J., "Effect of colour of drugs: Systematic review of perceived effect of drugs and of their effectiveness", *British Medical Journal*, v. 7072, n. 313, 21 a 28 dezembro de 1996, pp. 1.624-6.

[28]Hussain M. Z., Ahad A., "Tablet colour in anxiety states", *British Medical Journal*, v. 5720, n. 3, 22 de agosto de 1970, p. 466.

[29]Grenfell R. F., Briggs A. H., Holland W. C., "Double blind study of the treatment of hypertension", *Journal of the American Medical Association*, n. 176, 1961, pp. 124-8.

De Craen A. J. M., Tijssen J. G. P., de Cans J., Kleijnen J., "Placebo effect in the acute treatment of migraine: Subcutaneous placebos are better than oral placebos", *J. Neur*, n. 247, 2000, pp. 183-8.

Gracely R. H., Dubner R., McGrath P. A., "Narcotic analgesia: Fentanyl reduces the intensity but not the unpleasantness of painful tooth pulp sensations", *Science*, n. 4386, n. 203, 23 de março de 1979, pp. 1261-3.

CIÊNCIA PICARETA

gundo o modelo da acupuntura. O experimento descobriu que o ritual mais elaborado causou o maior benefício.

Mas a prova final da construção social do efeito placebo é a bizarra história da embalagem.[30] A dor é um domínio em que se poderia suspeitar que a expectativa teria um efeito especialmente significativo. Quase todas as pessoas descobriram que conseguem não dar atenção à dor — pelo menos em alguma medida — se estiverem distraídas e que uma dor de dentes piora com o estresse.

Branthwaite e Cooper[31] fizeram um estudo verdadeiramente extra-ordinário em 1981, com 835 mulheres que sofriam dores de cabeça. Foi um estudo quádruplo, no qual as participantes recebiam aspirina ou pílulas de placebo, e essas pílulas, por sua vez, eram embaladas em caixas neutras e sem graça ou em caixas chamativas e com nome de uma marca. Eles descobriram — como se esperaria — que a aspirina tinha mais efeito sobre as dores de cabeça do que as pílulas de açúcar, mas, ainda mais, descobriram que a embalagem tinha um efeito e aumentava o benefício recebido com o placebo e com a aspirina.

Muitos de meus conhecidos ainda insistem em comprar analgésicos de marca. Como se pode imaginar, passei metade da minha vida tentando explicar a eles por que isso era um desperdício de dinheiro, mas, na ver-dade, o paradoxo dos dados experimentais de Branthwaite e Cooper diz que eles estavam certos o tempo todo. Apesar do que diz a farmacologia, a versão com nome de uma marca *é* melhor e não há como fugir a isso. Parte disso pode se dever ao custo: um estudo recente a respeito da dor causada por choques elétricos mostrou que um tratamento analgésico era mais forte quando se dizia aos participantes que ele custava 2,50 dólares do que quando se dizia que custava 10 centavos.[32] (E um estudo

---

[30]Kaptchuk T. J. *et al.*, "Sham device v inert pill: Randomised controlled trial of two placebo treatments", *British Medical Journal*, v. 7538, n. 332, 18 de fevereiro de 2006, pp. 391-7.
[31]Branthwaite A., Cooper P., "Analgesic effects of branding in treatment of headaches", *British Medical Journal/Clin Res* (ed.), n. 282, 1981, pp. 1.576-8.
[32]Waber *et al.*, "Commercial features of placebo and therapeutic efficacy", *Journal of the American Medical Association*, n. 299, 2008, pp. 1.016-17.

O EFEITO PLACEBO

atualmente no prelo mostra que as pessoas têm mais probabilidade de seguir conselhos pelos quais pagaram.)[33]

Fica melhor — ou pior, dependendo de como você se sinta ao ver sua visão de mundo desabar. Montgomery e Kirsch[34] disseram a estudantes universitários que eles estavam participando de um estudo a respeito de um novo anestésico local chamado "trivaricaína". A trivaricaína é marrom, é aplicada sobre a pele, tem cheiro de remédio e é tão potente que é preciso usar luvas para manuseá-la; quer dizer, pelo menos foi isso que sugeriram aos estudantes. Na verdade, ela foi feita com água, iodo e óleo de tomilho (para causar o cheiro), e o experimentador (que também usava um jaleco branco) vestiu luvas de borracha apenas para criar uma impressão teatral. Nenhum desses ingredientes age sobre a dor.

A trivaricaína foi aplicada em um dos dedos indicadores dos participantes e, depois, os pesquisadores aplicaram pressão, com um torno, nos dedos. Um depois do outro, em ordens variadas, a trivaricaína e a dor foram aplicadas e, como você já deve estar esperando, os participantes relataram menos dor e menos desconforto nos dedos que haviam sido tratados previamente com a incrível trivaricaína. Esse é um efeito placebo sem o uso de pílulas.

Fica ainda mais estranho. Um ultrassom falso é benéfico para dor de dente, cirurgias placebo demonstraram ser benéficas em casos de dor no joelho (o cirurgião só faz falsas incisões cirúrgicas na lateral e mexe um pouco no local, como se estivesse fazendo algo de útil) e de angina.

Isso é bem importante. Angina é a dor que sentimos quando o músculo cardíaco não recebe oxigênio suficiente para o trabalho que está fazendo. É por isso que ela piora com o exercício, pois você exige mais trabalho desse músculo. Você sente uma dor semelhante nas coxas depois de subir dez andares pela escada, dependendo de sua forma física.

---

[33]Ginoa F., "Do we listen to advice just because we paid for it? The impact of advice cost on its use", *Organizational Behavior and Human Decision Processes*, 25 de abril de 2008. Artigo no prelo. Disponível em: <http://dx.doi.org/10.1016/j.obhdp.2008.03.001>

[34]Montgomery G. H., Kirsch I., "Mechanisms of placebo pain reduction: An empirical investigation", *Psych Science*, n. 7, 1996, pp. 174-6.

CIÊNCIA PICARETA

Os tratamentos contra a angina geralmente funcionam dilatando os vasos sanguíneos que chegam ao coração, e um grupo de substâncias químicas, chamadas nitratos, é usado frequentemente com esse propósito. Eles relaxam os músculos lisos do corpo, o que dilata as artérias para que mais sangue possa fluir (eles também relaxam outros músculos lisos do corpo, inclusive o esfíncter anal, e é por isso que uma variante é vendida como "ouro líquido" em sex shops).

Nos anos 1950, pensava-se que vasos sanguíneos do coração poderiam crescer e engrossar se você ligasse, na frente da parede peitoral, uma artéria que não era muito importante, mas que era um ramo das principais artérias cardíacas. A ideia era que isso enganaria o corpo, mandando, para a artéria principal, mensagens de que era necessário mais crescimento arterial.

Infelizmente, era pura bobagem, mas isso só foi descoberto depois de um modismo. Em 1959, foi realizado um experimento dessa cirurgia, controlado por placebo:[35] em algumas cirurgias, os procedimentos foram seguidos conforme descritos; nas cirurgias placebo, alguns procedimentos foram seguidos, mas nenhuma artéria foi ligada. Descobriu-se que a cirurgia placebo era tão boa quanto a real — as pessoas pareciam melhorar um pouco nos dois casos e havia uma pequena diferença entre os grupos —, mas o mais estranho é que ninguém fez nenhum escarcéu na época: a cirurgia real não era melhor do que a cirurgia falsa, é verdade, mas como podemos explicar o fato de que as pessoas sentiam uma melhora por um tempo muito longo depois da cirurgia? Ninguém pensou no poder do placebo e a cirurgia foi simplesmente descartada.

Essa não foi a única vez em que um benefício do efeito placebo foi encontrado no extremo mais dramático do espectro médico. Um estudo sueco, no final dos anos 1990, mostrou que pacientes que tiveram marcapassos implantados, mas não ativados, sentiam-se melhor do que antes (embora, para ser claro, não melhorassem tanto quanto as pessoas

---

[35]Cobb L. A., Thomas G. I., Dillard D. H., Merendino K. A., Bruce R. A., "An evaluation of internal-mammary-artery ligation by a double-blind technic", *New England Journal of Medicine*, v. 22, n. 260, 28 de maio de 1959, pp. 1.115-18.

que tinham marcapassos ativados).[36] Mais recentemente, o estudo de um tratamento de "angioplastia" de alta tecnologia, envolvendo uma grande e moderna sonda a laser, demonstrou que o tratamento falso era quase tão efetivo quanto o procedimento completo.

"As máquinas eletrônicas são muito atrativas para os pacientes",[37] escreveu o dr. Alan Johnson no *Lancet*, em 1994, sobre esse experimento, "e atualmente qualquer coisa com a palavra LASER provoca a imaginação das pessoas". Ele não está errado. Fui visitar Lilias Curtin certa vez (a terapeuta alternativa de Cherie Booth, esposa do ex-primeiro-ministro britânico Tony Blair) e passei por uma sessão de *Gem Therapy*, feita com uma grande máquina brilhante que irradiava raios de luz, com cores diferentes, sobre o meu peito. É difícil não ver a atração que coisas como a *Gem Therapy* podem ter quando se analisa o experimento com a sonda a laser. De fato, considerando-se como as evidências se acumulam, é difícil não ver todas as afirmações dos terapeutas alternativos em relação a suas intervenções selvagens, maravilhosas, autoritárias e empáticas ao longo deste capítulo.

De fato, até mesmo os gurus do bem-estar foram lembrados, sob a forma de um elegante estudo que examinou o efeito de simplesmente receber uma informação de que se estava fazendo algo saudável.[38] Oitenta e quatro mulheres, que trabalhavam como camareiras em vários hotéis, foram divididas em dois grupos: um grupo recebeu a informação de que limpar quartos de hotel é "um bom exercício", que "satisfaz as recomendações médicas quanto a um estilo de vida ativo", junto com explicações elaboradas sobre como e por quê; o grupo de "controle" não recebeu essa informação motivadora e continuou a limpar os quartos de hotel. Quatro semanas depois, o grupo "informado" considerou que estava fazendo consideravelmente mais exercício do que antes e mostrou

---

[36]Linde C., Gadler F., Kappenberger L., Ryden L., "Placebo effect of pacemaker implantation in obstructive hypertrophic cardiomyopathy", *PIC Study Group/American Journal of Cardiology*, v. 6, n. 83, 15 de março de 1999, pp. 903-7.

[37]Johnson A. G., "Surgery as a placebo", *Lancet*, v. 8930, n. 344, 22 de outubro de 1994, pp. 1.140-2.

[38]Crum A. J., Langer E. J., "Mind-set matters: Exercise and the placebo effect", *Psych Science*, v. 2, n. 18, fevereiro de 2007, pp. 165-71.

uma diminuição significante em peso, gordura corporal, razão cintura-quadril e índice de massa corporal, mas, surpreendentemente, os dois grupos ainda relatavam o mesmo nível de atividade.*

O que o médico diz

> Se você acreditar fervorosamente em seu tratamento, mesmo que testes controlados mostrem que ele é quase inútil, seus resultados serão muito melhores, seus pacientes ficarão muito melhor e sua renda também melhorará muito. Acredito que isso explica o admirável sucesso de alguns membros menos dotados de nossa profissão, porém mais crédulos, e a rejeição violenta, diante de estatísticas e de testes controlados, que médicos bem-sucedidos e famosos costumam exibir.
>
> *Richard Asher,* Talking Sense*, Pitman Medical, Londres, 1972*

Como você já deve ter percebido, podemos ir além de pílulas e equipamentos no estudo de expectativa e crença. Parece, por exemplo, que aquilo que o médico diz e em que acredita têm um efeito sobre a cura. Se isso parecer óbvio, devo dizer que seu efeito tem sido medido, de modo elegante, em experimentos cuidadosamente planejados.

Gryll e Katahn[39] deram uma pílula de açúcar a pacientes antes de uma injeção odontológica, mas os dentistas que as ministraram deram a pílula de duas formas: ou com um exagero gritante ("Esta é uma pílula desenvolvida recentemente, que tem se demonstrado muito efetiva... quase de imediato...") ou com menosprezo ("Esta é uma pílula desenvolvida recentemente... pessoalmente, eu não a considero muito eficiente..."). As pílulas ministradas com a mensagem positiva foram associadas a menos medo, menos ansiedade e menos dor.

---

*Concordo: este é um achado experimental estranho e bizarro, e se você tiver uma boa explicação para como isso pode ter acontecido, o mundo gostaria de saber. Siga a referência, leia o estudo completo on-line e inicie um blog ou escreva uma carta para o periódico que o publicou.

[39]Gryll S. L., Katahn M., "Situational factors contributing to the placebos effect", *Psychopharmacology*, n. 57, 1978, pp. 253-61.

Mesmo que não diga nada, o que o médico sabe pode afetar os resultados dos tratamentos: a informação é passada nos gestos, no tom de voz, na expressão das sobrancelhas e em sorrisos nervosos, como Gracely[40] demonstrou com um experimento realmente engenhoso, embora seja preciso um pouco de concentração para entendê-lo.

Ele dividiu randomicamente, em três grupos de tratamento, pacientes que iam extrair os dentes de siso: os pacientes receberiam água salgada (um placebo que não faz "nada", pelo menos não fisiologicamente), fentanil (um analgésico opiáceo, cujo alto valor de venda no mercado negro comprova sua eficácia) ou naloxona (um opiáceo bloqueador de receptores que, na verdade, aumentaria a dor).

Em todos os casos, os dentistas não sabiam qual tratamento estavam dando a cada paciente. Mas o que Gracely estava *realmente* estudando era o efeito das crenças dos dentistas e, assim, os grupos foram divididos na metade. No primeiro grupo, os dentistas que iam realizar o procedimento receberam a informação verdadeira de que poderiam estar administrando placebo, naloxona ou o analgésico fentanil: este grupo de dentistas sabia que existia uma possibilidade de estarem ministrando algo que reduziria a dor do paciente.

No segundo grupo, os dentistas receberam uma informação incorreta: disseram-lhes que estavam dando placebo ou naloxona, coisas que não fariam nada ou iam piorar a dor. Mas, na verdade, sem que os médicos soubessem, alguns de seus pacientes estavam realmente recebendo o analgésico fentanil. Como você já deve estar imaginando, houve uma diferença no resultado entre os dois grupos só ao manipular o que os *dentistas acreditavam saber* sobre a injeção que estavam dando, mesmo que não pudessem verbalizar suas crenças para os pacientes: o primeiro grupo experimentou significativamente menos dor. Essa diferença não teve nada a ver com o medicamento realmente injetado nem com a informação que os pacientes tinham, mas dependia totalmente do que os dentistas sabiam. Talvez eles fizessem uma careta enquanto davam a injeção. Acho que você teria feito.

---

[40]Gracely R. H., Dubner R., Deeter W. R., Wolskee P. J., "Clinicians' expectations influence placebo analgesia", *Lancet*, v. 8419, n. 1, 5 de janeiro de 1985, p. 43.

"Explicações placebo"

Mesmo que não façam nada, os médicos podem assegurar seus pacientes apenas com gestos. E até essa asseguração pode, em alguns sentidos, ser dividida em partes constituintes informativas. Em 1987, Thomas mostrou que simplesmente dar um diagnóstico — até mesmo um diagnóstico "placebo" falso — melhorava os resultados do paciente.[41] Duzentos pacientes com sintomas anormais, mas sem diagnóstico médico concreto, foram divididos randomicamente em dois grupos. Foi dito aos pacientes de um dos grupos que "não se pode saber ao certo qual é seu problema", e, duas semanas depois, apenas 39% estavam melhor; o outro grupo recebeu um diagnóstico claro e lhes foi dito que estariam melhor em poucos dias. Nesse grupo, 64% das pessoas melhoraram em duas semanas.

Isso levanta a possibilidade da existência de algo muito além do efeito placebo e se aprofunda ainda mais no trabalho dos terapeutas alternativos, porque devemos lembrar que eles não dão apenas tratamentos placebo, mas o que podemos chamar de "explicações placebo" ou "diagnósticos placebo": afirmações sem base, sem evidências e muitas vezes até fantásticas sobre a natureza da doença do paciente, envolvendo propriedades mágicas, energia ou supostas deficiências de vitamina ou "desequilíbrios" que o terapeuta afirma compreender de um modo único.

E, aqui, parece que essa explicação "placebo" — mesmo que se baseie em pura fantasia — pode ser benéfica para o paciente, embora de modo interessante, e talvez não sem danos colaterais, deva ser dada delicadamente: se dada de modo assertivo e com autoridade, colocando a pessoa no papel de doente, ela pode reforçar crenças e comportamentos destrutivos em relação à doença, medicalizar desnecessariamente sintomas como músculos doloridos (que, para muitas pessoas, são um fato do cotidiano) e dificultar que a pessoa siga com sua vida e melhore. Essa é uma área muito delicada.

---

[41]Thomas K. B., "General practice consultations: Is there any point in being positive?", *British Medical Journal/Clin Res* (ed.), v. 6.581, n. 294, 9 de maio de 1987, pp. 1.200-2.

O EFEITO PLACEBO

Eu poderia continuar. Na verdade, existem muitas pesquisas sobre o valor de um bom relacionamento terapêutico, e a conclusão geral é que os médicos que adotam uma atitude calorosa, amigável e calma são mais eficazes do que aqueles que mantêm as consultas formais e não oferecem tranquilidade. No mundo real, existem mudanças culturais e estruturais que tornam cada vez mais difícil que um médico maximize o benefício terapêutico de uma consulta. Em primeiro lugar, existe a pressão do tempo: um clínico geral não pode fazer muito em uma consulta de seis minutos.

No entanto, mais do que essas restrições práticas, houve mudanças estruturais nos pressupostos éticos, feitas por médicos, que tornam a asseguração cada vez mais fora de moda. Um médico moderno teria de se esforçar para encontrar uma forma de se expressar que lhe permitisse dar ao cliente um placebo, por exemplo, e isso se deve à dificuldade de conciliar dois princípios éticos muito diferentes: a obrigação de curar os pacientes da melhor forma possível e a obrigação de não contar mentiras. Em muitos casos, a proibição de tranquilizar o paciente e de suavizar fatos preocupantes foi formalizada além do que seria considerado proporcional, como escreveu recentemente o médico e filósofo Raymond Tallis: "O interesse em manter os pacientes plenamente informados levou a aumentos exponenciais nos requisitos formais para consentimentos, que só servem para confundir e assustar os pacientes e para retardar seu acesso aos cuidados médicos necessários."[42]

Não desejo sugerir, nem por um momento, que historicamente essa tenha sido uma decisão errada. As pesquisas mostram que os pacientes querem que seus médicos lhes digam a verdade sobre os diagnósticos e os tratamentos (embora isso deva ser entendido com bom senso porque as pesquisas também dizem que os médicos são as figuras públicas em que mais se confia e que os jornalistas são os profissionais que inspiram menos confiança, mas essa não parece ser a lição do boato da vacina tríplice viral na mídia).

---

[42]Tallis R., *Hippocratic Oaths: Medicine and its Discontents*, Londres, Atlantic, 2004.

CIÊNCIA PICARETA

O que é estranho, talvez, é como a primazia da autonomia e do consentimento informado do paciente sobre a eficácia — nosso assunto aqui — foi presumida, mas não foi ativamente discutida dentro da medicina. Embora a atitude tranquilizadora, autoritária e paternalista dos médicos vitorianos, que "cega com a ciência", seja coisa do passado na medicina, o sucesso do movimento de terapias alternativas — cujos praticantes enganam, iludem e cegam seus pacientes com explicações "autoritárias" que parecem científicas, como o mais paternalista dos médicos vitorianos — sugere que ainda pode existir um mercado para esse tipo de abordagem.

Cerca de um século atrás, essas questões éticas foram cuidadosamente documentadas por um índio canadense chamado Quesalid.[43] Cético, ele achava que o xamanismo era besteira e que ele só funcionava por meio da crença e entrou no jogo para investigar essa ideia. Ele encontrou um xamã que se dispôs a ensiná-lo e aprendeu todos os truques, inclusive a atuação clássica em que o curador oculta um tufo de algodão no canto da boca e, então, sugando o ar e ofegando, no auge do ritual de cura, expele o algodão coberto de sangue, tendo mordido discretamente o lábio no ponto certo, e o apresenta solenemente aos espectadores como um espécime patológico extraído do corpo do paciente.

Quesalid tinha provas do engodo — ele conhecia o truque — e estava decidido a expor aqueles que o realizavam, mas, como parte de seu treinamento, ele tinha de fazer algum trabalho clínico e foi convocado por uma família "que sonhara que ele seria seu salvador", para ver um paciente que sofria. Ele fez o truque com o tufo de algodão e ficou surpreso, atônito e humilhado ao descobrir que seu paciente melhorou.

Embora continuasse a manter um ceticismo saudável a respeito da maioria de seus colegas, Quesalid, talvez para sua própria surpresa, teve uma carreira longa e produtiva como curador e xamã. O antropólogo Claude Lévi-Strauss, em seu artigo "O feiticeiro e sua magia", não soube bem o que concluir a este respeito: "Mas é evidente que ele realiza

---

[43]Lévi-Strauss C., "The Sorcerer and his Magic", ["O feiticeiro e sua magia"], em *Structural Anthropology*, Nova York, Basic Books, 1963.

suas tarefas de modo cuidadoso, que se orgulha de suas realizações e defende calorosamente a técnica do tufo sangrento diante de todas as escolas rivais. Ele parece ter perdido de vista o engodo na técnica que tanto rejeitava no início."

É claro que talvez nem seja necessário enganar seu paciente a fim de maximizar o efeito placebo: um estudo clássico de 1965[44] — embora pequeno e sem um grupo de controle — dá uma indicação do que pode haver aqui. Eles deram uma pílula de açúcar cor-de-rosa, três vezes por dia, para pacientes "neuróticos", com bons resultados, e a explicação dada aos pacientes era surpreendentemente clara a respeito do que estava acontecendo:

> Um roteiro foi preparado e dito cuidadosamente: "Sr. Fulano... sua próxima consulta será daqui a uma semana, e gostaríamos de lhe dar algo para aliviar um pouco os seus sintomas. Muitos tipos diferentes de tranquilizantes e pílulas similares têm sido usados para doenças como a sua e muitos deles têm sido úteis. Muitas pessoas com seu tipo de doença têm sido ajudadas por algo que, às vezes, é chamado de "pílula de açúcar" e achamos que essa pílula de açúcar pode ajudá-lo também. Você sabe o que é uma pílula de açúcar? Uma pílula de açúcar é uma pílula que não tem nenhum remédio. Acho que essa pílula vai ajudá-lo como já ajudou tantas outras pessoas. Você está disposto a experimentar essa pílula?"
>
> O paciente, então, recebia um suprimento de placebo sob a forma de cápsulas cor-de-rosa em um pequeno frasco, com um rótulo impresso com o nome do Hospital Johns Hopkins. Ele era instruído a tomar as cápsulas com regularidade, três vezes por dia, junto com as refeições.

Os pacientes melhoraram consideravelmente. Eu poderia continuar, mas isso seria repetitivo: todos sabemos que a dor tem um forte componente psicológico. Mas o que podemos dizer sobre coisas mais sólidas, algo mais anti-intuitivo, algo mais... científico?

---

[44]Park L. C., Covi L., "Nonblind placebo trial: an exploration of neurotic patients' responses to placebo when its inert content is disclosed", *Arch Gen Psych*, n. 12, abril de 1965, pp. 36-45.

O dr. Stewart Wolf levou o efeito placebo ao limite.[45] Ele escolheu duas mulheres que sofriam com náuseas e vômitos, uma delas grávida, e disse-lhes que tinha um tratamento que ia melhorar seus sintomas. Na verdade, ele inseriu um tubo até o estômago delas (para que não sentissem o intenso amargor) e administrou ipeca, uma substância que, de fato, deveria *induzir* náusea e vômitos.

Não só os sintomas das pacientes melhoraram, mas suas contrações gástricas — que deveriam ter piorado com a ipeca — foram *reduzidas*. Seus resultados sugerem — embora em uma amostra muito pequena — que uma substância pode ter o efeito oposto ao que se poderia prever simplesmente ao se manipular as expectativas das pessoas. Neste caso, o efeito placebo superou até mesmo as influências farmacológicas.

Mais do que moléculas?

Assim, existe alguma pesquisa vinda da ciência básica de bancada de laboratório que explique o que acontece quando tomamos um placebo? Bom, aqui e ali, sim, embora esses experimentos não sejam fáceis. Foi demonstrado, por exemplo, que os efeitos de um medicamento real podem ser, às vezes, induzidos pela "versão" placebo, não só nos seres humanos, mas também em animais.[46] A maioria dos medicamentos para a doença de Parkinson funciona aumentando a liberação de dopamina: os pacientes que receberam um tratamento de placebo para a doença, por exemplo, tiveram liberação extra de dopamina no cérebro.

Zubieta[47] mostrou que indivíduos que são submetidos à dor e, depois, recebem placebo, liberam mais endorfinas do que as pessoas que não recebem nada. (Eu sinto a obrigação de mencionar que duvido um pouco desse estudo porque as pessoas que receberam o placebo também

---

[45]Wolf S., "Effects of suggestion and conditioning on the action of chemical agents in human subjects; the pharmacology of placebos", *J Clin Invest*, v. 1, n. 29, janeiro de 1950, pp. 100-9.

[46]Fuente-Fernandez R., Ruth T. J., Sossi V., Schulzer M., Calne D. B., Stoessl A. J., "Expectation and dopamine release: Mechanism of the placebo effect in Parkinson's disease", *Science*, v. 5532, n. 293, 10 de agosto de 2001, pp. 1.164-6.

[47]Zubieta J. K. *et al.*, "Placebo effects mediated by endogenous opioid activity on mu-opioid receptors", *Journal of Neurology*, v. 34, n. 25, 24 de agosto de 2005, pp. 7.754-62.

O EFEITO PLACEBO

receberam estímulos mais dolorosos, o que é outro motivo para terem níveis mais altos de endorfinas. Considere que esta é uma janelinha para o mundo maravilhoso da interpretação de dados incertos.)

Se mergulharmos mais no trabalho teórico sobre o reino animal, descobriremos que os sistemas imunológicos dos animais podem ser condicionados a responder a placebos exatamente da mesma forma que o cão de Pavlov começava a salivar em resposta ao som de uma campainha. Pesquisadores mediram as mudanças no sistema imunológico de cães usando apenas água aromatizada e com açúcar, uma vez que essa mistura tem sido associada à imunossupressão, administrando-a repetidamente em conjunto com ciclofosfamida, uma substância que também suprime o sistema imunológico.[48]

Um efeito similar foi demonstrado em seres humanos quando os pesquisadores deram a indivíduos saudáveis uma bebida com um sabor distinto e, ao mesmo tempo, ciclosporina A (um fármaco que reduz mensuravelmente a função imunológica).[49] Quando a associação estava estabelecida, depois de repetições suficientes, eles descobriram que a bebida com sabor podia induzir, por si mesma, uma discreta imunossupressão. Os pesquisadores até conseguiram extrair uma associação entre a bebida e a atividade natural de células de defesa.[50]

O que isso tudo significa para você e para mim?

As pessoas tendem a pensar, de um modo pejorativo, que, se sua dor responde a um placebo, isso significa que "é tudo coisa da sua cabeça". Baseando-se em dados de pesquisas,[51] até médicos e enfermeiras acreditam nisso. Um artigo publicado no *Lancet* em 1954 — outro planeta, em termos de como os médicos falam sobre os pacientes — afirma que

---

[48]Ader R., Cohen N., "Behaviorally conditioned immunosuppression", *Psychosom Med*, v. 4, n. 37, julho a agosto de 1975, pp. 333-40.
[49]Goebel M. U. *et al.*, "Behavioral conditioning of immunosuppression is possible in humans", *FASEB J*, v. 14, n. 16, dezembro de 2002, pp. 1.869-73.
[50]Buske-Kirschbaum A., Kirschbaum C., Stierle H., Lehnert H., Hellhammer D., "Conditioned increase of natural killer cell activity (NKCA) in humans", *Psychosom Med*, v. 2, n. 54, março a abril de 1992, pp. 123-32.
[51]Goodwin J. S., Goodwin J. M., Vogel A. V., "Knowledge and use of placebos by house officers and nurses", *Ann Intern Med*, v. 1, n. 91, julho de 1979, pp. 106-10.

CIÊNCIA PICARETA

"para alguns pacientes pouco inteligentes ou inadequados, a vida fica mais fácil com um frasco de remédio para confortar o ego".

Isso está errado. Não vale a pena tentar se isentar e fazer de conta que isso se refere a outras pessoas porque todos nós respondemos ao placebo. Os pesquisadores tentaram intensamente, em experimentos e pesquisas, caracterizar "as pessoas que respondem a placebo", mas os resultados gerais parecem um horóscopo que pode se aplicar a qualquer pessoa: "as pessoas que respondem a placebo" são mais extrovertidas, porém mais neuróticas; mais bem-ajustadas, porém mais hostis; mais hábeis socialmente e mais agressivas, porém mais condescendentes, e assim por diante. O grupo de pessoas que respondem a placebo inclui todas as pessoas. Você responde a placebo.[52] Seu corpo prega peças em sua mente. Não se pode confiar em você.

Como podemos juntar tudo isso? Moerman recontextualiza o efeito placebo como uma "resposta significativa" — "os efeitos psicológicos e fisiológicos significativos no tratamento da doença" —, e esse é um modelo atraente. Ele também realizou uma das mais impressionantes análises quantitativas sobre o efeito placebo e como ele muda segundo o contexto, mais uma vez em relação às úlceras estomacais.[53] Como dissemos antes, essa é uma doença excelente para estudo porque as úlceras são comuns e tratáveis, porém o mais importante é que o sucesso do tratamento pode ser registrado sem ambiguidade por meio de um exame de gastroscopia.

Moerman examinou 117 estudos de medicamentos para úlcera, realizados entre 1975 e 1994, e descobriu, surpreendentemente, que eles interagem de um modo que nunca se esperaria: culturalmente, e não farmacodinamicamente. A cimetidina foi uma das primeiras medicações para úlceras no mercado e ainda é usada atualmente: em 1975, quando era novidade, erradicou 80% das úlceras, em média, em diferentes experimentos. Com o passar do tempo, porém, a taxa de sucesso caiu

---

[52]"Meaning, Medicine and the 'Placebo Effect' de Moerman DE", Cambridge University Press, 2002, p. 34, sumarizando referências secundárias de cinco outros estudos.
[53]Moerman D. E., Harrington A., "Making space for the placebo effect in pain medicine", *Sem in Pain Med*, v. 1, n. 3 (edição especial), março de 2005, pp. 2-6.

para apenas 50%. O mais interessante é que essa deterioração parece ter acontecido especialmente depois do lançamento da ranitidina, um fármaco concorrente e supostamente superior, cinco anos depois. Assim, a mesma medicação tornou-se menos efetiva com o tempo, conforme novos medicamentos foram lançados.

Existem muitas interpretações possíveis. Pode ser, é claro, que isso tenha ocorrido em função de mudanças nos protocolos de pesquisa. Mas uma possibilidade muito alta é que os remédios mais antigos se tornem menos efetivos depois de outros serem lançados no mercado devido à deterioração da crença dos médicos neles. Outro estudo, realizado em 2002, examinou 75 experimentos com antidepressivos, realizados nos 20 anos anteriores, e descobriu que a resposta ao placebo aumentou significativamente nos anos recentes (o mesmo aconteceu com a resposta aos medicamentos), talvez por nossas expectativas em relação a esses fármacos terem aumentado.[54]

Achados como esses têm implicações importantes em nossa visão do efeito placebo e em toda a medicina, uma vez que pode ser uma potente força universal: devemos lembrar, especificamente, que o efeito placebo — ou a "resposta significativa" — é culturalmente específico. Os analgésicos de marcas conhecidas podem ser melhores do que analgésicos genéricos na Inglaterra, mas se você encontrasse alguém com dor de dente no ano 6000 a.C, no Amazonas em 1880, ou na Rússia soviética nos anos 1970, onde ninguém tivesse visto o anúncio de TV em que uma mulher atraente tem um círculo vermelho de dor pulsando em sua testa, toma o analgésico e sente uma onda azul suave e calmante se espalhar pelo corpo... Em um mundo sem precondições culturais para determinar o jogo, você ia esperar que a aspirina fizesse o mesmo efeito, fosse qual fosse a caixa em que estivesse.

Isso também tem implicações interessantes na transferência de terapias alternativas. A novelista Jeanette Winterson, por exemplo, escreveu no

---

[54]Walsh B. T., Seidman S. N., Sysko R., Gould M., "Placebo response in studies of major depression: Variable, substantial, and growing", *Journal of the American Medical Association*, v. 14, n. 287, 10 de abril de 2002, pp. 1.840-7.

Times para arrecadar dinheiro para um projeto de tratamento homeopático para portadores de AIDS em Botsuana — onde um quarto da população é soropositiva. Devemos deixar de lado a ironia em levar a homeopatia a um país que tem estado em uma guerra por água com a vizinha Namíbia e a tragédia da devastação de Botsuana pela AIDS, que é tão espantosa — vou repetir: *um quarto da população é soropositiva* — que, se não for tratada rápida e intensamente, toda a parcela economicamente ativa da população pode simplesmente morrer, deixando para trás o que seria efetivamente um não país.

Deixando de lado toda essa tragédia, o interessante para nossos propósitos é a ideia de que seria possível levar um placebo ocidental, individualista, valorizador do paciente, contra o sistema médico e muito específico culturalmente para um país com tão pouca infraestrutura de cuidados de saúde e esperar que ele funcione. A maior ironia em tudo isso é que, se houver algum benefício para os doentes de AIDS na Botsuana, será por meio de associação implícita da homeopatia com a medicina tradicional ocidental tão desesperadamente necessária em tantos países africanos.

Então, se conversar com um terapeuta alternativo sobre o conteúdo deste capítulo — e eu espero que você faça isso —, o que você ouvirá? Eles irão sorrir, acenar com a cabeça e concordar que seus rituais têm sido cuidadosa e elaboradamente construídos por muitos séculos de tentativa e erro para extrair a melhor resposta possível a esse placebo? Que existem mistérios mais fascinantes na verdadeira história do relacionamento entre corpo e mente do que imagina o modismo da existência de padrões de energia quântica em uma pílula de açúcar?

Para mim, esse é outro exemplo de um paradoxo fascinante na filosofia dos terapeutas alternativos: quando afirmam que seus tratamentos têm um efeito específico e mensurável no corpo, por meio de determinados mecanismos técnicos em vez de rituais, eles estão sendo partidários de uma forma muito antiquada e ingênua de reducionismo biológico, na qual a mecânica de suas intervenções, em vez do relacionamento e do cerimonial, tem o efeito positivo da cura. Mais uma vez, não se trata apenas de não terem evidências para o que afirmam sobre o funcionamento de seus tratamentos, mas suas afirmações são mecanicistas, intelectualmente decepcionantes e simplesmente menos interessantes do que a realidade.

Um placebo ético?

Entretanto, mais do que qualquer coisa, o efeito placebo levanta dilemas e conflitos ao redor de nossos sentimentos a respeito da pseudociência. Vamos voltar a nosso exemplo mais concreto até agora: as pílulas de açúcar da homeopatia são uma exploração, se funcionam apenas como placebo? Um médico pragmático só poderia estabelecer o valor de um tratamento considerando-o em um contexto.

Aqui está um exemplo claro dos benefícios do placebo: durante a epidemia de cólera no século XIX, as mortes que ocorriam no Hospital Homeopático de Londres representavam apenas um terço da taxa de mortes no Hospital de Middlesex, mas tinha pouca probabilidade de um efeito placebo ser tão benéfico no tratamento dessa doença. O motivo para o sucesso da homeopatia nesse caso é mais interessante: na época, ninguém podia tratar a cólera. Assim, enquanto as práticas médicas da época, como a sangria, eram totalmente prejudiciais, os tratamentos homeopáticos ao menos não faziam nada de danoso.

Hoje, do mesmo modo, existem muitas situações em que as pessoas desejam tratamento, mas a medicina tem pouco a oferecer: dores constantes nas costas, estresse no trabalho, fadiga sem explicação médica e a maioria dos resfriados comuns, apenas para dar alguns exemplos. Se passar pela encenação do tratamento médico e experimentar todos os medicamentos possíveis, o paciente só terá efeitos colaterais. Uma pílula de açúcar, nessas circunstâncias, parece uma opção muito sensata, desde que possa ser administrada com cautela e, idealmente, com um mínimo de ilusão.

Porém, do mesmo modo que tem benefícios inesperados, a homeopatia pode ter efeitos colaterais inesperados. Acreditar em coisas sem evidências provoca seus próprios efeitos colaterais intelectuais danosos, do mesmo modo que a prescrição de uma pílula implica riscos: isso medicaliza problemas, como veremos, pode reforçar crenças destrutivas sobre a doença e pode promover a ideia de que uma pílula é uma resposta apropriada para um problema social ou uma doença viral sem gravidade.

Também existem danos mais concretos, específicos mais à cultura em que o placebo é ministrado do que à própria pílula de açúcar. Por exemplo, os homeopatas têm uma prática rotineira de denegrir a medicina tradicional. Existe uma simples razão comercial para isso: dados de pesquisas mostram que uma experiência decepcionante com a medicina tradicional é praticamente o único fator que se correlaciona sistematicamente com a escolha das terapias alternativas. Isso não se refere apenas a falar mal da medicina: um estudo revelou que mais da metade dos homeopatas estudados aconselhavam os pacientes a não vacinar seus filhos com a tríplice viral (contra sarampo, caxumba e rubéola), agindo de modo irresponsável naquilo que provavelmente será conhecido como o boato na mídia contra essa vacina.[55] Como o mundo da terapia alternativa lidou com essa descoberta preocupante de que tantos entre eles estavam silenciosamente sabotando a agenda de vacinações? O gabinete do príncipe Charles tentou demitir o pesquisador-chefe.

Uma investigação do noticiário *Newsnight*, da BBC, descobriu que quase todos os homeopatas contatados recomendavam pílulas homeopáticas ineficazes para proteger contra a malária e desaconselhavam a profilaxia médica para essa doença, sem mesmo dar conselhos básicos de prevenção a picadas de mosquitos. Isso pode não parecer nem holístico nem "complementar". Como os autodesignados "órgãos reguladores" da homeopatia lidaram com isso? Nenhum deles tomou uma providência contra os homeopatas envolvidos.

E, num extremo, quando não estão sabotando as campanhas de saúde pública e expondo seus pacientes a doenças fatais, os homeopatas que não são medicamente qualificados podem deixar de reconhecer diagnósticos fatais ou desconsiderá-los veementemente, dizendo a seus pacientes que deixem de usar seus inaladores e que joguem fora suas pílulas para doenças cardíacas. Existem muitos exemplos, mas eu tenho

---

[55]Ernst E., Schmidt K., "Aspects of MMR", *British Medical Journal*, n. 325, 2002, p. 597.

estilo demais para documentá-los aqui. Basta dizer que, embora possa haver um papel para um placebo ético, os homeopatas, pelo menos, demonstraram amplamente que não têm nem a maturidade nem o profissionalismo para cumpri-lo. Enquanto isso, os médicos da moda, fascinados com o apelo comercial das pílulas de açúcar, às vezes imaginam — de modo bem pouco criativo — se não deveriam entrar na onda e vendê-las também. Uma ideia mais inteligente, com certeza, é explorar a pesquisa que temos visto, mas apenas para destacar tratamentos que realmente *têm* um desempenho melhor do que o placebo e melhorar os cuidados de saúde sem enganar nossos pacientes.

6 O *nonsense* do dia

Agora precisamos aumentar o nível de dificuldade. A comida se transformou, sem dúvida, em uma obsessão nacional na Inglaterra. O jornal *Daily Mail*, em especial, engajou-se em um projeto ontológico, contínuo e bizarro, examinando diligentemente todos os objetos inanimados do universo a fim de categorizá-los como uma causa ou uma cura para o câncer. No cerne desse projeto estão um pequeno número de boatos repetidos, de mal-entendidos básicos sobre evidências que reaparecem com uma frequência surpreendente.

Embora muitos desses crimes também sejam cometidos por jornalistas, nós os examinaremos depois. No momento, vamos nos focar nos nutricionistas, membros de uma profissão recém-inventada e que precisam criar um espaço comercial para justificar sua própria existência. Para isso, eles mistificam e complicam a dieta e alimentam a dependência dos clientes. Sua profissão se baseia em um conjunto de enganos muito simples na forma como interpretamos a literatura científica: eles extrapolam sem limites "dados obtidos em laboratório" para fazer afirmações sobre seres humanos; eles extrapolam "dados de observação" para fazer afirmações sobre a necessidade de "intervenções"; eles fazem "escolhas seletivas" e, por fim, citam evidências de pesquisas científicas publicadas que, até onde se sabe, parecem não existir.

Vale a pena examinar essas interpretações equivocadas das evidências, principalmente porque são exemplos fascinantes de como as pessoas podem entender erroneamente as coisas, mas também porque o objetivo deste livro é que você possa desenvolver imunidade contra as novas variantes de besteiras. Existem duas coisas que quero deixar bem claras. Primeiramente, estou escolhendo exemplos individuais, mas eles são característicos, e eu poderia dar muitos outros. Ninguém está sendo intimidado e ninguém deve imaginar que eu o esteja destacando dentre todos os nutricionistas, embora eu tenha certeza de que algumas pessoas mencionadas aqui não serão capazes de compreender que fizeram algo errado.

Em segundo lugar, não estou ridicularizando conselhos alimentares simples e sensatos. Uma dieta saudável e direta, associada a muitos outros aspectos envolvidos no estilo de vida (muitos dos quais são provavelmente mais importantes — não que você vá saber isso ao ler os artigos), é muito importante. Mas os nutricionistas que aparecem na mídia falam além das evidências: muitas vezes, isso tem a ver com a venda de pílulas; algumas vezes, tem a ver com a venda de dietas da moda ou de novos diagnósticos ou com alimentar essa dependência; mas sempre tem a ver com o desejo de criar um mercado no qual eles são os especialistas enquanto você é apenas o ignorante enganado.

Prepare-se para trocar de papéis.

Os quatro erros fundamentais

Os dados existem?

Essa talvez seja a farsa mais simples, que aparece com frequência surpreendente e por vias bastante competentes. Veja os "fatos" que Michael van Straten cita no *Newsnight*, da BBC. Se você prefere não acreditar que essa fala é séria, definitiva e, talvez, levemente aristocrata, você pode assistir o vídeo on-line.

"Quando Michael van Straten começou a escrever sobre os mágicos poderes medicinais dos sucos de fruta, ele foi considerado um excêntrico", começa o *Newsnight*, "mas agora ele está na vanguarda da moda."

O *NONSENSE* DO DIA

(Em um mundo no qual os jornalistas parecem lutar contra a ciência, devemos observar que o *Newsnight* tem "excêntrico" em um dos extremos e "moda", no outro. Mas esse é outro capítulo.) Van Straten dá ao repórter um copo com suco. "Dois anos a mais em sua expectativa de vida!", brinca ele. Depois, vem um momento de seriedade: "Bom, seis meses para ser honesto." E uma correção. "Um estudo recente, publicado na semana passada nos Estados Unidos, mostrou que comer romãs ou tomar suco de romã pode realmente proteger contra o envelhecimento e contra as rugas", diz ele.

Depois de assistir ao *Newsnight*, o espectador pode, naturalmente, aceitar que um estudo recentemente publicado nos Estados Unidos mostrou que as romãs podem proteger contra o envelhecimento. Mas se você for ao Medline, a ferramenta-padrão de busca para estudos médicos, não existe tal estudo ou, pelo menos, eu não consegui encontrar. Talvez haja algum tipo de folheto produzido pelo setor de cultivo de romãs. Ele continuou: "Todo um grupo de cirurgiões plásticos nos Estados Unidos fez um estudo fornecendo romãs e suco de romãs a mulheres, antes e depois da cirurgia plástica, e elas se recuperaram em metade do tempo, com metade das complicações e sem rugas visíveis!" Mais uma vez, essa é uma afirmação muito específica — um experimento humano sobre romãs e cirurgia — e não há nada no banco de dados de estudos.

Então, pode-se caracterizar, com justiça, essa exibição no *Newsnight* como "mentirosa"? Com certeza não. Em defesa de quase todos os nutricionistas, eu argumentaria que eles não têm a experiência acadêmica, a má vontade e, talvez, até o poder intelectual necessário para serem, de maneira justa, chamados de mentirosos. O filósofo e professor Harry Frankfurt, da Universidade de Princeton, discute essa questão detalhadamente num ensaio clássico de 1986, *On Bullshit* [Sobre falar merda]. Em seu argumento, "falar merda" é uma forma de falsidade distinta da mentira: o mentiroso sabe qual é a verdade e se importa com ela, mas decide enganar deliberadamente; quem fala a verdade conhece a verdade e tenta exprimi-la; quem fala merda, por outro lado, não se importa com a verdade e simplesmente tenta impressionar.

CIÊNCIA PICARETA

> É impossível que alguém minta a menos que pense que conhece a verdade. Produzir bobagem não exige essa convicção... Quando um homem honesto fala, ele diz apenas o que acredita ser verdade; quanto ao mentiroso, é indispensável que ele considere que suas afirmações sejam falsas. Nada disso se aplica, porém, a quem fala merda: ele não está nem do lado da verdade nem do lado do que é falso. Seu olhar não está voltado para os fatos, como estão os olhares do homem honesto e do mentiroso, exceto naquilo que possa ser pertinente para dar credibilidade ao que ele diz. Ele não se importa se as coisas que diz descrevem a realidade corretamente. Ele só as escolhe ou as cria de modo que se ajustem a seu propósito.[56]

Vejo van Straten, como muitos outros indivíduos mencionados neste livro, como pertencente ao campo das "bobagens". Estou sendo injusto ao destacar este homem? Talvez. No trabalho de campo de biologia, joga-se um quadrado de arame, chamado "quadrante", aleatoriamente ao solo e se examina as espécies que ficaram presas nele. Essa é a abordagem que usei com os nutricionistas e, até que tenhamos um Departamento de Estudos da Pseudociência, com um exército de doutorandos fazendo estudos quantitativos, nunca saberemos quem é o pior. Van Straten parece uma pessoa simpática e amigável, mas temos de começar em algum lugar.

Observação ou intervenção?

O canto do galo faz com que o sol nasça? Não. Acionar o interruptor de luz faz com que a sala fique mais clara? Sim. As coisas podem acontecer mais ou menos ao mesmo tempo, mas isso é uma evidência fraca e circunstancial para a causação. No entanto, exatamente esse tipo de evidência é usado pelos nutricionistas que aparecem na mídia como prova confiável de suas afirmações na segunda grande farsa que analisaremos.

Segundo o *Daily Mirror*, Angela Dowden é a "principal nutricionista da Grã-Bretanha", um título que continua a ser usado mesmo que ela tenha sido censurada pela Sociedade de Nutrição por fazer uma afir-

---

[56]Harry G. Frankfurt, *On Bullshit*, Princeton, Princeton University Press, 2005. Disponível em: <http://press.princeton.edu/video/frankfurt>

O *NONSENSE* DO DIA

mativa à mídia sem ter literalmente nenhuma evidência. Aqui está um exemplo diferente e mais interessante: uma citação da coluna de Dowden no jornal *Mirror*, falando sobre alimentos que oferecem proteção contra o sol durante uma onda de calor: "Um estudo australiano, realizado em 2001, descobriu que o azeite de oliva (em combinação com frutas, vegetais e leguminosas) oferece proteção mensurável contra o enrugamento da pele. Coma mais azeite de oliva, colocando-o em molhos de saladas ou no pão, em vez de usar manteiga."

Esse é um conselho muito específico, com uma afirmação muito específica, citando uma referência muito específica e com um tom muito autoritário. Isso é típico do que os nutricionistas da mídia escrevem nos jornais. Vamos até a biblioteca para examinar o estudo a que ela se refere.[57] Antes de continuarmos, devemos deixar bem claro que estamos criticando a *interpretação* que Dowden fez dessa pesquisa, e não a pesquisa em si, que supomos ser uma descrição fiel do trabalho de investigação que foi feito.

Esse foi um estudo de observação, e não um estudo de intervenção. Ele não deu azeite de oliva às pessoas e, depois, mediu diferenças nas rugas: fez o oposto, na verdade. Ele investigou quatro grupos de pessoas para obter uma gama de estilos de vida, incluindo gregos, australianos anglo-célticos e suecos, e descobriu que pessoas que tinham hábitos alimentares completamente diferentes — e vidas completamente diferentes, podemos supor — também tinham diferentes quantidades de rugas.

Isso não é uma grande surpresa para mim e ilustra uma questão muito simples da pesquisa epidemiológica, conhecida como "variáveis causadoras de confusão": são coisas que se relacionam tanto com o resultado que se está medindo (rugas) quanto com a exposição que se está medindo (alimento), mas em que você ainda não pensou. Elas podem confundir um relacionamento aparentemente causal, e você tem de pensar em modos de excluir ou minimizar essas variáveis para chegar à resposta certa ou, ao menos, estar muito atento ao fato de

---

[57]Purba MB *et al.*, "Skin wrinkling: Can food make a difference?", *J Am Coll Nutr.*, v. 1, n. 20, fevereiro de 2001, pp. 71-80.

que elas estão lá. No caso desse estudo, existem variáveis causadoras de confusão demais para serem descritas.

Eu como bem — por acaso, consumo muito azeite de oliva — e não tenho muitas rugas. Também nasci em uma família de classe média, tenho bastante dinheiro, um trabalho em ambiente fechado e, se descontarmos ameaças infantis de processos e de violência vindas de pessoas que não podem tolerar nenhuma discussão de suas ideias, uma vida bastante livre de conflitos. Pessoas com vidas completamente diferentes sempre terão dietas diferentes e rugas diferentes. Elas terão muitas coisas diferentes: históricos de emprego, níveis de estresse, graus de exposição ao sol, graus de riqueza, níveis de suporte social, padrões de uso de cosméticos e mais. Posso imaginar uma lista de motivos pelos quais se possa pensar que pessoas que ingerem azeite de oliva têm menos rugas, mas o azeite ter uma relação causal, um efeito físico sobre a pele, quando é ingerido, está bem no final da minha lista.

Agora, para ser justo com os nutricionistas, eles não estão sós em deixar de entender a importância das variáveis causadoras de confusão, dada sua impaciência por obter uma história clara. Cada vez que você lê em um jornal que o "consumo moderado de álcool" está associado a uma melhoria de saúde — menos doenças cardíacas, menos obesidade e coisas assim —, para o deleite da indústria de bebidas e, é claro, de seus amigos — que dizem "ah, viu só, é melhor que eu beba um pouco..." enquanto bebem muito —, você está, quase certamente, vendo um jornalista de intelecto limitado interpretando exageradamente um estudo em que há muitas variáveis causadoras de confusão.

Sejamos honestos: isso ocorre porque abstêmios são anormais. Eles não são como todo o mundo. Eles quase certamente têm um motivo para não beber, que pode ser moral, cultural ou talvez até médico, mas existe um sério risco de que aquilo que os torna abstêmios tenha outros efeitos sobre sua saúde, confundindo o relacionamento entre seus hábitos de consumo de bebida e sua saúde. Do que estou falando? Bom, talvez abstêmios de grupos étnicos específicos tenham maior probabilidade de serem obesos e, assim, sejam menos saudáveis. Talvez as pessoas que neguem a si mesmas o prazer do álcool tenham maior probabilidade de

O *NONSENSE* DO DIA

exagerar no consumo de chocolate e de batatas fritas. Talvez problemas preexistentes de saúde os forcem a não ingerir álcool e isso confunda os números, fazendo com que os abstêmios pareçam menos saudáveis do que os que bebem moderadamente. Talvez esses abstêmios sejam alcoólicos em recuperação. Dentre as pessoas que conheço, eles têm a maior probabilidade de serem abstêmios absolutos e também tendem a ser mais gordos, devido a todos os anos de abuso de álcool. Talvez algumas pessoas que dizem ser abstêmias estejam simplesmente mentindo.

É por isso que somos cautelosos ao interpretar dados de observação, e, na minha opinião, Dowden extrapolou demais a partir dos dados, em sua ansiedade para fornecer — com grande autoridade e certeza — conselhos sábios *muito* específicos em relação à alimentação em sua coluna de jornal (é claro que você pode discordar e, agora, tem as ferramentas para fazer isso de modo inteligente).

Se formos modernos a respeito disso e quisermos oferecer uma crítica construtiva, o que ela poderia ter escrito? Creio, tanto aqui como em outras situações, que, apesar do que jornalistas e "especialistas" assim autonomeados possam dizer, as pessoas são perfeitamente capazes de entender as evidências ligadas a uma afirmação e que qualquer pessoa que retenha, exagere ou confunda essas evidências, enquanto sugere estar fazendo um favor ao leitor, provavelmente não tem um bom objetivo. A vacina tríplice viral é um paralelo excelente, no qual o tumulto, o pânico, os "especialistas preocupados" e as teorias de conspiração apresentadas pela mídia foram muito intensos, mas a ciência em si praticamente não foi explicada.

Assim, dando um exemplo, se eu fosse um nutricionista com acesso à mídia, e pressionado depois de ter dado todos os outros conselhos sensatos de proteção contra o sol, eu poderia dizer que "uma pesquisa revelou que as pessoas que ingerem mais azeite de oliva têm menos rugas", mas poderia me sentir obrigado a acrescentar: "Embora pessoas com dietas diferentes possam ser diferentes de muitas outras maneiras." No entanto, eu também estaria escrevendo sobre comida. "Esqueça, aqui está uma receita deliciosa de molho para salada." Ninguém vai me contratar para escrever uma coluna sobre nutrição.

CIÊNCIA PICARETA

Das bancadas de laboratório para as revistas

Os nutricionistas adoram citar pesquisas científicas básicas porque isso faz com que pareçam estar ativamente engajados em um processo de trabalho acadêmico altamente técnico, impenetrável e complexo. Mas você tem de ser muito cauteloso ao extrapolar o que acontece a algumas células em uma placa, sobre uma bancada de laboratório, para o sistema complexo de um ser humano vivo, no qual as coisas podem funcionar de modo completamente oposto ao sugerido pelo trabalho de laboratório. Qualquer coisa pode matar células em um tubo de ensaio. Detergente de louça pode matar células em um tubo de ensaio, mas você não irá ingeri-lo para curar um câncer. Esse é só mais um exemplo de como o nutricionismo, apesar da retórica da "medicina alternativa" e de palavras como "holístico", é, na verdade, uma tradição crua, pouco sofisticada, antiquada e, acima de tudo, *reducionista*.

Adiante, veremos Patrick Holford, fundador do Institute for Optimum Nutrition [Instituto para Nutrição Ideal], afirmar que a vitamina C é melhor para tratar a AIDS do que o AZT, baseando-se em um experimento no qual a vitamina foi colocada sobre algumas células em uma placa. Até lá, ficamos com um exemplo do que Michael van Straten — que, infelizmente, caiu em nosso quadrante; não desejo apresentar personagens demais nem confundir você — escreveu no *Daily Express* como especialista em nutrição desse periódico: "Pesquisas recentes demonstraram que a cúrcuma tem intensa ação protetora contra muitas formas de câncer, especialmente na próstata." É uma ideia interessante, que merece ser pesquisada, e alguns estudos de laboratório especulativos têm sido feitos com células, em geral de ratos, que crescem ou não sob o microscópio quando extrato de cúrcuma é colocado sobre elas. Existem dados limitados em relação a animais, mas não é justo dizer que a cúrcuma, ou curry, no mundo real, em pessoas reais, "tem intensa ação protetora contra muitas formas de câncer, especialmente na próstata", ainda mais porque ela não é absorvida muito bem.

Há 40 anos, um homem chamado Austin Bradford-Hill, o avô da pesquisa médica moderna e elemento crucial na descoberta da ligação

O *NONSENSE* DO DIA

entre o fumo e o câncer de pulmão, escreveu um conjunto de diretrizes, um tipo de lista de verificação, para avaliar a causalidade e o relacionamento entre uma exposição e um resultado. Essas diretrizes são a pedra fundamental da medicina com base em evidências e sempre vale a pena tê-las em mente: é preciso haver uma associação forte, que seja coerente e específica em relação ao que você está estudando; que a causa suposta ocorra antes do efeito suposto; que, idealmente, tenha um gradiente biológico, como um efeito de resposta à dose; e que a proposta seja coerente — ou, pelo menos, não completamente incoerente ao que já é conhecido (porque afirmações extraordinárias exigem evidências extraordinárias) — e biologicamente plausível.

Michael van Straten teve plausibilidade biológica em sua afirmação, mas pouco mais. Os médicos e os pesquisadores desconfiam muito de pessoas que fazem afirmações com bases tão frágeis porque é algo que se ouve muito das pessoas que têm algo a vender: especificamente das empresas farmacêuticas. O público geralmente não tem de lidar com as empresas farmacêuticas porque atualmente, ao menos na Europa, elas não têm permissão para falar diretamente com os pacientes — ainda bem —, mas elas importunam os médicos incessantemente e usam muitos dos truques explorados pelo setor das curas milagrosas. Nós aprendemos esses truques na faculdade de medicina e, por isso, posso ensiná-los a vocês.

As empresas farmacêuticas gostam muito de promover vantagens teóricas ("funciona mais sobre o receptor Z4, então deve ter menos efeitos colaterais!"), dados obtidos em experimentos com animais ou "resultados substitutos" ("melhora os resultados dos exames de sangue, então deve proteger contra enfartes!") como evidências da eficácia ou superioridade de seu produto. Muitos dos livros mais populares e detalhados escritos por nutricionistas, caso você tenha a sorte de lê-los, usam, muito assertivamente, esse truque das empresas farmacêuticas. Eles afirmam, por exemplo, que um "experimento randomizado e com controle por placebo" demonstrou *benefícios* do uso de uma vitamina específica quando querem dizer que ele revelou mudanças em um "resultado substituto".

CIÊNCIA PICARETA

Por exemplo, o experimento pode simplesmente ter encontrado quantidades mensuravelmente maiores da vitamina na corrente sanguínea, depois de sua ingestão, em comparação com as quantidades encontradas após a ingestão de placebo, o que é um achado nada espetacular, mas que, mesmo assim, é apresentado ao leitor, que não suspeita de nada, como um resultado positivo. Ou o experimento pode ter demonstrado que ocorrem mudanças em algum outro marcador sanguíneo, talvez no nível de um elemento mal compreendido do sistema imunológico, que, mais uma vez, o nutricionista irá apresentar como uma evidência concreta de um benefício no mundo real.

Existem problemas com o uso desses resultados substitutos. Muitas vezes, eles estão associados apenas de modo tênue à doença real, por um modelo teórico muito abstrato, e geralmente aplicado no mundo idealizado de um animal experimental, geneticamente controlado e mantido sob condições de estreito controle fisiológico. É claro que um resultado substituto pode ser usado para gerar e examinar hipóteses sobre uma doença real em pessoas reais, mas precisa ser validado com muito cuidado. Ele mostra um relacionamento dose-resposta claro? Ele é um verdadeiro indicador da doença ou apenas uma "covariável", algo que está ligado à doença de outro modo (por exemplo, causado *por* ela em vez de *causá-la*)? Existe uma separação bem definida entre os valores normais e os anormais?

Tudo que estou fazendo, devo deixar bem claro, é julgar os nutricionistas festejados pela mídia por suas próprias palavras: eles se apresentam como homens e mulheres da ciência e enchem suas colunas, programas de TV e livros com referências a pesquisas científicas. Estou submetendo suas afirmações ao mesmo nível de rigor básico e descomplicado que eu usaria em relação a qualquer novo trabalho teórico, a qualquer afirmação de uma empresa farmacêutica e a qualquer retórica de marketing de comprimidos.

Não é irracional usar dados de resultados substitutos, como eles fazem, mas aqueles que sabem o que fazem são sempre circunspectos. Estamos *interessados* em trabalhos teóricos iniciais, mas muitas vezes a mensagem é que "pode ser um pouco mais complicado". Você só deveria

O *NONSENSE* DO DIA

atribuir algum significado a um resultado substituto se lesse tudo sobre ele ou se pudesse estar absolutamente certo de que a pessoa que assegura sua validade seja extremamente capaz e esteja expressando uma avaliação sólida de toda a pesquisa em determinado campo, e assim por diante.

Problemas similares surgem com os dados obtidos em experimentos com animais. Ninguém pode negar que esse tipo de dado é valioso no domínio teórico, para desenvolver hipóteses ou sugerir riscos, desde que seja avaliado cuidadosamente. Porém, os nutricionistas da mídia, em sua ânsia para fazer afirmações quanto a estilos de vida, muitas vezes ignoram os problemas de aplicar esses pontos teóricos isolados a seres humanos, e qualquer pessoa pensaria que eles simplesmente percorrem a internet em busca de migalhas aleatórias de ciência para vender suas pílulas e suas informações (imagine...). Tanto um tecido quanto uma doença no modelo animal, afinal de contas, podem ser muito diferentes dos que existem no sistema humano, e esses problemas são ainda maiores com testes em placas de laboratório. Dar doses incomumente elevadas de substâncias químicas aos animais pode distorcer suas vias metabólicas comuns e provocar resultados enganosos, e assim por diante. Só porque algo pode aumentar ou diminuir alguma coisa em um teste, não significa que ele terá o mesmo efeito em uma pessoa — como veremos em relação à surpreendente verdade a respeito dos antioxidantes.

E o que dizer da cúrcuma, de que falamos antes de eu tentar mostrar todo o mundo da pesquisa aplicado neste grãozinho de tempero? Bom, sim, existem algumas evidências de que a curcumina, uma substância química na cúrcuma, é muito ativa biologicamente, em muitas formas diferentes, sobre vários sistemas diferentes (existem também bases teóricas para acreditar que ela possa ser carcinógena, veja só). Esse é, com certeza, um alvo válido para pesquisas.

Entretanto, sobre a afirmação de que devemos comer mais curry a fim de ingerir mais cúrcuma e de que "pesquisas recentes" demonstraram que ela "tem intensa ação protetora contra muitas formas de câncer, especialmente na próstata", sugiro dar um passo atrás e colocar as afirmações teóricas no contexto do corpo humano. Apenas uma pequena fração da curcumina ingerida é absorvida. Você teria de comer alguns gramas dela para atingir níveis séricos detectáveis e significantes, mas, para obter alguns gramas de *curcumina*, você teria de comer 100 gramas de *cúrcuma*. Boa sorte. Entre a pesquisa e uma receita, há muito mais para se pensar do que os nutricionistas poderão lhe contar.

Escolhas seletivas

> A ideia é fornecer todas as informações, para que os outros possam julgar o valor de sua contribuição, e não apenas as informações que dirijam o julgamento para uma direção específica.

> *Richard P. Feynman*

Há cerca de 15 milhões de artigos médicos acadêmicos publicados e cinco mil periódicos são publicados a cada mês. Muitos desses artigos conterão afirmações contraditórias: escolher o que é ou não relevante é uma tarefa imensa. É inevitável que as pessoas peguem atalhos. Nós nos apoiamos em artigos de revisão, em meta-análises, em manuais ou em revisões jornalísticas sobre um assunto.

Isso se você estiver interessado em chegar à verdade quanto a uma questão. E se você só tiver um ponto a provar? Existem poucas opiniões tão absurdas que não seja possível encontrar ao menos uma pessoa com doutorado, em algum lugar do mundo, para endossá-las; e, do mesmo modo, existem poucas proposições em medicina tão ridículas que não seja possível utilizar algum tipo de evidência experimental publicada para apoiá-las, caso você não se importe que esse seja um relacionamento frágil nem em selecionar sua literatura, citando apenas os estudos que estejam a seu favor.

Um dos maiores estudos sobre "escolhas seletivas" na literatura acadêmica trata de Linus Pauling, o bisavô da nutrição moderna, e de seu trabalho sobre a vitamina C e o resfriado comum. Em 1993, Paul Knipschild, professor de Epidemiologia na Universidade de Maastricht, publicou um capítulo no poderoso manual *Systematic Reviews*: em um esforço extraordinário, ele examinou a literatura da época em que Pauling escreveu seu trabalho e a submeteu à mesma revisão sistemática rigorosa que se pode encontrar em um artigo moderno.

O *NONSENSE* DO DIA

Ele descobriu que, embora alguns experimentos sugerissem que a vitamina C tinha benefícios, Pauling escolheu o que citaria para provar sua hipótese. Quando Pauling mencionou alguns experimentos que contradiziam sua teoria foi para descartá-los por problemas metodológicos, mas, como mostrou um exame isento, esses problemas também ocorriam nos estudos que ele citou para apoiar sua teoria.

Em defesa de Pauling, devemos lembrar que isso era muito comum em sua época e que, provavelmente, ele não tinha consciência do que estava fazendo, mas atualmente a "escolha seletiva" é uma das práticas dúbias mais comuns nas terapias alternativas e, em especial, no campo da nutrição, no qual parece ser aceita como algo normal (é ela que, na verdade, ajuda a caracterizar o que os terapeutas alternativos concebem como seu "paradigma alternativo"). Isso também acontece na medicina tradicional, mas com uma diferença importante: a prática é reconhecida como um grande problema e muito trabalho tem sido feito para encontrar uma solução.

Essa solução é um processo chamado "revisão sistemática". Em vez de simplesmente navegar on-line por pouco tempo e escolher seus artigos prediletos para apoiar seus preconceitos e ajudá-lo a vender um produto, existe, em uma revisão sistemática, uma estratégia de busca explícita para pesquisar dados (descrita abertamente em seu estudo, incluindo até mesmo os termos de busca que foram usados nos bancos de dados de relatórios de pesquisas). Nela, tabulam-se as características de cada estudo encontrado, mede-se a qualidade metodológica de cada um (idealmente de modo alheio aos resultados, para ver o quanto é realmente um "teste justo"), comparam-se alternativas e, então, finalmente, obtém-se um resumo crítico e ponderado.

É isso que a Cochrane Collaboration faz com todos os tópicos de saúde que consegue encontrar. Ela até convida as pessoas a submeterem novas questões clínicas que precisem ser respondidas. Esse filtro cuidadoso de informações revelou grandes lacunas no conhecimento e que as "melhores práticas" são, algumas vezes, criminosamente falhas — e, ao simplesmente vasculhar metodicamente dados já existentes, salvou mais vidas do que se pode imaginar. No século XIX, como disse o médico especializado em saúde pública Muir Gray, houve muitos avanços ao fornecer água limpa e pura à população; no século XXI, teremos os mesmos avanços por meio de informações limpas e puras. Revisões sistemáticas são uma das grandes ideias do pensamento moderno e deveriam ser comemoradas.

Problematizando os antioxidantes

Temos visto os tipos de erros cometidos pelo movimento da nova nutrição conforme seus membros se esforçam para justificar suas afirmações mais obscuras e técnicas. O que é mais divertido é aplicar nossa nova compreensão a uma das principais afirmações desse movimento, que é, sem dúvida, uma crença muito difundida: a afirmação de que deveríamos ingerir mais antioxidantes.

Como você agora sabe, existem muitas formas de decidir se a totalidade das evidências de uma pesquisa para comprovar determinada afirmação realmente se mantém, e é raro que um único estudo resolva a questão. No caso de uma afirmação sobre comida, por exemplo, podemos procurar todos os tipos de coisas: se ela é teoricamente plausível, se ela é apoiada pelo que sabemos a partir da observação de dietas e de saúde, se ela é apoiada por "experimentos de intervenção", nos quais foi recomendada uma dieta a um grupo, e outra dieta a outro grupo, e se esses experimentos mediram resultados do mundo real, como mortes, ou um resultado substituto, como exames de sangue, que está relacionado a uma doença apenas de modo hipotético.

Meu objetivo aqui não é sugerir, de modo algum, que os antioxidantes sejam *inteiramente* irrelevantes para a saúde. Se eu fosse fazer um slogan para uma camiseta de divulgação deste livro, ele seria: "Acho que você vai descobrir que é um pouco mais complicado do que isso." Pretendo, como se diz, "problematizar" a visão dominante dos nutricionistas quanto aos antioxidantes, que atualmente está apenas 20 anos atrás das evidências de pesquisa.

O *NONSENSE* DO DIA

De uma perspectiva inteiramente teórica, a ideia de que os antioxidantes são benéficos para a saúde é bem atraente. Quando eu era estudante de medicina — não faz tanto tempo assim —, o livro mais popular de bioquímica chamava-se *Stryer*. Esse livro enorme está repleto de fluxogramas complexos e interligados mostrando como as substâncias químicas — os elementos de que somos feitos — se movimentam pelo corpo. Ele mostra como as diferentes enzimas quebram os alimentos em seus elementos moleculares constituintes, como eles são absorvidos, como são remontados em novas e maiores moléculas, das quais seu corpo precisa para construir músculos, retina, nervos, ossos, cabelo, membranas, muco e tudo o que nos forma, como as diversas formas de gordura são quebradas e remontadas em novas formas de gordura, como diferentes formas de moléculas — açúcar, gordura e até mesmo álcool — são quebradas gradualmente, passo a passo, para liberar energia, como essa energia é transportada e como os produtos incidentais desse processo são usados ou ligados a alguma molécula para serem transportados no sangue e, depois, descartados pelos rins, metabolizados em outros constituintes ou transformados em algo útil por outra parte do corpo e assim por diante. Esse é um dos grandes milagres da vida e é infinita, linda e intrincadamente fascinante.

Olhando para essas enormes redes interconectadas é difícil não ficar surpreso com a versatilidade do corpo humano e com a forma como ele pode realizar atos de quase alquimia a partir de tantos pontos de partida diferentes. Seria muito fácil pegar um dos elementos desses vastos sistemas interligados e fixar-se na ideia de que ele tem importância única. Talvez ele apareça muito no diagrama; talvez apareça raramente e pareça cumprir uma função muito importante em um lugar central. Seria fácil supor que, se houvesse mais dele, essa função seria realizada com maior eficiência.

Porém, como ocorre em todos os grandes sistemas interligados — como sociedades, por exemplo, ou empresas —, uma intervenção em um lugar pode ter consequências inesperadas, devido a mecanismos de feedback e compensatórios. As taxas de mudança em determinada área podem ser limitadas por fatores inesperados e totalmente distantes do que se está alterando enquanto os excessos de um elemento em um lugar podem distorcer as vias e os fluxos usuais, provocando resultados contraintuitivos.

A teoria subjacente à ideia de que os antioxidantes são bons para você é a teoria do envelhecimento pelos "radicais livres", que têm alta capacidade de reação química, como muitas outras coisas no corpo. Geralmente, essa reatividade é usada de modo útil. Por exemplo, se você tiver uma infecção e houver bactérias prejudiciais em seu corpo, uma célula fagocítica de seu sistema imunológico pode se aproximar, identificar a bactéria como um invasor indesejado, construir uma forte barreira contra tantas bactérias quantas puder encontrar e explodi-las com radicais livres destrutivos. Eles funcionam basicamente como um desinfetante, em um processo muito parecido com despejar desinfetante em um vaso sanitário. Mais uma vez, o corpo humano é mais esperto do que qualquer pessoa que você conheça.

Porém, radicais livres nos lugares errados podem prejudicar os componentes desejáveis das células. Eles podem danificar o revestimento das artérias e o DNA, o que leva ao envelhecimento e, talvez, a um câncer, e assim por diante. Por esse motivo, tem sido sugerido que os radicais livres são responsáveis pelo envelhecimento e por diversas doenças. Essa é uma teoria que pode estar ou não correta.

Os antioxidantes são compostos que podem "varrer", e "varrem", esses radicais livres, reagindo com eles. Se você olhar para os vastos fluxogramas interligados que mostram como todas as moléculas em seu corpo são metabolizadas de uma forma em outra, poderá ver que isso acontece por toda parte.

A teoria de que os antioxidantes são protetores está separada da teoria dos radicais livres como causadores de doenças, mas se baseia nela. Se os radicais livres são perigosos — continua o argumento —, e os antioxidantes estão envolvidos em neutralizá-los, então ingerir mais antioxidantes pode ser bom para você, revertendo ou desacelerando o envelhecimento e prevenindo doenças.

Existem alguns problemas com esta teoria. Em primeiro lugar, quem disse que os radicais livres são sempre ruins? Se você raciocinar apenas

O *NONSENSE* DO DIA

a partir dessa teoria e dos diagramas, você pode ligar todos os tipos de elementos e fazer parecer que está falando coisas que têm sentido. Como eu disse, os radicais livres são vitais para que seu corpo possa matar bactérias por meio das células imunológicas fagocíticas; então será que você deveria vender uma dieta *livre* de antioxidantes para pessoas que têm infecções bacterianas?

Em segundo lugar, mesmo que os antioxidantes estejam envolvidos em algo bom, por que ingerir mais deles necessariamente tornaria esse processo mais eficiente? Sei que a proposta faz sentido superficialmente, mas muitas outras coisas também fazem, e é isso que é realmente interessante em relação à ciência (e a esta história em especial): algumas vezes, os resultados não são bem o que se esperava. Talvez um excesso de antioxidantes seja simplesmente excretado ou transformado em outra coisa. Talvez simplesmente se acumule, sem fazer nada, porque não é necessário. Afinal de contas, metade de um tanque de gasolina levará você ao outro lado da cidade com tanta facilidade quanto um tanque cheio. Ou, talvez, uma grande quantidade de antioxidantes no corpo não fique sem fazer nada. Talvez ela faça algo prejudicial. Essa seria uma reviravolta na história, não seria?

Existem mais algumas razões pelas quais a teoria dos antioxidantes parecia uma boa ideia 20 anos atrás. Em primeiro lugar, quando se faz uma imagem estática da sociedade, as pessoas que comem muitas frutas e vegetais frescos tendem a viver mais e a ter menos câncer e doenças cardíacas, e existem muitos antioxidantes nas frutas e nos vegetais (embora haja muitas outras coisas neles e, você poderia supor, com razão, muitas outras coisas saudáveis na vida das pessoas que comem muitas frutas e vegetais frescos, como bons empregos, consumo moderado de álcool etc.).

Do mesmo modo, se olhadas num instantâneo, as pessoas que tomam suplementos antioxidantes em pílulas são mais saudáveis ou vivem mais, porém, mais uma vez (embora os nutricionistas gostem de ignorar esse fato), essas são simplesmente pesquisas com pessoas que já escolheram tomar pílulas de vitaminas. São pessoas com maior probabilidade de se importar com a saúde e diferentes da população geral — e talvez de você — em muitas outras coisas além do consumo de pílulas de vitamina: elas podem fazer mais exercícios, ter mais apoios sociais, fumar menos, beber menos e assim por diante.

Mas as evidências iniciais a favor dos antioxidantes eram genuinamente promissoras e iam além de meros dados de observação de nutrição e de saúde; havia também alguns resultados de exames de sangue muito interessantes. Em 1981, Richard Peto, um dos mais famosos epidemiologistas do mundo, que compartilha o crédito da descoberta de que o fumo é responsável por 95% dos casos de câncer de pulmão, publicou um importante artigo na revista *Nature*. Ele revisou diversos estudos que, aparentemente, mostravam uma relação positiva entre grandes quantidades de betacaroteno no organismo (um antioxidante disponível nos alimentos) e riscos reduzidos de câncer.

Essa evidência incluía "estudos com controle de caso" nos quais pessoas *com* cânceres variados eram comparadas a pessoas *sem* câncer (sendo todas correspondentes quanto a idade, classe social, gênero e assim por diante), sendo descoberto que as pessoas sem câncer tinham níveis mais altos de caroteno no plasma. Houve também "estudos prospectivos", nos quais as pessoas foram classificadas por seu nível de caroteno no plasma, antes que qualquer uma delas tivesse câncer e, depois, acompanhadas por muitos anos. Esses estudos mostraram o dobro de casos de câncer de pulmão no grupo que tinha o nível mais baixo de caroteno no plasma, em comparação com as pessoas que o tinham mais alto. Parecia que ter mais desses antioxidantes poderia ser algo muito bom.

Estudos similares demonstraram que níveis mais elevados da vitamina E, também um antioxidante, estavam relacionados a índices mais baixos de doenças cardíacas. Foi sugerido que o índice de vitamina E explicava, em grande parte, as variações nos níveis de doenças cardíacas isquêmicas entre os diferentes países da Europa, que não poderiam ser explicadas pelas diferenças de colesterol no plasma nem de pressão sanguínea.

Mas o editor da revista *Nature* foi cuidadoso e inseriu uma nota de rodapé no artigo de Peto:

O *NONSENSE* DO DIA

Os leitores incautos (se existirem) não devem considerar este artigo como um sinal de que o consumo de grandes quantidades de cenouras (ou outras fontes de betacaroteno) seja necessariamente uma proteção contra o câncer.

Uma nota de rodapé bastante presciente, de fato.

O sonho dos antioxidantes se desfaz

Digam os terapeutas alternativos o que disserem, médicos e pesquisadores interessam-se em seguir pistas que possam dar frutos — e hipóteses promissoras como essas, que poderiam salvar milhões de vidas, não são negligenciadas. Esses estudos foram realizados e grandes experimentos com vitaminas foram conduzidos ao redor do mundo. Existe também um contexto cultural importante para esse aumento de atividade, que não pode ser ignorado: aconteceram no final da era dourada da medicina. Antes de 1935, não existiam muitos tratamentos efetivos disponíveis: tínhamos insulina, tínhamos fígado para anemia por deficiência de ferro e tínhamos morfina — uma droga com algum charme superficial, pelo menos —, mas, em muitos aspectos, os médicos eram praticamente inúteis. Então, de repente, entre 1935 e 1975, a ciência produziu um fluxo constante de milagres.

Quase tudo que associamos à medicina moderna aconteceu nessa época: antibióticos, diálise, transplantes, cuidados intensivos, cirurgia cardíaca, quase todos os medicamentos de que já ouvimos falar e ainda mais. Além dos tratamentos milagrosos, estávamos realmente descobrindo aqueles assassinos simples, diretos e ocultos, que a mídia ainda procura desesperadamente para alimentar suas manchetes. O fumo, para a surpresa genuína de todos, mesmo sendo um único fator de risco, acabou se mostrando causa de quase todos os cânceres de pulmão. E o amianto, por meio de trabalhos de investigação realmente corajosos e subversivos, foi descoberto como causa do mesotelioma.

Nos anos 1980, os epidemiologistas estavam em um período áureo e acreditavam que encontrariam, no estilo de vida das pessoas, causas para todas as principais doenças da humanidade. Uma disciplina que

CIÊNCIA PICARETA

surgiu quando John Snow removeu a manivela que acionava a bomba do reservatório de água pública da Broad Street, em 1854, eliminando a epidemia de cólera no bairro do Soho, em Londres (foi um pouco mais complicado do que isso, mas não temos tempo aqui), ganharia impulso próprio. Os epidemiologistas iam identificar cada vez mais correlações unívocas entre exposições e doenças e, em suas imaginações ardentes, salvariam países inteiros com intervenções simples e conselhos de prevenção. Esse sonho não se realizou, uma vez que as coisas se mostraram um pouco mais complicadas.

Dois grandes experimentos com antioxidantes foram realizados depois da publicação do artigo de Peto (o que demonstra a mentira nas afirmações dos nutricionistas de que as vitaminas nunca são estudadas porque não podem ser patenteadas; na verdade, houve muitos desses experimentos, embora a indústria de suplementos alimentares, estimada globalmente em mais de 50 bilhões de dólares, raramente se digne a financiá-los).[58] Um dos experimentos foi realizado na Finlândia, onde 30 mil participantes com alto risco de câncer de pulmão foram recrutados e randomizados para receber betacaroteno, vitamina E, ambos ou nenhum.[59] Não só houve mais cânceres de pulmão entre as pessoas que receberam os suplementos de betacaroteno — que, supostamente, deveriam protegê-las —, em comparação com as pessoas tratadas com placebo, mas, nesse primeiro grupo, também houve mais mortes em geral, tanto por câncer de pulmão quanto por doenças cardíacas.

Os resultados do outro experimento foram quase piores. Ele foi chamado "Carotene and Retinol Efficacy Trial" [Experimento da eficácia de caroteno e retinol], ou "CARET", devido ao elevado teor de betacaroteno presente na cenoura.* É interessante notar, enquanto estamos aqui, que as cenouras foram fonte de um dos grandes golpes de desinformação da Segunda Guerra Mundial, quando os alemães

---

[58]<http://www.nutraingredients-usa.com/news/ng.asp?n=85087>.
[59]"Alpha-Tocopherol Beta-Carotene Cancer Prevention Study Group. The effect of vitamin E and beta carotene on the incidence of lung and other cancers in male smokers", New England Journal of Medicine, n. 330, 1994, pp. 1.029-35.
*Em inglês, *carrot*. (N. do E.)

O *NONSENSE* DO DIA

não conseguiam entender como os pilotos aliados podiam ver os aviões inimigos a grandes distâncias, mesmo no escuro. Para impedir que os países do Eixo tentassem descobrir se os aliados haviam inventado algo mais inteligente que o radar (o que realmente foi feito), os britânicos iniciaram um boato elaborado e totalmente falso. O caroteno presente nas cenouras, disseram eles, é transportado para os olhos e convertido em retinal, molécula que detecta a luz (isso é basicamente verdade e é um mecanismo plausível, como os que mencionamos antes): assim, segundo a história, sem dúvida com muitos risos por trás dos excelentes bigodes da Força Aérea Real, estávamos alimentando nossos soldados com cenouras e obtendo um ótimo resultado.

De qualquer modo, dois grupos de pessoas com alto risco de câncer de pulmão foram estudados: fumantes e pessoas que haviam sido expostas a amianto em seu trabalho.[60] Metade recebeu betacaroteno e vitamina A enquanto a outra metade recebeu placebo. Dezoito mil participantes deviam ser recrutados durante a duração do experimento e a intenção era que fossem acompanhados por cerca de seis anos, mas, na verdade, o experimento foi encerrado porque foi considerado antiético continuá-lo. Por quê? As pessoas que tomavam os antioxidantes tinham 46% mais probabilidade de morrer de câncer de pulmão e 17% mais probabilidade de morrer por qualquer causa* do que as pessoas que tomavam placebo. Isso não é uma novidade: aconteceu há mais de uma década.

Desde então, os experimentos com suplementos antioxidantes em forma de vitaminas e controlados por placebo continuaram a dar resultados negativos. A revisão Cochrane mais atualizada[61] reuniu todos

---

[60] Thornquist M. D. *et al.*, "Statistical design and monitoring of the Carotene and Retinol Efficacy Trial (CARET)", *Control Clin Trials*, v. 14, 1993, pp. 308-24.
Omenn G. S. *et al.*, "Effects of a combination of beta carotene and vitamin A on lung cancer and cardiovascular disease", *New England Journal of Medicine*, n. 334, 1996, pp. 1150-5. Disponível em: <http://jnci.oxfordjournals.org/cgi/ijlink?\linkType=ABST&journalCode=nejm &resid=334/18/1150>.

*Expressei-me aqui, deliberadamente, em termos de "aumento relativo do risco" como parte de uma piada interna dúbia. Você entenderá no final do capítulo 12.

[61] Vivekananthan D. P. *et al.*, "Use of antioxidant vitamins for the prevention of cardiovascular disease: Meta-analysis of randomised trials", *Lancet*, n. 361, 2003, pp. 2.017-23. Disponível em: <http://www.thelancet.com/journals/lancet/article/PIISO140673603136379/abstract>

CIÊNCIA PICARETA

os experimentos sobre o assunto, depois de coletar a mais ampla gama possível de dados usando estratégias sistemáticas de busca já descritas (em vez de fazer "escolhas seletivas"): eles avaliaram a qualidade dos estudos e colocaram todos em uma planilha gigante para obter a estimativa mais precisa possível dos riscos de benefícios, demonstrando que os suplementos antioxidantes são ineficazes e, talvez, até prejudiciais.

A revisão Cochrane[62] sobre a prevenção de câncer de pulmão reuniu dados de quatro experimentos, descrevendo as experiências de mais de 100 mil participantes, e não encontrou benefícios no uso de antioxidantes, mas um aumento no risco de câncer de pulmão no caso de participantes que tomaram, juntos, betacaroteno e retinol. A revisão e a meta-análise mais sistemáticas sobre o uso de antioxidantes para reduzir ataques cardíacos e AVCs examinaram a vitamina E e, separadamente, o betacaroteno, em 15 experimentos, sem encontrar benefícios. No caso do betacaroteno, houve um aumento pequeno, mas significativo, no índice de mortes.

Mais recentemente, uma revisão Cochrane[63] examinou o número de mortes, por qualquer causa, em todos os experimentos sobre antioxidantes e controlados por placebo já realizados (muitos dos quais testaram dosagens altas, mas perfeitamente alinhadas com o que se pode comprar em lojas de alimentação saudável), descrevendo as experiências de 230 mil pessoas. Isso mostrou que, de modo geral, as pílulas de vitaminas antioxidantes não reduzem as mortes e, de fato, podem aumentar sua probabilidade de morrer.

Onde tudo isso nos deixa? Observou-se uma correlação entre níveis baixos desses nutrientes antioxidantes e uma incidência mais alta de câncer e de doenças cardíacas, junto com um mecanismo plausível sobre como esses antioxidantes poderiam ser preventivos, mas, quando ministrados como suplementos, descobriu-se que as pessoas não me-

---

[62]Caraballoso M., Sacristan M., Serra C., Bonfill X., "Drugs for preventing lung cancer in healthy people", *Cochrane Database of Systematic Reviews*, 2003, p. 2.
[63]Bjelakovic G., Nikolova D., Gluud L. L., Simonetti R. G., Gluud C., "Antioxidant supplements for prevention of mortality in healthy participants and patients with various diseases", *Cochrane Database of Systematic Reviews*, 2008, p. 2.

O *NONSENSE* DO DIA

lhoravam e que podiam ter *maior* probabilidade de morrer. Isso é, em alguns aspectos, uma pena, uma vez que soluções simples são sempre úteis, mas aí está. Isso significa que algo estranho está ocorrendo, e seria interessante pesquisá-lo a fundo e descobrir o que é.

Mais interessante é perceber como é incomum que as pessoas saibam desses achados sobre os antioxidantes. Existem diversos motivos para isso ter acontecido. Em primeiro lugar, essa é uma descoberta inesperada, embora, nesse aspecto, os antioxidantes não sejam, de modo algum, um caso isolado. As coisas que funcionam na teoria muitas vezes não funcionam na prática e, nesses casos, temos de revisar nossas teorias, mesmo que seja doloroso. A terapia de reposição hormonal pareceu ser uma boa ideia durante muitas décadas, até que os estudos de acompanhamento revelaram os problemas que o tratamento causava, e, assim, nossa opinião mudou. E os suplementos de cálcio pareciam ser uma boa ideia contra a osteoporose, mas agora parece provável que eles aumentem o risco de ataques cardíacos em mulheres mais velhas e, portanto, mudamos nossa opinião.

É assustador pensar que estamos prejudicando quando, na verdade, achamos que estamos fazendo bem, mas essa é sempre uma possibilidade e devemos estar atentos mesmo na mais inócua das situações. O pediatra Benjamin Spock[64] escreveu um best-seller chamado *Meu filho, meu tesouro*, publicado originalmente em 1946, que teve muita influência e era bastante sensato. O livro recomendava firmemente que os bebês dormissem de bruços. O dr. Spock tinha poucas informações em que se basear, mas agora sabemos que esse conselho estava errado e que essa sugestão aparentemente trivial, num livro que foi tão lido e seguido, provocou milhares, talvez até dezenas de milhares, de mortes desnecessárias. Quanto mais pessoas ouvindo, maiores podem ser os efeitos de um pequeno erro. Acho essa simples história muito perturbadora.

Mas, é claro, existe um motivo mais mundano pelo qual as pessoas podem não saber desses achados sobre os antioxidantes ou, pelo menos,

---

[64]Chalmers I., "Invalid health information in potentially lethal", *British Medical Journal*, v. 7292, n. 322, 2001, p. 998.

CIÊNCIA PICARETA

não os levar a sério, e isso se refere ao enorme poder de lobby de um grande e, muitas vezes, desonesto setor, que vende um produto característico de um estilo de vida e que muitas pessoas defendem apaixonadamente. O setor de suplementos alimentares criou para si mesmo uma imagem pública de benfeitor que não é confirmada pelos fatos. Em primeiro lugar, não existem diferenças essenciais entre o setor de vitaminas e as indústrias farmacêuticas e de biotecnologia (essa é uma das mensagens deste livro, afinal de contas: os truques do comércio são iguais em todo o mundo). Os principais agentes incluem empresas como Roche e Aventis — a BioCare, empresa de pílulas de vitaminas para a qual trabalha o nutricionista da mídia Patrick Holford, tem, entre seus proprietários, a Elder Pharmaceuticals, e assim por diante. O setor de vitaminas também é lendário no mundo da economia, para nosso divertimento, por ter estabelecido o mais escandaloso cartel de determinação de preços jamais documentado.[65] Durante a década de 1990, os principais culpados foram obrigados a pagar as *mais altas multas criminais já aplicadas na história jurídica* — 1,5 bilhão de dólares no total —, depois de se declararem culpados ao Departamento de Justiça dos Estados Unidos e aos órgãos regulamentadores do Canadá, da Austrália e da União Europeia. Está aí um setor da indústria seguro e confortável.

Sempre que é publicada alguma evidência sugerindo que os produtos desse setor de suplementos alimentares que vale 50 bilhões de dólares são ineficazes, ou até mesmo prejudiciais, uma enorme máquina de marketing ganha vida, produzindo críticas metodológicas sem base a respeito dos dados publicados, a fim de confundir a situação — não que essas críticas sejam válidas em uma discussão acadêmica significativa, mas não é esse o objetivo. Essa é uma tática de gerenciamento de riscos bastante gasta, mas usada por vários setores, inclusive por aqueles que produzem tabaco, amianto, chumbo, cloreto de vinila, crômio e mais. Isso é chamado de "fabricar dúvidas" e, em 1969, um executivo da indústria do tabaco foi idiota o bastante para registrar a prática em um

---

[65]Connor, John M., *Global Pricefixing: Our Customers Are the Enemy*, Nova York, Springer, 2001. Disponível em http://books.google.co.uk/books?id=7M8n4UN23WsC

O *NONSENSE* DO DIA

memorando: "A dúvida é o nosso produto", escreveu ele, "pois esse é o melhor meio de competir com o 'corpo de fatos' que existe na mente do público geral. Ela é também o meio para estabelecer uma controvérsia."[66]

Ninguém, na mídia, ousa desafiar essas táticas, nas quais os lobistas usam defesas aparentemente científicas para seus produtos porque se sentem intimidados e porque não têm a capacidade necessária para compor uma defesa genuína. Mesmo que fizessem isso, seria simplesmente através de uma discussão confusa e técnica no rádio, levando todos os ouvintes a desligá-lo, e, no máximo, os consumidores ouviriam apenas "controvérsias": meta cumprida. Não acho que os suplementos alimentares sejam tão perigosos quanto o tabaco — poucas coisas são —, mas é difícil pensar em qualquer outro tipo de pílula sobre a qual se possa publicar pesquisas que mostram um possível aumento de mortes e cujos números possam ser alterados e divulgados com tanta facilidade, até chegarem aos funcionários das empresas de vitaminas, quando os riscos que elas causam são conhecidos. Mas, é claro, muitas dessas empresas têm espaços próprios na mídia para vender seus produtos e sua visão de mundo.

O caso dos antioxidantes é um exemplo excelente do grande cuidado que devemos ter ao seguir cegamente intuições baseadas apenas em pesquisas de laboratório e em dados teóricos, assumindo, de modo ingênuo e reducionista, que isso deve automaticamente se refletir em prescrições de suplementos e de dietas, como os nutricionistas da mídia nos dizem tantas vezes. Essa é uma lição objetiva sobre como esses personagens podem ser uma fonte nada confiável de informações de pesquisas e sobre como faríamos bem em lembrar-nos dessa história na próxima vez em que alguém tentar nos convencer — usando dados de exames de sangue, moléculas ou teorias baseadas em diagramas de metabolismo grandes e interligados — de que deveríamos ler seu livro, seguir sua dieta milagrosa ou comprar suas pílulas.

Mais do que qualquer coisa, isso ilustra como essa visão atomizada e complexa da dieta pode ser usada para enganar e vender. Não creio

---

[66]David Michaels (ed.), *Doubt is Their Product: How Industry's Assault on Science Threatens Your Health*, Oxford, Oxford University Press, 2008.

que seja melodramático falar de pessoas incapacitadas e paralisadas pela confusão causada por todas essas mensagens desnecessariamente complexas e conflitantes sobre alimentação. Se você estiver realmente preocupado, pode comprar Fruitella Plus com vitaminas A, C, E e cálcio.

Durante o Natal de 2007, dois novos produtos antioxidantes foram lançados no mercado como prova final de como o nutricionismo perverteu e distorceu nosso bom senso a respeito da alimentação. Choxi+ é um chocolate ao leite com "antioxidantes extras". O *Daily Mirror* diz que ele é "bom demais para ser verdade". É um "chocolate que é bom para você, além de ser uma delícia", segundo o *Daily Telegraph*. "Sem culpa", diz o *Daily Mail*: "uma barra de chocolate mais 'saudável' do que dois quilos de maçãs." A empresa até "recomenda" o consumo de duas porções do chocolate por dia. Ao mesmo tempo, a cadeia de supermercados Sainsbury's está promovendo o vinho Red Heart — com antioxidantes extras — como se bebê-lo fosse uma obrigação para com seus netos.

Se eu fosse escrever um livro sobre estilo de vida, ele teria o mesmo conselho em todas as páginas e você já sabe qual é: coma muitas frutas e vegetais e leve sua vida o melhor que puder. Faça exercícios regularmente, como parte de sua rotina diária, evite a obesidade, não beba demais, não fume e não esqueça as causas reais, básicas e simples da saúde ruim. Porém, como veremos, é difícil fazer, sozinhos, mesmo essas coisas, que, na realidade, requerem mudanças sociais e políticas em nível global.

7 Dra. Gillian McKeith, Ph.D.

Vou me adiantar aqui e sugerir que, tendo comprado este livro, talvez você já tenha alguma suspeita sobre a multimilionária empreendedora de pílulas e nutricionista clínica Gillian McKeith (ou, mencionando todos os seus títulos médicos: Gillian McKeith).*

Ela é um império, uma celebridade no horário nobre da TV e uma autora de livros que estão sempre entre os mais vendidos. Ela tem sua própria linha de alimentos e de pós misteriosos, tem pílulas para ereção e seu rosto está em todas as lojas de alimentação saudável da Inglaterra. Políticos escoceses conservadores querem que ela seja a consultora de seu governo. A Soil Association [Associação de Agricultura]concedeu-lhe um prêmio por educar o público geral. Entretanto, para todos que conheçam ao menos um pouquinho de ciência, ela é uma piada.

O mais importante a reconhecer é que isso não é novo. Embora o nutricionismo contemporâneo goste de se apresentar como um empreendimento completamente moderno e baseado em evidências, a indústria dos gurus da alimentação, com suas promessas estranhas e obsessões moralistas e sexuais, data de pelo menos dois séculos.

---

*No Brasil, a profissão de nutricionista é regulamentada e, como tal, sujeita à fiscalização pelos conselhos regionais de nutricionistas; apenas os graduados em cursos universitários podem usar o título de nutricionista. No Reino Unido, a situação legal é diferente, pois não há exigência de formação profissional. (*N. do T.*)

CIÊNCIA PICARETA

Como nossos modernos gurus, essas figuras históricas eram predominantemente leigas e entusiasmadas que afirmavam entender a ciência da nutrição, as evidências e a medicina melhor do que os cientistas e médicos de sua época. Os conselhos e os produtos podem ter mudado, acompanhando as ideias religiosas e morais dominantes, mas eles sempre estiveram no mercado, seja ele conservador ou liberal, pagão ou cristão.

Os Graham Crackers são um biscoito digestivo inventado no século XIX por Sylvester Graham, o primeiro grande defensor do vegetarianismo e da nutrição como a conhecemos e proprietário da primeira loja de alimentação saudável do mundo. Como seus descendentes, Graham misturava ideias sensatas — como a diminuição do consumo de cigarros e álcool — com ideias mais esotéricas, que ele mesmo havia criado. Ele alertava, por exemplo, que ketchup e mostarda podiam causar "insanidade".

Não tenho grandes problemas com o movimento dos alimentos orgânicos (mesmo que suas afirmações sejam pouco realistas), mas ainda é interessante observar que a loja de alimentação saudável de Graham — em 1837 — divulgava intensamente que seus produtos eram cultivados segundo "princípios fisiológicos" em "solo virgem não viciado". No retrofetichismo da época, esse era um solo que não havia sido "sujeito" a uma "superestimulação"... por adubo.

Em pouco tempo, essas técnicas de marketing de alimentos foram exploradas por fanáticos religiosos abertamente puritanos como John Harvey Kellogg, o homem por trás dos flocos de milho. Kellogg promovia curas por meios naturais, fazia campanhas antimasturbação e era partidário da alimentação saudável, promovendo suas barras de granola como o caminho para a abstinência, a temperança e a moral sólida. Ele dirigia um sanatório para clientes particulares onde usava técnicas "holísticas", inclusive a hidroterapia do cólon, uma prática favorita de Gillian McKeith.

Kellogg também foi um partidário ávido das campanhas antimasturbação. Ele aconselhava a exposição do tecido da ponta do pênis, através da circuncisão, de modo que fosse irritado pela fricção durante os atos de autoestimulação (o que leva a pensar sobre os motivos que fariam

DRA. GILLIAN MCKEITH, PH.D.

alguém pensar nessa questão com tantos detalhes). Aqui está um trecho especialmente agradável do livro *Treatment for Self-Abuse and its Effects* [Tratamento para a masturbação e seus efeitos] (1888), no qual Kellogg exprime sua opinião sobre a circuncisão:

> A operação deve ser realizada por um cirurgião sem uso de anestesia, pois a breve dor provocada pela cirurgia terá um efeito salutar sobre a mente, especialmente se for associada à ideia de punição. Nas mulheres, o autor descobriu que a aplicação de ácido carbólico puro no clitóris é um meio excelente para abrandar a excitação anormal.

No início do século XX, um homem chamado Bernard Macfadden atualizou o modelo da nova nutrição conforme os valores morais contemporâneos e, assim, se tornou o guru de saúde mais bem-sucedido comercialmente em sua época. Ele mudou seu nome para Bernarr, porque assim soava mais como um rugido de leão (isso é inteiramente verdade), e dirigiu uma revista de sucesso chamada *Physical Culture*, que apresentava belos corpos em atividades saudáveis. A pseudociência e o posicionamento eram os mesmos, mas ele usava a sexualidade liberal em seu benefício, vendendo barras de granola como um alimento que promoveria um estilo de vida atlético e sensual em meio àquele fluxo decadente que inundou as populações do Ocidente entre as guerras.*

Mais recentemente, tivemos Dudley J. LeBlanc, um senador pelo estado da Louisiana, nos Estados Unidos, e o homem por trás de Hada-

---

*É interessante notar que a linha de produtos alimentícios de Macfadden era complementada por uma invenção sua bem mais incomum. O "Peniscope" foi um popular dispositivo de sucção projetado para aumentar o órgão sexual masculino e que ainda é usado por muitos, em uma forma discretamente atualizada. Como esta pode ser sua única oportunidade para conhecer os dados existentes sobre aumento peniano, vale a pena mencionar que há, de fato, algumas evidências de que os dispositivos de extensão podem aumentar o tamanho do pênis. As pílulas de suplemento sexual "Wild Pink" [Rosa selvagem] e "Horny Goat Weed" [Erva do bode excitado], de Gillian McKeith, vendidas para "manter ereções, prazer orgástico, ejaculação (...) lubrificação, satisfação e excitação", porém, não podiam afirmar ter provas de eficácia, e, em 2007, depois de muitas reclamações, esses produtos antiquados e desgastados foram considerados ilegais pela Agência Reguladora de Medicamentos e Produtos de Saúde (MHRA na sigla em inglês). Eu só mencionei esse fato porque, de modo até charmoso, o "Peniscope" de Macfadden pode ter uma base de evidências melhor do que seus próprios produtos alimentares e as pílulas sexuais de McKeith.

col.[67] Ele curava tudo, custava 100 dólares por ano, considerando a dose recomendada e, para surpresa do próprio Dudley, vendeu aos milhões. "Eles vinham comprar Hadacol", disse um farmacêutico, "quando não tinham dinheiro para comprar comida. Eles tinham buracos nos sapatos e pagavam 3,5 dólares por um frasco de Hadacol."

LeBlanc não fazia afirmações medicinais, mas enviava depoimentos de clientes à faminta mídia. Ele contratou, como diretor médico, um homem que havia sido condenado na Califórnia por praticar medicina sem ter licença ou diploma. Uma paciente diabética quase morreu quando abandonou as doses de insulina para se tratar com Hadacol, mas ninguém se importou. "É uma moda. É uma cultura. É um movimento político", escreveu a *Newsweek*.

É fácil subestimar o apelo comercial fenomenal e duradouro desses produtos e afirmações ao longo de toda a história. Em 1950, as vendas de Hadacol atingiram mais de 20 milhões de dólares, com um gasto em publicidade de 1 milhão de dólares por mês, em 700 jornais e em 528 estações de rádio. LeBlanc levou um show, com 130 veículos, em uma turnê de seis mil quilômetros por todo o sul dos Estados Unidos. O ingresso era pago com tampas de frascos de Hadacol e os shows apresentavam Groucho e Chico Marx, Mickey Rooney, Judy Garland e exibições educacionais de mulheres escassamente vestidas, ilustrando "a história da roupa de banho". Bandas de jazz Dixieland tocavam músicas como "Hadacol Boogie" e "Who Put the Pep in Grandma?."

O senador usou o sucesso do Hadacol para impulsionar sua carreira política, e seus concorrentes, os Long — que descendiam do reformador democrata Huey Long —, entraram em pânico, lançando seu próprio medicamento patenteado, chamado Vita-Long. Em 1951, LeBlanc estava gastando mais em publicidade do que ganhava em vendas e, em fevereiro desse ano, logo depois de vender a empresa — e pouco antes que ela fosse fechada —, ele apareceu no programa de TV *You Bet Your Life*

---

[67]Anderson, A., *Snake Oil, Hustlers and Hambones: The American Medicine Show*, Jefferson, Carolina do Norte, McFarland, 2005.

com seu velho amigo Groucho Marx. "Para o que serve mesmo o Hadacol?", perguntou Groucho. "Bom", disse LeBlanc, "serviu para render aproximadamente 5,5 milhões de dólares para mim no ano passado".

A conclusão a que quero chegar é de que não existe nada de novo sob o sol. Sempre existiram gurus da saúde vendendo poções mágicas. Porém, não sou um jornalista que escreve sobre consumo e não me importo se as pessoas têm qualificações incomuns nem se vendem substâncias tolas. Para mim, McKeith é simplesmente uma ameaça para a compreensão da ciência pelo público. Ela tem um programa de nutrição no horário nobre da TV, mas parece ter uma compreensão errada não dos detalhes, mas dos aspectos mais básicos de biologia, coisas em que uma criança em idade escolar poderia corrigi-la.

Notei a existência da dra. Gillian McKeith quando um leitor me enviou um trecho de seu programa. McKeith apresentava-se, surpreendentemente, como uma autoridade acadêmica e científica em nutrição, uma nutricionista clínica, posando em laboratórios, rodeada por tubos de ensaio, e falando sobre diagnósticos e moléculas. Ela disse algo que um aluno de biologia de 14 anos poderia facilmente ter identificado como pura bobagem, recomendando o consumo de espinafre e de folhas mais escuras porque contêm mais clorofila. Segundo McKeith, elas têm "alto teor de oxigênio" e vão "realmente oxigenar seu sangue". Essa afirmação é repetida em todos os livros dela.

Perdoe-me se exagero, mas, antes de continuarmos, pode ser preciso lembrar o funcionamento do milagre da fotossíntese. A clorofila é uma pequena molécula verde encontrada em cloroplastos, as fábricas em miniatura nas células das plantas, que captam a energia da luz solar e a usam para converter dióxido de carbono e água em açúcar e oxigênio. Usando esse processo, as plantas armazenam a energia da luz do sol sob a forma de açúcar (com alto teor de calorias, como você sabe), que, depois, podem usar para fazer tudo de que precisam, como proteínas, fibras, flores, espigas de milho, casca, folhas, incríveis armadilhas que capturam moscas, curas para o câncer, tomates, muitos dentes-de-leão, castanhas-da-índia, pimentas e todas as outras coisas incríveis que existem no mundo das plantas.

Enquanto isso, você respira o oxigênio que as plantas expelem durante esse processo — essencialmente como um produto derivado da produção de açúcar — e come as plantas, come animais que comem plantas, constrói casas com sua madeira, faz um analgésico com casca de salgueiro ou aproveita qualquer das outras coisas incríveis que acontecem no mundo vegetal. Você também expira dióxido de carbono, que as plantas podem combinar com água para fazer mais açúcar, usando mais uma vez a energia da luz do sol, e assim o ciclo continua.

Como a maioria das coisas na história que as ciências naturais podem contar sobre o mundo, isso é tão belo, tão graciosamente simples e, ao mesmo tempo, tão complexo e tão bem conectado — para não dizer verdadeiro — que nem posso imaginar por que alguém ia preferir acreditar em uma bobagem "alternativa" da Nova Era. Eu até diria que mesmo que estejamos todos sob o controle de um Deus benevolente e que toda a realidade acabe sendo uma "energia" espiritual que apenas os terapeutas alternativos podem realmente dominar, ainda assim nada é tão interessante nem tão gracioso quanto as coisas mais básicas que aprendi na escola sobre o funcionamento das plantas.

A clorofila tem "alto teor de oxigênio"? Não. Ela ajuda a produzir oxigênio. Na luz do sol. E o seu intestino é um lugar bem escuro; na verdade, se houver alguma luz ali, algo está muito errado. Então, a clorofila que você ingerir não vai produzir oxigênio e, mesmo que produzisse — mesmo que a dra. Gillian McKeith, Ph.D., colocasse uma lanterna dentro de você, para provar seu argumento, e enchesse suas vísceras com dióxido de carbono com um tubo, para dar aos cloroplastos algo com que trabalhar, e que, por algum milagre, você realmente começasse a produzir oxigênio —, você não absorveria uma quantidade significativa, porque seu intestino está adaptado para absorver comida enquanto seus pulmões estão otimizados para absorver oxigênio. Você não tem guelras nos intestinos. Os peixes também não têm, já que os mencionei. E, falando nisso, você provavelmente não gostaria de ter oxigênio no seu abdômen: nas cirurgias por laparoscopia, os cirurgiões têm de inflar o abdômen para ver o que estão fazendo, mas eles não usam oxigênio porque existe gás metano dentro de você e não queremos que ninguém pegue fogo. Não existe oxigênio em seu intestino.

Então, quem é essa pessoa e como ela nos ensina sobre dieta em um programa no horário nobre da TV, transmitido em rede nacional? Que tipo de diploma em ciência ela pode ter cometendo erros tão básicos que qualquer estudante perceberia? Será que esse foi um erro isolado? Uma palavra mal escolhida? Acho que não.

Na verdade, sei que não porque assim que vi essa citação ridícula, comprei alguns outros livros de McKeith. Ela não só comete o mesmo erro em diversos outros lugares, mas me parece que sua compreensão em relação aos elementos mais básicos da ciência é profunda e estranhamente distorcida. Em *Você é o que você come*, ela diz: "Cada semente tem em si a energia nutricional necessária para criar uma planta saudável e adulta."

Isso é difícil de acreditar. Um carvalho adulto e saudável, com 30 metros de altura, contém a mesma quantidade de energia que uma pequena bolota? Não. Uma cana-de-açúcar adulta e saudável contém a mesma energia nutricional — medida em "calorias", se preferir — que uma semente de cana-de-açúcar? Não. Pode me interromper se eu estiver entediando você — na verdade, me interrompa se eu tiver entendido mal algo que ela disse —, mas, para mim, esse parece ser o mesmo erro cometido em relação à fotossíntese porque essa energia extra da planta adulta vem, mais uma vez, desse processo no qual as plantas usam a luz solar para transformar dióxido de carbono e água em açúcar e, depois, em tudo o mais que forma uma planta.

Essa não é uma questão acidental, um aspecto obscuro e pouco importante do trabalho de McKeith, nem uma questão de qual "escola de pensamento" ela segue: imagina-se que a "energia nutricional" de um pedaço de alimento seja uma das coisas mais importantes que uma nutricionista deva conhecer. Posso dizer, com certeza, que a quantidade de energia nutricional que você terá ao comer uma semente de cana-de-açúcar é muitíssimo menor do que você teria se comesse toda a cana-de-açúcar que crescerá a partir dessa semente. Esses não são erros passageiros nem palavras mal escolhidas (tenho a política de não citar falas informais porque todos nós merecemos o direito de errar e falar alguma bobagem), são afirmações claras extraídas de livros publicados.

CIÊNCIA PICARETA

Assistir ao programa de TV de McKeith com um olhar médico deixa claro que mesmo ali, assustadoramente, ela não parece saber o que está falando. Ela examina o abdômen de um paciente sobre uma maca, como se fosse médica, e anuncia confiantemente quais órgãos estão inflamados. Mas um exame clínico é uma arte refinada, mesmo na melhor das situações, e o que ela está afirmando é como identificar qual brinquedo de pelúcia alguém escondeu embaixo de um colchão (você pode tentar isso em casa).

Ela afirma ser capaz de identificar linfedema, tornozelos inchados por retenção de líquidos, e quase o faz do modo certo — ela põe os dedos mais ou menos no lugar correto, mas apenas por meio segundo, antes de anunciar de modo triunfante o que descobriu. Se você quiser emprestado meu exemplar da segunda edição de *Exame clínico*, de Epstein e De Bono (acho que quase todos os meus colegas no curso de medicina compraram um exemplar), descobrirá que para examinar um linfedema deve-se pressionar a pele com firmeza, por cerca de 30 segundos, para comprimir suavemente o fluido exsudado dos tecidos, e, depois, retirar os dedos e ver se eles deixaram uma marca.

Caso você ache que estou sendo seletivo e citando apenas os momentos mais ridículos de McKeith, aqui estão outros exemplos: a língua é "uma janela para os órgãos: o lado direito mostra como está a vesícula biliar enquanto o lado esquerdo reflete o fígado". Vasos capilares aparentes em seu rosto são um indício de "insuficiência de enzimas digestivas: seu corpo está gritando por enzimas alimentares". Felizmente, Gillian pode lhe vender algumas enzimas alimentares por meio de seu site. "Fezes moles, que aderem às paredes do vaso sanitário" (ela é obcecada por fezes e por hidroterapia do cólon) são "um sinal de umidade no corpo, uma condição muito comum na Grã-Bretanha". Se suas fezes tiverem odor ruim, você "precisa urgentemente de enzimas digestivas". De novo. Seu tratamento para espinhas na testa — não em outras partes do corpo, apenas na testa — é um enema regular; ou seja, lavagens intestinais. Urina turva é "um sinal de que seu corpo está úmido e excessivamente ácido devido ao consumo de alimentos errados". O baço é "sua fonte de energia".

DRA. GILLIAN MCKEITH, PH.D.

Assim, vimos fatos científicos — e muito básicos — sobre os quais a dra. McKeith parece estar errada. E o processo científico? Ela tem afirmado repetidamente, para qualquer pessoa que a ouça, que está trabalhando com pesquisas clínicas científicas. Vamos dar um passo atrás por um momento porque, a partir de tudo que eu disse, você pode ter concluído, razoavelmente, que McKeith foi claramente rotulada como algum tipo de terapeuta alternativa dissidente. Nada poderia estar mais longe da verdade. Essa médica tem sido apresentada repetidamente, pelo canal de televisão no qual seu programa é exibido, por seu próprio site, por sua empresa e por seus livros, como uma autoridade científica em nutrição.

Muitas pessoas que assistem ao seu programa de TV supõem, muito naturalmente, que ela é médica. E por que não? Lá está ela, examinando pacientes, realizando e interpretando exames de sangue, vestindo um jaleco branco, rodeada por tubos de ensaio, sendo chamada de "dra. McKeith" e de "a médica da dieta", fazendo diagnósticos, falando de modo assertivo sobre tratamentos, usando uma terminologia científica complexa com toda a autoridade que consegue inspirar e enfiando equipamentos de irrigação, de modo gentil e invasivo, no reto das pessoas.

Agora, para ser justo, eu devo dizer algo sobre o doutorado, mas também devo ser claro: não acho que essa seja a parte mais importante da história. Ela é a parte mais engraçada e mais memorável, mas o mais importante é saber se McKeith é capaz de realmente se comportar como a estudiosa da ciência da nutrição que afirma ser.

E a importância acadêmica de seu trabalho é algo a ser observado. Ela redige documentos longos, com um "ar acadêmico" e com pequenos números sobrescritos, que falam sobre experimentos, estudos, pesquisas e artigos, mas, quando você acompanha os números e verifica as referências, é chocante quantas informações não são o que ela afirmou serem no corpo principal do texto ou foram retiradas de revistas engraçadas e de livros como *Delicious* [Delicioso], *Creative Living* [Viva criativamente], *Healthy Eating* [Alimentação saudável] e, o meu favorito, *Spiritual Nutrition and the Rainbow Diet* [Nutrição espiritual e a dieta do arco-íris] em vez de pesquisadas em periódicos científicos e acadêmicos.

CIÊNCIA PICARETA

Ela fez isso até no livro *Miracle Superfood* [Supercomida milagrosa], que, como ela nos diz, é a publicação de sua tese de doutorado. Ela afirma: "Em experimentos de laboratório com animais anêmicos, a contagem de hemácias retornou ao normal em quatro ou cinco dias depois de receberem clorofila." Sua referência para esse dado experimental é a revista *Health Store News*. Ela explica: "A clorofila ajuda na transmissão dos impulsos nervosos que controlam a contração do coração." Essa afirmação foi retirada do segundo número de uma revista chamada *Earthletter*. É bastante justo se é isso que você deseja ler — estou me esforçando para ser razoável aqui —, mas claramente não são fontes de referência adequadas para essa afirmação. E essa é a tese dela, lembre-se.

Para mim, isso é ciência como o "culto à carga", que o professor Richard Feynman descreveu há 30 anos em referência às semelhanças entre os pseudocientistas e as atividades religiosas em algumas pequenas ilhas na Melanésia nos anos 1950:

> Durante a guerra, eles viram aviões trazendo bons materiais em grande quantidade e queriam que a mesma coisa acontecesse de novo. Então, eles fizeram pistas de decolagem, puseram fogueiras nas laterais das pistas, construíram uma cabana de madeira para que um homem se sentasse dentro dela, com dois pedaços de madeira na cabeça como se fossem fones de ouvido e com hastes de bambu espetadas como se fossem antenas — ele era o controlador — e esperaram que os aviões descessem. Eles fizeram tudo corretamente. A forma era perfeita. Parecia exatamente como era antes. Mas não funcionou. Nenhum avião aterrissou.[68]

Como os rituais do "culto à carga", a forma do trabalho pseudoacadêmico de McKeith é superficialmente correta: os números sobrescritos estão ali, as palavras técnicas estão espalhadas pelo texto e ela fala sobre pesquisas, experimentos e achados, mas falta substância. Na verdade, não acho isso nada engraçado. Fico bem deprimido ao pensar que ela se sentou, talvez sozinha, e, de forma séria e dedicada, digitou tudo isso.

---

[68]Discurso de formatura na Caltech, em 1974. Também em Richard Feynman, *Surely You're Joking, Mr. Feynman!: Adventures of a Curious Character*, Nova York, W. W. Norton, 1985.

Devo sentir pena dela? Uma janela para seu mundo é o modo como responde a críticas: com afirmações que parecem estar, bom, erradas. É prudente supor que ela fará o mesmo com qualquer coisa que eu escreva aqui, então, preparando-nos para as réplicas que virão, vamos examinar algumas réplicas recentes.

Em 2007, ela foi censurada pela Agência Reguladora de Medicamentos e Produtos de Saúde por vender uma risível gama de pílulas fitoterápicas sexuais, chamadas Fast Formula Horny Goat Weed Complex [Complexo de ervas do bode excitado], anunciadas, através de um "estudo controlado", como promotoras de satisfação sexual e vendidas com alegações medicinais explícitas. Essa venda era ilegal no Reino Unido. Ela foi ordenada a recolher os produtos e a interromper as vendas imediatamente. Ela concordou — a alternativa teria sido um processo —, mas seu site anunciou que as pílulas sexuais haviam sido recolhidas por causa das "novas leis da União Europeia em relação ao licenciamento de produtos fitoterápicos". Além disso, McKeith iniciou um boato eurofóbico no jornal escocês *Herald*: "Os burocratas da União Europeia estão claramente preocupados que os britânicos tenham muitas relações sexuais boas", explicou ela.

Bobagem. Contatei a agência reguladora. A resposta deles foi: "Isso não tem nada a ver com novas regulamentações da União Europeia. A informação no site de McKeith está incorreta." Foi um engano? "A empresa da Sra. McKeith já foi informada sobre a legislação em relação a medicamentos em anos anteriores e não há nenhuma razão para que todos os seus produtos não cumpram a lei." Eles continuaram. "Os produtos das linhas Wild Pink Yam e Horny Goat Weed, vendidos pela McKeith Research Ltd., nunca tiveram a venda legalizada no Reino Unido."

Depois, temos a questão do currículo. A dra. McKeith possui doutorado (Ph.D.) pelo Clayton College of Natural Health,[69] uma faculdade não reconhecida, que mantém cursos por correspondência e que, de modo

---

[69]Site do Clayton College of Natural Health: <http://www.ccnh.edu/about/programs/tuition.aspx>.

incomum para uma instituição acadêmica, vende suas próprias pílulas de vitamina em seu site. O mestrado da dra. McKeith foi realizado na mesma augusta instituição. Segundo os preços atuais, o doutorado na Clayton custa 6.400 dólares e o mestrado, um pouco menos, mas, se você pagar os dois ao mesmo tempo, recebe um desconto de 300 dólares (e, se realmente quiser investir, eles têm outro pacote: dois doutorados e um mestrado por de 12.100 dólares).

No site de sua empresa, McKeith afirma ter um Ph.D. pelo excelente American College of Nutrition. Quando isso foi apontado, o agente dela explicou que esse foi apenas um engano cometido por um novo estagiário, de origem espanhola, que havia postado o currículo errado. O leitor atento pode ter observado que a mesma afirmação consta em um dos livros publicados por McKeith vários anos antes.

Em 2007, um leitor assíduo de meu site — mal pude conter meu orgulho — reclamou na Advertising Standards Authority [Autoridade de Padrões Publicitários] por McKeith usar o título de "doutora" com base em uma qualificação obtida através de um curso por correspondência de uma faculdade norte-americana não reconhecida. Ele ganhou. A instituição chegou à conclusão de que McKeith descumpria duas cláusulas do código do Comitê de Práticas Publicitárias: "comprovação" e "veracidade".

No último minuto, a dra. McKeith evitou a publicação de uma crítica pela ASA ao aceitar "voluntariamente" não se autointitular "doutora" em seus anúncios. Na cobertura pela imprensa que se seguiu, McKeith sugeriu que a autoridade reguladora só estava preocupada em saber se ela se apresentava como médica. Mais uma vez, isso não é verdade. Uma cópia do esboço da crítica caiu no meu colo — imagine só! — e diz especificamente que os leitores dos anúncios esperariam, razoavelmente, que ela tivesse um diploma médico ou um Ph.D. de uma universidade reconhecida.

Ela até conseguiu inserir uma correção em um perfil escrito sobre ela e publicado no jornal em que trabalho, o *Guardian:* "Foram lançadas dúvidas sobre o valor da associação de McKeith à American Association of Nutritional Consultants [Associação Americana de Consultores

Nutricionais], especialmente depois que um jornalista do *Guardian*, Ben Goldacre, conseguiu comprar, on-line, a mesma associação para seu falecido gato por 60 dólares. A porta-voz de McKeith disse sobre essa associação: "Gillian é uma 'sócia profissional', uma forma de associação exclusiva para profissionais atuantes em dieta e em nutrição e diferente da 'associação como membro', que está aberta a todas as pessoas. Para ser sócia profissional, Gillian forneceu comprovantes de sua formação e três referências profissionais."

Muito bem. Meu falecido gato Hettie também é um "sócio profissional" certificado da AANC. Pendurei o certificado no meu banheiro. Talvez nem tenha ocorrido à jornalista responsável pelo perfil que McKeith podia estar errada. O mais provável, suponho — seguindo a tradição dos jornalistas nervosos —, é que ela foi apressada, estava em cima do prazo, e achou que tinha de dar a McKeith um "direito de resposta", mesmo que isso lançasse dúvidas sobre minhas complexas revelações investigativas envolvendo meu falecido gato. Quero dizer, eu não inscrevo meu falecido gato em falsas organizações profissionais por divertimento. Pode parecer desproporcional sugerir que continuarei a apontar essas falsas afirmações enquanto elas forem feitas, mas é o que farei, porque sinto um estranho fascínio em rastrear suas verdadeiras extensões.

Embora, talvez, eu não devesse ser tão audacioso: ela processou o jornal *Sun* por comentários feitos em 2004. Ele é parte de um grande conglomerado de mídia e pode ser protegido por uma equipe jurídica vasta e bem-remunerada, mas outros, não. Uma blogueira encantadora, mas pouco conhecida, chamada PhDiva fez alguns comentários relativamente inocentes sobre os nutricionistas, mencionando McKeith, e recebeu uma carta, ameaçando-a com uma custosa ação legal, enviada pelo escritório Atkins Solicitors, "os especialistas em reputação e gestão de marca". O Google recebeu uma carta com ameaças jurídicas simplesmente por levar a uma página bastante desconhecida sobre McKeith. Ela também fez ameaças jurídicas a um excelente e divertido site chamado Eclectech por apresentá-la, na forma de um desenho animado, cantando uma música boba, na época em que ela foi entrevistada em um programa de cantores calouros.

CIÊNCIA PICARETA

A maioria dessas ameaças jurídicas relaciona-se à questão das qualificações de McKeith, mas essas coisas não deveriam ser difíceis nem complicadas. Se alguém quiser verificar meus diplomas, associações ou afiliações, todos podem ligar para as instituições mencionadas e obter confirmação imediata. Se você disser que não sou um médico, não vou processá-lo: vou morrer de rir.

Mas se você contatar o Australasian College of Health Sciences (Portland, Oregon), onde McKeith tem "requisitos a cumprir para obter um diploma em medicina herbal", eles dirão que não podem dar informações a respeito de seus estudantes. Se você contatar o Clayton College of Natural Health para perguntar onde pode ler a tese de doutorado de McKeith, eles dirão que você não pode. Que organizações são essas? Se eu disser que tenho um Ph.D. dado por Cambridge, nos Estados Unidos ou no Reino Unido (não tenho e não afirmo ter essa autoridade), você só precisaria de um dia para encontrar minha tese na biblioteca.

Talvez esses sejam episódios sem importância. Mas o aspecto que mais me preocupa é o modo como McKeith responde a questionamentos sobre suas ideias científicas, o que posso exemplificar com uma história ocorrida em 2000, quando a dra. McKeith abordou um antigo professor de Medicina Nutricional na Universidade de Londres. Logo depois da publicação de seu livro *Living Food for Health* [Comida viva para a saúde], John Garrow escreveu sobre algumas das bizarras afirmações científicas que a dra. McKeith estava fazendo, num artigo que foi publicado em uma newsletter da área médica e pouco conhecida. Ele ficou chocado com a agressividade com que ela apresentou suas credenciais como cientista ("eu continuo, todos os dias, a pesquisar, testar e escrever incansavelmente a fim de que você possa se beneficiar..." etc.). Depois, ele disse que havia suposto — como muitos outros — que ela era realmente uma doutora. Desculpe-me: uma médica. Desculpe-me: uma médica qualificada e convencional que havia frequentado uma escola de medicina reconhecida.

Nesse livro, McKeith promete explicar como você pode "aumentar sua energia, curar seus órgãos e células, desintoxicar seu corpo, fortalecer seus rins, melhorar sua digestão, fortalecer seu sistema imunológico, reduzir o colesterol e a pressão sanguínea, quebrar gordura, celulose e amido, ativar as energias de enzimas de seu corpo, fortalecer a função do baço e do fígado, aumentar a resistência mental e física, regular o nível de açúcar no sangue, diminuir a vontade de comer determinados alimentos e perder peso".

Essas não são metas modestas, mas a tese era que tudo isso seria possível com uma dieta rica em enzimas de alimentos crus e "vivos" — frutas, vegetais, sementes, nozes e, especialmente, brotos, que são "as fontes alimentares de enzimas digestivas". Ela até ofereceu "combinações de alimentos vivos em pó, para propósitos clínicos", caso a pessoa não quisesse mudar sua dieta, e explicou que os usava em "experimentos" com pacientes em sua clínica.

Garrow estava cético em relação a essas afirmações. Além de qualquer outra coisa, como professor emérito de Nutrição Humana na Universidade de Londres, ele sabia que os humanos têm suas próprias enzimas digestivas e que uma enzima vegetal que você coma provavelmente será digerida como qualquer outra proteína. Aliás, como qualquer professor de nutrição e muitos estudantes de biologia poderiam lhe dizer.

Garrow leu o livro de McKeith tão atentamente quanto eu. Esses "experimentos clínicos" pareceram ser algumas histórias sobre como os pacientes de McKeith se sentiam incrivelmente bem depois de uma consulta com ela. Não havia controle, placebo ou tentativas de quantificar ou medir as melhoras. Assim, Garrow fez uma proposta modesta na mencionada newsletter. Vou citá-la em sua totalidade, em parte porque é uma explicação muito bem escrita sobre o método científico, feita por uma autoridade acadêmica na ciência da nutrição, mas, em especial, porque quero que você veja como ele foi educado ao explanar seu caso:

> Também sou um nutricionista clínico e acredito que muitas das afirmações nesse livro estão erradas. Minha hipótese é que todos os benefícios que a dra. McKeith observou nos pacientes que ingerem seus alimentos vivos em pó não têm nada a ver com seu conteúdo enzimático. Se eu estiver certo, os pacientes que receberem pó aquecido acima de 47°C por 20 minutos terão tanta melhora quanto os pacientes que receberem o pó ativo. Essa quanti-

dade de calor destruiria todas as enzimas, mas traria poucas alterações nos outros nutrientes, exceto a vitamina C, e, assim, os dois grupos de pacientes deveriam receber um pequeno suplemento dessa vitamina (digamos 60 mg/dia). Contudo, se a dra. McKeith estiver certa, deveria ser fácil deduzir, pelo aumento de energia etc., quais pacientes receberam o pó ativo e quais receberam o outro.

Aqui, então, está uma hipótese testável pela qual a ciência nutricional poderia progredir. Espero que os instintos da dra. McKeith, como uma colega cientista, a levem a aceitar este desafio. Como um incentivo adicional, sugiro que cada um de nós deixe, digamos, mil libras, com um auditor independente. Se realizarmos o experimento, e eu estiver errado, ela ficará com o meu depósito e publicarei um pedido público de desculpas nesta newsletter. Se os resultados mostrarem que ela está errada, doarei o depósito dela ao grupo de campanhas médicas HealthWatch [Vigilantes da Saúde], e sugerirei que ela diga aos 1.500 pacientes de sua lista de espera que a pesquisa adicional demonstrou que os benefícios afirmados em sua dieta não foram observados sob condições controladas. Nós, cientistas, temos uma nobre tradição de retirar formalmente nossas publicações se pesquisas posteriores mostrarem que os resultados não são reproduzíveis, não temos?

Infelizmente, McKeith — que, tanto quanto pude descobrir, apesar de todas as afirmações sobre "pesquisas extensas", nunca publicou qualquer coisa em um periódico acadêmico revisado por pares e listado pelo Pubmed — não aceitou essa oferta para colaborar com um professor de nutrição em uma pesquisa. Em vez disso, Garrow recebeu um telefonema do marido de McKeith, o advogado Howard Magaziner, acusando-o de difamação e ameaçando um processo. Garrow, um acadêmico extremamente afável e relaxado, ignorou a questão com estilo. Ele me contou: "Eu disse: 'Pode me processar.' Ainda estou esperando." A oferta de mil libras ainda vale.

No entanto, uma questão central ainda não foi abordada. Apesar do modo como ela parece responder às críticas ou aos questionamentos de suas ideias, de suas pílulas sexuais ilegais e da história incomumente complicada de suas qualificações; apesar de abusar de encenações; apesar da pantomima de humilhação pública em seus programas, em que obesos emocionalmente vulneráveis choram na TV; apesar de aparentemente não entender alguns dos aspectos básicos da biologia; apesar de distribuir conselhos "científicos", vestindo um jaleco branco; apesar da qualidade duvidosa do trabalho que ela apresenta, de alguma forma, como tendo padrão "acadêmico" e apesar do gosto desagradável da comida que ela aconselha, ainda existem muitos que dirão: "Você pode dizer o que quiser sobre McKeith, mas ela melhorou a alimentação do país."

Isso não pode ser descartado levianamente. Tentarei ser muito claro, pois só vou dizer isso uma vez: estou de acordo com qualquer pessoa que lhe diga para comer mais frutas frescas e mais vegetais. Se fosse só isso, eu seria o maior fã de McKeith, porque sou a favor de "intervenções baseadas em evidências para melhorar a saúde da nação", como costumavam dizer na faculdade de medicina.

Vamos examinar as evidências. A alimentação tem sido estudada extensamente e sabemos algumas coisas com certo grau de certeza: existem evidências razoavelmente convincentes de que ter uma dieta rica em frutas e vegetais frescos, com fontes naturais de fibras, evitar a obesidade, moderar o consumo de álcool, parar de fumar e fazer exercícios físicos são fatores de proteção contra doenças como câncer e contra problemas cardíacos.

Os nutricionistas não param aí porque não podem: eles precisam criar complicações para justificar a existência de sua profissão. Esses novos nutricionistas têm um grande problema comercial em relação às evidências. Não há nada de muito profissional nem de patenteado em "coma mais vegetais" e, assim, eles foram obrigados a ir além. Mas, infelizmente, as intervenções técnicas, confusas, complicadas e remendadas que promovem — as enzimas, as frutinhas exóticas — muitas vezes não são confirmadas por evidências convincentes.

Não é por falta de procura. Não é porque a hegemonia médica desconsidera as necessidades holísticas das pessoas. Em muitos casos, pesquisas foram feitas e demonstraram que as afirmações mais específicas dos nutricionistas estão erradas. O conto de fadas dos antioxidantes é um exemplo perfeito. As práticas sensatas de alimentação, que todos conhecemos, ainda se mantêm válidas. Mas a complicação desnecessária e injustificada desse conselho básico é, em minha opinião, um dos maiores crimes do movimento dos nutricionistas. Como eu disse, não acho que seja excessivo falar em consumidores paralisados por essa confusão nos supermercados.

Mas é igualmente provável que eles estejam paralisados pelo medo. Eles podem ter uma reputação ruim de paternalismo, mas é difícil imaginar qualquer médico do século passado usando os métodos de consulta de McKeith como uma tática séria para induzir uma mudança de estilo de vida em seus pacientes. Com McKeith, vemos fogo e enxofre sendo lançados até que seus pacientes chorem em rede nacional, uma lápide de chocolate com seu nome no jardim, uma bronca chamativa e pública a um obeso. É um método sedutor e fotogênico, que parece gerar algum burburinho, mas se você se afastar da teatralidade , das receitas inovadoras e dos programas sobre estilo de vida na TV, as evidências sugerem que as campanhas que usam o medo talvez não façam com que as pessoas mudem seu comportamento a longo prazo.

O que você pode fazer? Aí está a chave. A mensagem mais importante a se ter em mente em relação à alimentação e saúde é que qualquer pessoa que expresse algo com certeza está basicamente errada porque as evidências de causa e efeito nessa área são quase sempre fracas e circunstanciais e mudar a dieta de um indivíduo pode nem ser a ação necessária.

Qual é a melhor evidência sobre os benefícios de mudar a dieta de um indivíduo? Têm sido feitos experimentos controlados e randomizados, por exemplo, nos quais se muda a alimentação de um grande grupo de pessoas e comparam-se os resultados de saúde, mas esses testes chegaram a resultados muito decepcionantes.

O "Multiple Risk Factor Intervention Trial" [Experimento de Intervenção de Fatores de Múltiplos Riscos] foi um dos maiores projetos de pesquisa médica já realizados, envolvendo mais de 12.866 homens que corriam riscos de eventos cardiovasculares e que participaram do experimento por mais de sete anos. Essas pessoas foram submetidas a uma incrível maratona: questionários, entrevistas sobre a alimentação nas 24 horas, registros da alimentação nos últimos três dias, visitas regulares e mais. Além disso, houve intervenções incrivelmente energéticas para, supostamente, mudar a vida dos indivíduos, mas que, por necessidade, exigiram que os padrões de alimentação de toda a família fossem modificados: assim, havia sessões semanais informativas para os participantes e suas esposas, trabalhos individuais, aconselhamentos, um programa intensivo de educação e outras intervenções. Os resultados, para a decepção de todos, não mostraram benefícios em relação ao grupo de controle (que não recebeu instruções para modificar sua dieta). O Women's Health Initiative [Iniciativa de Saúde Feminina] foi outro grande experimento controlado e randomizado sobre mudanças na alimentação e teve resultados igualmente negativos. Todos tendem a ter.

Por que isso acontece? Os motivos são fascinantes e nos mostram a complexidade de mudar comportamentos relativos à saúde. Só posso discutir alguns aqui, mas, se você estiver genuinamente interessado em medicina preventiva — e puder lidar com a incerteza e com a ausência de truques —, posso recomendar que siga uma carreira nessa área; você não irá aparecer na TV, mas estará promovendo o bom senso e fazendo o bem.

A coisa mais importante a observar é que esses experimentos exigem que as pessoas mudem completamente suas vidas e que o façam durante uma década. Essa é uma exigência e tanto: é difícil que as pessoas aceitem participar de um experimento de sete semanas, muito menos de sete anos, e isso tem dois efeitos interessantes. Em primeiro lugar, os participantes não irão mudar suas dietas tanto quanto você gostaria, mas, longe de ser uma falha, esse é um exemplo excelente do que acontece no mundo real: as pessoas, na verdade, não mudam sua alimentação de uma hora para outra, sozinhas, por muito tempo. Uma mudança alimentar provavelmente exigirá uma mudança no estilo de vida, nos hábitos de compra, talvez até mesmo no que as lojas vendem e no modo em que se usa o tempo, e pode até mesmo exigir que você compre algum equipamento de cozinha, mude o modo como as pessoas de sua família se relacionam, altere seu estilo de trabalho e assim por diante.

Em segundo lugar, as pessoas em seu "grupo de controle" também irão mudar suas dietas: lembre-se de que elas concordaram volun-

CIÊNCIA PICARETA

tariamente em participar de um projeto de sete anos de duração e muito invasivo, que pode exigir grandes mudanças no estilo de vida, então elas podem ter um interesse maior por saúde do que o resto da população. Mais do que isso, elas estão sendo pesadas e medidas e respondem a perguntas sobre sua alimentação em intervalos regulares. Dieta e saúde, repentinamente, estão mais presentes em sua cabeça. Elas também irão mudar.

Isso não significa que quero jogar no lixo o papel da dieta na saúde — esforço-me muito para encontrar algo de bom nesses estudos —, mas esses pontos refletem uma das questões mais importantes: a de que não se deve começar com frutinhas estranhas, pílulas de vitaminas ou pós de enzimas mágicas; de fato, você não deveria nem mesmo começar mudando a dieta de uma pessoa. Mudanças parciais na vida individual — que vão contra o sentido de sua vida e de seu ambiente — são difíceis de iniciar e ainda mais difíceis de manter. É importante ver o indivíduo — e as afirmações dramáticas de todos os nutricionistas voltados para o estilo de vida — em um contexto social mais amplo.

Estudos de intervenção — como o North Karelia Project [Projeto da Carélia do Norte], na Finlândia — mostraram benefícios razoáveis. Nesse caso, o setor de saúde pública trabalhou junto com o estudo para obter uma mudança completa no comportamento de toda uma comunidade, envolvendo-se nos negócios para mudar os alimentos vendidos nas lojas, modificando estilos de vida inteiros, empregando defensores e educadores comunitários, melhorando o atendimento de saúde e mais, obtendo alguns benefícios se você concordar que a metodologia usada constitui uma inferência causal. (É complicado criar um grupo de controle para esse tipo de estudo e, então, é preciso tomar decisões pragmáticas sobre o projeto, mas leia on-line e decida por si mesmo: eu o chamaria de um "grande e promissor estudo de caso".)

Existem boas bases para acreditar que muitas dessas questões envolvidas no estilo de vida são, na verdade, mais bem abordadas dentro da sociedade. Uma das mais significantes causas do estilo de vida nos índices de morte e de doenças é, afinal de contas, a classe social. Para dar um exemplo concreto, aluguei um apartamento em Kentish Town, em Londres, com meu modesto salário de médico iniciante (não acredite no que você lê nos jornais sobre os salários dos médicos). Essa é uma área onde predomina a classe trabalhadora branca e em que a expectativa de vida dos homens adultos é de 70 anos. A três quilômetros de distância, em Hampstead, onde a milionária empreendedora dra. Gillian McKeith, Ph.D., tem uma grande propriedade e onde está rodeada por outras pessoas de classe média alta, a expectativa de vida masculina é de quase 80 anos. Sei disso porque tenho o Relatório Anual de Saúde Pública de Camden aberto sobre a mesa da minha cozinha.

O motivo para essa enorme disparidade na expectativa de vida — a diferença entre uma aposentadoria longa e rica e uma muito complicada, na verdade — não é que as pessoas em Hampstead têm o cuidado de comer um punhado de frutinhas e de castanhas-do-pará todos os dias, garantindo assim que não tenham deficiência de selênio, como aconselham os nutricionistas. Isso é uma fantasia e, em alguns aspectos, é uma das características mais destrutivas do projeto dos nutricionistas muito bem exemplificado por McKeith: essa é uma distração das causas reais de uma saúde ruim, mas também — interrompa-me se eu estiver indo longe demais —, de certa forma, um manifesto do individualismo direitista. Você é o que você come, e as pessoas morrem cedo porque merecem. *Elas* escolhem a morte, por meio da ignorância e da preguiça, mas *você* escolhe a vida — peixe fresco e azeite de oliva —, e é por isso que você é saudável. Você vai chegar aos 80 anos. Você merece isso. *Eles*, não.

De volta ao mundo real, intervenções genuínas de saúde pública para lidar com os fatores sociais e de estilo de vida causadores de doenças são muito menos lucrativas e muito menos espetaculares do que qualquer coisa com que uma Gillian McKeith — ou, mais importante, um editor de TV — possa sonhar em se envolver. Qual série do horário nobre da TV investiga os desertos alimentares criados pelas gigantescas cadeias de supermercados, as mesmas empresas com as quais esses famosos nutricionistas, com tanta frequência, têm contratos comerciais lucrativos? Quem põe na TV a questão da desigualdade social como promotora da desigualdade de saúde? Onde está o interesse humano em proibir a pro-

CIÊNCIA PICARETA

moção de alimentos ruins, em facilitar o acesso a opções mais saudáveis por meio de impostos ou em manter um sistema claro de rotulagem?

Onde está o espetáculo dos "ambientes propícios", que promovem o exercício naturalmente, ou do planejamento urbano que prioriza ciclistas, pedestres e transportes públicos sobre os carros? Ou a redução da sempre crescente desigualdade entre o salário dos altos executivos e dos funcionários da fábrica? Quando você ouviu falar sobre ideias elegantes como "ônibus escolares andantes"?* Ou as histórias sobre os benefícios dessas ideias foram retiradas da primeira página dos jornais pelas notícias urgentes sobre a última moda em alimentação?

Não espero que a dra. Gillian McKeith, nem ninguém que apareça na mídia, aborde uma única dessas questões, e você também não espera, pois, se formos honestos, sabemos que esses programas só falam em parte sobre alimentação, sendo muito mais sobre voyeurismo indecente e lascivo, lágrimas, números e variedades.

A dra. McKeith coloca um taxista no seu lugar

Aqui está minha história favorita sobre a dra. McKeith, extraída do próprio livro dela, *Living Food for Health*. Ela estava em um táxi e o motorista, Harry, reconheceu-a. Ele tentou estabelecer uma conversa amigável, sugerindo que o peixe contém mais gordura ômega do que a linhaça. A dra. McKeith discordou: "As sementes de linhaça contêm níveis bem mais altos de gordura saudável (ômega-3 e ômega-6), em uma forma bem equilibrada e assimilável." Quando Harry discordou, ela respondeu: "Como assim você discorda? Você passou anos realizando pesquisas clínicas, trabalhando com pacientes, dando palestras, ensinando, estudando as gorduras ômega na linhaça, obtendo dados do mundo todo, compilando uma das maiores bibliotecas particulares de saúde no planeta e escrevendo extensamente sobre o assunto? Você é um cientista, um bioquímico, um botânico ou passou a vida estudando

---

*Walking school buses. No Reino Unido, a expressão se refere à organização de grupos de crianças que caminham até a escola acompanhadas por um adulto. (*N. do E.*)

alimentação e bioquímica como eu? Qual é sua autoridade científica?" Harry respondeu que sua esposa era ginecologista. "Ela é especialista em alimentação ou em bioquímica nutricional também?", perguntou a dra. McKeith. "Bom, não, mas ela é médica."

Não sou especialista em alimentos nem bioquímico nutricional. Na verdade, como você sabe, não afirmo ter nenhuma especialidade: espero poder ler e avaliar criticamente a literatura médica acadêmica — algo comum a todos os médicos recém-formados — e aplico essa habilidade simples ao que dizem os empresários milionários que dirigem a compreensão que nossa sociedade tem da ciência.

As sementes de linhaça contêm grandes quantidades de fibra (além de compostos semelhantes ao estrôgenio) e, por isso, não são muito "assimiláveis", como afirma a dra. McKeith, a menos que você as esmague, mas, nesse caso, seu gosto será ruim. Elas são vendidas como laxantes em doses de 15 gramas, mas você precisaria de muitas delas, em parte porque existe também um problema com a forma da gordura ômega na linhaça: ela é uma forma vegetal de cadeia curta que precisa ser convertida, em seu corpo, para as formas animais de cadeia longa, que podem ser benéficas (chamadas DHA e EPA). Quando você considera a conversão necessária, as sementes de linhaça e o peixe contêm aproximadamente a mesma quantidade de gordura ômega.

Também devemos lembrar que não vivemos em um laboratório, mas no mundo real. É muito fácil comer 100 gramas de cavala — se este fosse outro tipo de livro, eu lhe daria minha receita de *kedgeree** neste momento —, mas creio que seria um pouco mais complicado comer uma colher de sopa de sementes de linhaça. A salsinha também é uma rica fonte de vitamina C, mas você não vai comer um punhado do tamanho de uma laranja. Quanto à outra afirmação da dra. McKeith, de que a gordura saudável da linhaça é "bem equilibrada", não sei se ela quer dizer espiritual ou biologicamente, mas peixes têm um teor muito mais alto de ômega-3, o que a maioria das pessoas diria ser melhor.

E o mais importante: por que todos estão falando sobre o ômega-3? Vamos para o próximo capítulo.

---

*Um prato tradicional britânico. (*N. do E.*)

8 "Pílula resolve problema social complexo"

*Medicalização ou "As pílulas de óleo de peixe
vão transformar meu filho num gênio?"*

Em 2007, o *British Medical Journal* publicou um experimento grande, bem planejado, controlado e randomizado, realizado em muitos locais diferentes, por cientistas com acesso a verbas públicas, obtendo um resultado surpreendentemente positivo: ele mostrava que um tratamento poderia melhorar significantemente o comportamento antissocial das crianças.[70] O tratamento era totalmente seguro e o estudo foi acompanhado por uma análise de custo/benefício muito atrativa.[71]

Essa história foi relatada na primeira página no *Daily Mail*, que publica tantas curas miraculosas (e medos ocultos e sinistros)? Ela foi veiculada nos cadernos de saúde, descrevendo a recuperação milagrosa de uma criança, ao lado de fotos ilustrativas e de uma entrevista de uma mãe atraente e aliviada com quem todos poderíamos nos identificar?

Não. A história foi unanimemente ignorada pela mídia britânica, apesar de sua preocupação com comportamentos antissociais e com

---

[70]Hutchings J. *et al.*, "Parenting intervention in Sure Start services for children at risk of developing conduct disorder: pragmatic randomised controlled trial", *British Medical Journal*, n. 334, 2007, p. 678.
[71]Edwards R. T. *et al.*, "Parenting programme for parents of children at risk of developing conduct disorder: cost effectiveness analysis", *British Medical Journal*, n. 334, 2007, p. 682.

curas milagrosas, por uma razão simples: a pesquisa não era sobre uma pílula. O tratamento consistia num programa educacional barato e prático para os pais.

Por mais de cinco anos, porém, jornais e emissoras de TV têm tentado nos convencer, com "ciência", de que as pílulas de óleo de peixe melhoram comprovadamente o desempenho escolar das crianças, seu QI, seus padrões de comportamento e de atenção e outros fatores. De fato, nada poderia estar mais longe da verdade. Vamos aprender algumas lições muito interessantes sobre a mídia, sobre como não planejar um experimento e sobre nosso desejo coletivo por explicações medicalizadas e com aparência científica para os problemas cotidianos. As pílulas de óleo de peixe funcionam? Elas fazem com que seu filho fique mais inteligente e se comporte melhor? A resposta simples é que, no momento, não há como saber. Apesar de tudo que já lhe disseram, nunca foi feito um experimento com crianças comuns.

Os jornais podem fazer você acreditar que sim. Tomei conhecimento dos "experimentos Durham" quando vi, na mídia, que se estava planejando um experimento com cápsulas de óleo de peixe envolvendo cinco mil crianças. É uma prova espantosa dos valores da mídia britânica que essa pesquisa continue a ser — estou bastante preparado para sugerir —, provavelmente, o experimento clínico mais bem-relatado dos últimos anos. Ela esteve nas emissoras Channel 4 e ITV e em todos os jornais nacionais, até repetidamente. Resultados impressionantes foram previstos com confiança.

Meus alarmes soaram por dois motivos. Primeiramente, eu conhecia os resultados dos experimentos semelhantes anteriores — vou descrevê-los no momento necessário —, e eles não eram muito empolgantes. Porém, mais do que isso, como regra básica, eu diria que a história será interessante sempre que alguém lhe disser que seu experimento será positivo antes mesmo de começá-lo.

Aqui está o que eles planejavam fazer em seu "experimento": recrutar cinco mil crianças que seriam submetidas ao General Certificate of Secondary Education (GCSE) naquele ano,* dar a todas elas seis cápsulas

---

*Certificado Geral de Educação Secundária, exame aplicado aos estudantes que estão terminando a educação secundária inglesa (no Brasil, correspondente ao 9º ano). (*N. do E.*)

de óleo de peixe por dia e, depois, comparar o resultado dos seus exames com a estimativa da câmara municipal para os resultados sem o uso das cápsulas. Não havia grupo de "controle" para comparação (como o banho de Aqua Detox em que não eram colocados os pés, a vela de ouvido em uma mesa ou um grupo de crianças tomando cápsulas sem óleo de peixe). Nada.

Agora, é provável que você já não precise que eu lhe diga que esse é um modo irracional — e, acima de tudo, um desperdício — para fazer um estudo sobre uma pílula que supostamente melhora o desempenho escolar, gastando um milhão de libras em cápsulas doadas generosamente e mantendo cinco mil crianças à sua disposição. Mas deixem eu me divertir um pouco e permitam que eu esclareça seus palpites, porque, se cobrirmos as questões teóricas primeiro e adequadamente, os "pesquisadores" de Durham parecerão ainda mais absurdos.

Por que ter um grupo placebo

Se você dividir igualmente um grupo de crianças, dando cápsulas de placebo para um grupo e cápsulas verdadeiras para o outro grupo, você poderá comparar os resultados e saber se os ingredientes da pílula fizeram diferença no desempenho delas ou se os resultados se devem só ao fato de tomar uma pílula e de participar em um estudo. Por que isso é importante? Porque você tem de lembrar que qualquer coisa melhorará o desempenho das crianças se elas souberem que estão participando de um experimento com esse objetivo.

Em primeiro lugar, as habilidades das crianças aumentam constantemente com o passar do tempo: elas crescem e ficam melhores no que fazem. Você pode pensar que é esperto, sentado aí, sem fraldas, lendo este livro, mas as coisas nem sempre foram assim, como sua mãe pode lhe dizer.

Em segundo lugar, as crianças — e seus pais — sabem que estão recebendo essas pílulas para que seu desempenho melhore e, assim, estão sujeitas ao efeito placebo. Já falei muito sobre isso, porque creio que a real história científica das conexões entre corpo e mente é infinitamente mais interessante do que qualquer coisa inventada pela comunidade das curas milagrosas, mas aqui está o suficiente para lembrá-lo de que o efeito placebo é algo muito poderoso: consciente ou inconscientemente, as crianças esperam melhorar, assim como seus pais e seus professores. As crianças são extremamente sensíveis às expectativas que temos em relação a elas, e quem duvidar disso deve ser proibido de ter filhos.

Em terceiro lugar, as crianças melhorarão apenas por estarem em um grupo especial, que está sendo estudado, observado e assistido de perto, pois parece que o simples fato de *estar em um experimento* melhora seu desempenho ou acelera sua recuperação após uma doença. Esse fenômeno é chamado "efeito Hawthorne" — não por causa de seu descobridor, mas por causa da fábrica em que ele foi observado pela primeira vez. Em 1923, Thomas Edison (o mesmo da lâmpada) era presidente do Committee on the Relation of Quality and Quantity of Illumination to Efficiency in the Industries [Comitê sobre a Relação entre Qualidade e Quantidade de Iluminação e Eficiência nas Indústrias]. Diversos relatos, de várias empresas, haviam sugerido que uma iluminação melhor poderia aumentar a produtividade, então um pesquisador chamado Deming e sua equipe testaram a teoria na fábrica Hawthorne, da Western Electric, em Cicero, Illinois.

Contarei a versão "romanceada" e banalizada das descobertas, numa rara concessão entre pedantismo e simplicidade. Os pesquisadores descobriram que o desempenho melhorava quando aumentavam os níveis de iluminação. Mas o desempenho também melhorou quando reduziram os níveis de luz. Na verdade, eles concluíram que, independentemente do que fizessem, a produtividade aumentava. Esse achado foi muito importante: quando você diz aos trabalhadores que eles são parte de um estudo para saber o que poderia aumentar a produtividade, eles aumentam a produtividade... faça o que fizer. Esse é um tipo de efeito placebo, uma vez que o placebo não tem a ver com os mecanismos de uma pílula de açúcar, mas com o significado cultural de uma intervenção, que inclui, entre outras coisas, expectativas suas e das pessoas que cuidam de você e o estudam.

"PÍLULA RESOLVE PROBLEMA SOCIAL COMPLEXO"

Além de todas essas coisas, ainda temos de mencionar os resultados do GCSE — cujo resultado estava sendo medido naquele "experimento" — em seu contexto correto. Durham tinha um histórico muito ruim no exame, portanto seu governo estava se esforçando de todas as formas possíveis para melhorar o desempenho escolar, com todo o tipo de iniciativas, esforços e verbas extras aplicados ao mesmo tempo que o "experimento" com óleo de peixe.

Devemos lembrar também a bizarra tradição inglesa por meio da qual os resultados do GCSE ficam melhores a cada ano; mas quem ousar sugerir que os exames estão mais fáceis será criticado por menosprezar o desempenho dos bem-sucedidos candidatos. Na verdade, considerando-se um prazo maior, essa facilitação é óbvia: existem exames de nível O* aplicados 40 anos atrás que são mais difíceis do que as provas atuais de nível A** e, na matemática, existem exames universitários finais mais fáceis do que os antigos exames de nível A.

Recapitulando: os resultados do GCSE irão melhorar, de qualquer modo; Durham tentará desesperadamente melhorar seus resultados por outros métodos, de qualquer modo; e os alunos que tomarem pílulas vão melhorar seus resultados, de qualquer modo; tudo por causa do efeito placebo e do efeito Hawthorne.

Isso tudo poderia ser evitado dividindo-se o grupo na metade e dando pílulas placebo a um grupo, separando o que é um efeito específico das pílulas de óleo de peixe e o que é o efeito geral de todas as coisas que descrevi. Isso forneceria informações muito úteis.

Pode ser aceitável, em alguma circunstância, fazer o experimento realizado em Durham? Sim. Você pode fazer algo chamado "experimento aberto", sem um grupo de controle por placebo, o que é um tipo de pesquisa aceito. De fato, existe uma importante lição sobre ciência aqui: você pode fazer um experimento menos rigoroso, por motivos práticos, desde que esclareça o que está fazendo ao apresentar seu estudo, de modo que as outras pessoas possam saber como interpretar os seus achados.

---

*O-level exams. Em português, exames de nível ordinário. Esses testes foram substituídos, em 1988, pelo GCSE. (*N. do E.*)

**A-level exams. Em português, exames de nível avançado. Provas aplicadas aos estudantes que estão terminando a educação avançada inglesa, que dão acesso ao ensino superior. (*N. do E.*)

CIÊNCIA PICARETA

Mas existe uma advertência importante. Se você fizer esse tipo de estudo de "concessão" com a esperança de obter a imagem mais precisa possível dos benefícios do tratamento, faça-o o mais cuidadosamente possível e tenha plena consciência de que seus resultados podem ser distorcidos pelas expectativas, pelo efeito placebo, pelo efeito Hawthorne e assim por diante. Você pode recrutar os estudantes de modo calmo e cauteloso, informando-os, de maneira casual, que está fazendo um estudo pequeno e informal sobre algumas pílulas, sem dizer a eles o que espera descobrir, dando-lhe as pílulas sem ostentação, e, no final, medir calmamente os resultados.

Em Durham, fizeram o contrário. Havia equipes de TV, microfones e iluminadores nas salas de aula. Os alunos foram entrevistados por programas de rádio e da TV e por jornais; o mesmo ocorreu com seus pais, com seus professores, com Madeleine Portwood, a psicóloga educacional que estava realizando o experimento, e com Dave Ford, supervisor de educação do condado, que falou, de modo bizarro, sobre a confiança que tinham de que os resultados seriam positivos. Na minha opinião, eles fizeram literalmente tudo que lhes garantiria um falso resultado positivo e arruinaram qualquer chance de que seu estudo trouxesse informações novas, úteis e significativas. Com que frequência isso acontece? No mundo da nutrição, infelizmente, esse parece ser o padrão dos protocolos de pesquisa.

Devemos lembrar também que o "experimento" com óleo de peixe estava medindo resultados altamente mutáveis. O desempenho escolar em um teste e o "comportamento" (a palavra com maior variedade semântica que já vi) são conceitos amplos, variáveis e amorfos. Mais do que a maioria dos resultados, eles mudam de um momento para o outro, devido a circunstâncias, estados de espírito e expectativas. O comportamento não é como o nível de hemoglobina no sangue nem mesmo como a altura ou a inteligência.

A câmara municipal de Durham e a empresa fabricante das pílulas, Equazen, tiveram tanto êxito publicitário — por um entusiasmo incontido por um resultado positivo ou por simples insensatez (realmente não sei dizer) — que efetivamente sabotaram seu "experimento". Antes que

"PÍLULA RESOLVE PROBLEMA SOCIAL COMPLEXO"

a primeira cápsula de óleo de peixe fosse engolida por um estudante, o suplemento Eye Q e o experimento haviam sido amplamente divulgados nos jornais locais e em muitos outros veículos como *Guardian*, *Observer*, *Daily Mail*, *The Times*, Channel 4, BBC, ITV, *Daily Express*, *Daily Mirror*, *Sun*, GMTV e *Woman's Own*. Ninguém pode dizer que os alunos não foram bem informados.*

Você não é um psicólogo educacional. Você não é o supervisor de educação de uma cidade. Você não é um médico responsável por um mercado de venda de pílulas que vale muitos milhões de libras e que realiza numerosos "experimentos". Mas estou certo de que você entendeu claramente todas essas críticas e preocupações, porque isso não é física nuclear.

Durham se defende

Sendo uma pessoa muito inocente e de mente aberta, procurei os responsáveis pelo experimento e informei-os de que tinham feito exatamente as coisas que garantiriam que o experimento tivesse resultados inúteis. Isso é algo que qualquer pessoa do contexto acadêmico teria feito e, afinal de contas, tratava-se de um experimento. A resposta foi simples. "Fomos muito claros", disse Dave Ford, supervisor de educação em Durham e responsável pelo projeto de fornecer as cápsulas e medir os resultados. "Isto não é um experimento."

A resposta pareceu um pouco fraca. Eu ligo para sugerir que há falhas graves no projeto de pesquisa deles e, de repente, tudo está bem porque isso não é realmente um "experimento"? Houve outros motivos para pensar que essa foi uma defesa muito pouco plausível. A Press Association usou a palavra experimento. O *Daily Mail* chamou a intervenção de experimento. O Channel 4, a ITV e todos os órgãos que cobriram a intervenção a

---

*De fato, é difícil exagerar as proporções que o circo sobre o óleo de peixe atingiu durante o período em que o estudo foi realizado. O próprio professor Sir Robert Winston, apresentador bigodudo de inúmeros programas de "ciência" para a BBC, endossou pessoalmente um produto concorrente, com ômega-3, em uma campanha que foi retirada do ar pela Advertising Standards Authority (ASA) [Autoridade de Padrões de Publicidade], por descumprir os códigos de veracidade e comprovação.

apresentaram, muito claramente, como uma pesquisa (você pode acessar os clipes em badscience.net). Ainda mais importante, o próprio comunicado de imprensa emitido pela câmara municipal de Durham usou várias vezes as palavras "estudo" e "experimento".* Eles deram algo aos alunos e mediram os resultados. Sua própria descrição para essa atividade era "experimento". Agora, eles estão dizendo que não era um experimento.

Então, contatei a Equazen, que ainda está sendo elogiada pela imprensa por seu envolvimento nesse "experimento" que quase garantiu — devido às falhas metodológicas que mencionei — que seus resultados positivos fossem falsos. Adam Kelliher, CEO da Equazen, esclareceu-me um pouco mais: isso foi uma "iniciativa". Não foi um "experimento" nem um "estudo" e, assim, eu não poderia criticá-lo como se fosse. No entanto, foi difícil ignorar o fato de que o comunicado de imprensa da Equazen falou em fornecer uma cápsula e em medir os resultados e de que a palavra que a própria empresa usou para descrever essa atividade foi "experimento".

A dra. Madeleine Portwood, psicóloga educacional sênior que coordenava o estudo, chamou-o de "experimento" (somente no *Daily Mail*, ela fez isso duas vezes). Todos os textos publicados descrevem a atividade como pesquisa. Eles estavam ministrando "X" e medindo a mudança "Y". Eles chamaram o processo de experimento e foi um experimento, embora tenha sido um experimento idiota. Dizer simplesmente "ah, mas isso não foi um experimento" não me pareceu uma defesa adequada nem muito adulta. Eles pareceram pensar que um experimento não era necessário, uma vez que Dave Ford explicou que as evidências já mostravam que os óleos de peixe são benéficos. Vejamos.

As evidências sobre o óleo de peixe

Os óleos ômega-3 são "ácidos graxos essenciais". Eles são chamados "essenciais" porque não são produzidos pelo corpo (ao contrário da glicose ou da vitamina D, por exemplo) e, por isso, é preciso ingeri-los.

---

*Para comprovar a surpreendente insensatez da câmara municipal de Durham, eles agora até se deram ao trabalho de mudar a redação do comunicado em seu site, como se isso pudesse resolver as falhas no projeto.

"PÍLULA RESOLVE PROBLEMA SOCIAL COMPLEXO"

Isso ocorre com muitas coisas — vitaminas, por exemplo —, e é uma das muitas razões, sem esquecer o prazer, pelas quais é uma boa ideia ter uma alimentação variada.

Eles são encontrados nos óleos de peixe e, sob uma forma levemente diferente, nos óleos de prímula e de linhaça e em outras fontes. Se examinar os fluxogramas em um livro de bioquímica, você verá que a lista de funções dessas moléculas no corpo é bastante longa: elas estão envolvidas na construção de membranas e de algumas moléculas envolvidas na comunicação entre as células durante uma inflamação, por exemplo. Por esse motivo, algumas pessoas acham que pode ser útil consumi-las em grandes quantidades.

Estou disposto a aceitar a ideia, mas há boas razões para ser cético, uma vez que existe muita história por trás disso. No passado, décadas antes dos "experimentos" em Durham, houve, no campo de pesquisa de ácidos graxos essenciais, muitas fraudes, segredos, julgamentos, achados negativos ocultados, inúmeros relatos mentirosos na mídia e alguns exemplos surpreendentes de pessoas que usaram esses veículos para apresentar suas descobertas diretamente ao público, a fim de escapar à regulamentação e aos órgãos de fiscalização. Voltaremos a isso depois.

Houve, até o momento — conte-os —, seis experimentos com óleo de peixe em crianças. Nenhum foi feito com crianças comuns, mas com categorias especiais com algum tipo de diagnóstico — dislexia, transtorno de déficit de atenção e assim por diante. Três experimentos tiveram conclusões positivas em algumas das coisas que mediram (mas, lembre-se, algumas das 100 coisas que você medir em um estudo vão melhorar por pura sorte, como veremos depois) e três experimentos tiveram resultados negativos. Um deles, surpreendentemente, revelou que o grupo de controle por meio de placebo teve melhores resultados, em algumas medidas, do que o grupo que consumiu óleo de peixe. Todos eles estão resumidos em badscience.net.

No entanto, Adam Kelliher, CEO da Equazen, afirmou que "todas as nossas pesquisas, tanto publicadas quanto não publicadas, demonstram que a fórmula Eye Q pode realmente melhorar o desempenho na sala de aula". Todas as pesquisas.

CIÊNCIA PICARETA

Para levar a sério uma afirmação dessas é preciso ler as pesquisas. Nem por um nanossegundo pretendo acusar alguém de fraude. De qualquer modo, se essa for uma suspeita, ler a pesquisa não ajudará, porque, se as pessoas falsificaram os resultados com algum entusiasmo, será preciso um perito em estatística e muito tempo e informações para prová-lo. Mas precisamos ler a pesquisa publicada a fim de estabelecer se as conclusões extraídas pelos responsáveis são válidas ou se existem problemas metodológicos que transformem sua interpretação em fantasia, incompetência ou simplesmente numa decisão com a qual você não concorda.

Paul Broca, por exemplo, um famoso craniologista francês do século XIX — cujo nome foi dado à Área de Broca, parte do lobo frontal envolvida com a fala e atingida em muitos casos de AVC —, costumava medir cérebros e ficava perturbado pelo fato de cérebros alemães serem cerca de 100 gramas mais pesados do que cérebros franceses. Assim, ele decidiu que outros fatores, como o peso corporal, deveriam ser levados em conta ao medir o tamanho do cérebro; a hipótese explicou por que os cérebros alemães eram maiores e ele ficou satisfeito. Porém, ele não fez esses ajustes em seu famoso trabalho em relação ao motivo por que os homens têm cérebros maiores do que as mulheres. Seja por acidente ou propositalmente, essa é uma falha.

Cesare Lombroso, pioneiro da "criminologia biológica" no século XIX, fez correções igualmente incoerentes em sua pesquisa, citando a insensibilidade à dor entre os criminosos e as "raças inferiores" como um sinal de sua natureza primitiva, mas identificando a mesma característica como evidência de coragem e bravura nos europeus. O diabo mora nos detalhes e é por isso que os cientistas relatam seus métodos e resultados completos em artigos acadêmicos, não nos jornais nem nos programas de TV, e é por isso que pesquisas experimentais não podem ser relatadas apenas na mídia dominante.

Você pode achar, depois das bobagens do "experimento", que devemos ser cautelosos quanto à avaliação de Durham e da Equazen sobre seu próprio trabalho, mas, exatamente do mesmo modo, eu suspeitaria das afirmações de muitos acadêmicos sérios (eles acolheriam as suspei-

"PÍLULA RESOLVE PROBLEMA SOCIAL COMPLEXO"

tas e eu poderia ler as evidências das pesquisas em que eles trabalham). Perguntei a Equazen sobre seus 20 estudos com resultados positivos e disseram-me que eu teria de assinar um acordo de confidencialidade para ter acesso a eles. Ou seja, um acordo de confidencialidade para acessar as evidências de uma pesquisa que, há alguns anos, fez afirmações amplamente divulgadas pela mídia e pelos funcionários da câmara municipal de Durham, sobre uma área muito controversa da nutrição e do comportamento, de grande interesse para o público, e utilizando — desculpe-me se eu estiver sendo sentimental neste ponto — nossos estudantes. Eu recusei a oferta.*

Enquanto isso, em todos os jornais e na TV, por onde quer que se olhasse, desde pelo menos 2002, havia notícias de experimentos positivos sobre o óleo de peixe em Durham, usando produtos Equazen. Parece ter havido seis desses experimentos, em vários locais, realizados pelos funcionários da câmara municipal de Durham com os alunos das escolas públicas de Durham, mas, mesmo assim, não havia sinal de nada disso na literatura científica (além de um estudo realizado por um pesquisador de Oxford, com crianças que tinham transtornos no desenvolvimento da coordenação).[72] Houve comunicados à imprensa extremamente entusiasmados em que a câmara municipal de Durham falava sobre resultados positivos, é claro. Houve entrevistas de Madeleine Portwood à imprensa, nas quais ela falava, com animação, sobre os resultados positivos (e também sobre como o óleo de peixe estava melhorando a pele dos alunos e atenuando outros problemas). Mas não houve estudos publicados.

Contatei Durham. Eles me colocaram em contato com Madeleine Portwood, a mente científica por trás dessa enorme e longa operação. Ela aparece com regularidade na TV, falando sobre óleos de peixe e usando termos técnicos como "límbico", inapropriados para um público leigo. "Parece complicado", dizem os apresentadores de TV, "mas

---

*No entanto, você não saberia se eu tivesse aceitado, porque eu não poderia contar.
[72]Richardson A. J., Montgomery P., "The Oxford-Durham study: a randomized, controlled trial of dieta supplementation with fatty acids in children with developmental coordination disorder", *Pediatrics*, v. 5, n. 115, 2005, p. 1.360-6.

CIÊNCIA PICARETA

a ciência diz...". Portwood, evidentemente, fica muito entusiasmada ao falar com pais e com jornalistas, mas não retornou meus telefonemas. O setor de imprensa demorou uma semana para responder meus e-mails. Pedi detalhes sobre estudos anteriores ou atuais. As respostas pareceram incoerentes com a cobertura da mídia. Parecia estar faltando pelo menos um experimento. Pedi detalhes metodológicos dos estudos que estavam fazendo e os resultados dos estudos concluídos. Eles responderam que a informação só estaria disponível quando publicassem os estudos.

Equazen e a câmara municipal de Durham haviam treinado, atraído e cultivado um grande número de jornalistas no decorrer dos anos, dando-lhes tempo e energia, e, tanto quanto posso perceber, só existe uma diferença entre mim e esses repórteres: a partir do que escreveram, percebe-se claramente que conhecem muito pouco sobre o planejamento de experimentos enquanto eu, bem, conheço bastante (e você também).

Enquanto os estudos não eram publicados, diziam-me para consultar o site durhamtrials.org, como se ele tivesse algum dado útil. Evidentemente, ele havia enganado muitos jornalistas e pais, com links para muitas reportagens e com referências à Equazen. Porém, como fonte de informação sobre os "experimentos", esse site é um exemplo perfeito de por que se deve publicar um experimento antes de fazer qualquer afirmação bombástica sobre os resultados. É difícil dizer o que existe nele. Na última vez que olhei, havia alguns dados emprestados de um experimento legítimo feito por alguns pesquisadores de Oxford e publicado em outro lugar (que coincidentemente fora realizado em Durham). Fora isso, não havia sinais dos experimentos controlados com placebo que continuavam a aparecer nos noticiários. Havia muitos gráficos de aparência complicada, mas pareciam acompanhar os "experimentos" especiais feitos na cidade, sem nenhum grupo de controle com placebo. Eles parecem descrever melhoras, numa configuração científica, mas não existem estatísticas que digam se as mudanças foram significantes.

É quase impossível expressar quantos dados faltam nesse site e como isso o inutiliza. Como exemplo, existe um "experimento" cujos resultados foram relatados em um gráfico, mas em lugar algum do site, tanto quanto eu possa ver, mencionam-se quantos alunos participaram do estu-

"PÍLULA RESOLVE PROBLEMA SOCIAL COMPLEXO"

do. É difícil pensar em uma informação mais básica do que essa. Porém, você pode encontrar muitos depoimentos que não pareceriam estranhos em um site de terapeutas alternativos vendendo curas milagrosas. Um aluno diz: "Agora, não me interesso tanto pela TV. Gosto mesmo de ler livros. A biblioteca é o melhor lugar em todo o mundo. Eu adoro."

Sinto que o público merece saber o que foi feito nesses experimentos. Esse foi, provavelmente, o experimento clínico mais amplamente relatado dos últimos anos, alvo de grande interesse público e aplicado em alunos por funcionários públicos. Assim, com base no Freedom of Information Act [Lei de Liberdade de Informação] solicitei a divulgação das informações fundamentais de um experimento: o que foi feito, quem eram os alunos, quais medidas foram tomadas e assim por diante. Tudo, na verdade, pedido pelas padronizadas e completas diretrizes "CONSORT", que descrevem como deve ser feita a redação de resultados de experimentos. A câmara municipal de Durham recusou-se, alegando altos custos.

Assim, pedi aos leitores da coluna que solicitassem informações isoladas, de modo que ninguém pedisse nada muito caro. Fomos acusados de estar realizando uma "campanha" "opressiva" de "assédio". O líder da câmara municipal de Durham reclamou ao *Guardian*. Finalmente, disseram-me que minhas perguntas poderiam ser respondidas se eu viajasse 450 quilômetros para o norte, até Durham. Diversos leitores apresentaram apelações e disseram-lhes que muitas das informações recusadas nem mesmo existiam.

Por fim, em fevereiro de 2008, depois de uma queda decepcionante na taxa de melhora dos resultados do GCSE, a câmara municipal anunciou que eles nunca tiveram qualquer intenção de medir o desempenho no exame. A declaração surpreendeu até a mim. Para ser escrupulosamente preciso, o que eles disseram, em resposta a uma pergunta escrita por um indignado diretor de escola aposentado, foi: "Como dissemos anteriormente, nunca foi nossa intenção, nem a câmara municipal nunca sugeriu, que essa iniciativa fosse usada para chegar a conclusões a respeito da eficácia ou não do uso de óleo de peixe para melhorar os resultados de exames."

CIÊNCIA PICARETA

Dizer que isso contradiz as afirmações anteriores é pouco. Em um artigo publicado no *Daily Mail*, em 5 de setembro de 2006, com a chamada "Iniciado estudo com óleo de peixe para melhorar as notas do GCSE", Dave Ford, o supervisor de educação, disse: "Poderemos monitorar o progresso dos alunos e medir se seu desempenho foi melhor do que as notas previstas." A dra. Madeleine Portwood, psicóloga educacional que coordenava o "experimento", disse: "Experimentos anteriores demonstraram resultados admiráveis e estou confiante de que veremos benefícios marcantes."

O próprio comunicado à imprensa emitido pela câmara municipal de Durham no início do "experimento" dizia: "Os coordenadores de educação de Durham darão início hoje a uma iniciativa de volta às aulas única que, segundo acreditam, pode resultar em níveis recorde de aprovação no GCSE no próximo verão." O comunicado relatou que os alunos estavam recebendo pílulas "para checar se os benefícios comprovados em experimentos anteriores com crianças jovens podem melhorar também o desempenho em exames". O supervisor de educação estava "convencido" de que essas pílulas "poderiam ter um efeito direto sobre os resultados do GCSE... O experimento, que abarca todo o condado, irá continuar até que os alunos concluam seus exames GCSE, em junho próximo, e o primeiro teste da efetividade do suplemento será realizado quando eles fizerem os exames simulados, em dezembro." "Podemos monitorar o progresso dos alunos e medir se seu desempenho foi melhor do que as notas previstas", disse Dave Ford no comunicado sobre o experimento, que, como nos dizem agora, não era um experimento e nunca teve a intenção de coletar dados sobre resultados de exames. Foi com alguma surpresa que notei que eles mudaram o comunicado original no site e retiraram a palavra "experimento".

Por que tudo isso é importante? Bom, em primeiro lugar, como eu disse, esse foi o experimento mais amplamente relatado naquele ano, de forma que ter sido um exercício tão bobo é algo que apenas pode minar o entendimento do público sobre a própria natureza das evidências e da pesquisa. Quando as pessoas percebem que há falhas graves no projeto

"PÍLULA RESOLVE PROBLEMA SOCIAL COMPLEXO"

de um experimento, sua fé em pesquisas é minada e, junto com ela, a disposição em participar de pesquisas, sendo que recrutar participantes para experimentos já não é fácil nem na melhor das situações.

Existem também algumas questões éticas muito importantes. As pessoas concordam em oferecer seu corpo — e o corpo de seus filhos — em experimentos pela compreensão de que os resultados serão usados para aumentar o conhecimento médico e científico. Elas esperam que a pesquisa em que participam seja bem realizada, tenha um propósito informativo e publique os resultados em sua totalidade, para que todos leiam.

Li os folhetos informativos dados aos pais no projeto Durham, que claramente promoviam o exercício como um projeto de pesquisa científica. A palavra "estudo" foi usada 17 vezes em um desses folhetos, embora existisse pouca possibilidade de que esse "estudo" (ou "experimento" ou "iniciativa") pudesse produzir algum dado útil, pelas razões que já vimos, e, de qualquer modo, foi anunciado que o efeito das pílulas de óleo de peixe sobre os resultados do GCSE não será publicado.

Por esses motivos, acho que esse experimento não foi ético.* Você terá sua própria opinião, mas é muito difícil imaginar uma justificativa para não revelar os resultados do "experimento", se ele está concluído. Educadores, pesquisadores acadêmicos, professores, pais e público deveriam ter permissão para rever os métodos e os resultados e extrair suas próprias conclusões sobre seu significado, por mais falho que o projeto possa ter sido. De fato, exatamente a mesma situação se aplica aos dados sobre a eficácia de antidepressivos, que não são revelados pelas empresas farmacêuticas, em mais um exemplo das similaridades entre essas indústrias produtoras de pílulas, apesar dos esforços da indústria de suplementos alimentares para se apresentar como "alternativa".

---

*Enquanto estamos na questão da ética, a câmara municipal de Durham afirmou que dar placebo para metade dos alunos seria, *em si mesmo,* não ético; esse é outro equívoco básico por parte deles. Não sabemos se os óleos de peixe são ou não benéficos. Esse seria o objetivo de uma pesquisa adequada.

O poder está na pílula?

Devo esclarecer — e tenho todo o direito de fazê-lo — que não estou muito interessado em saber se as cápsulas de óleo de peixe aumentam o QI de estudantes e digo isso por diversos motivos. Primeiramente, não sou um jornalista que escreve sobre consumo, nem um guru que propõe um estilo de vida, e, apesar das recompensas financeiras infinitamente superiores, estou completamente fora do negócio de "dar conselhos de saúde aos leitores" (para ser sincero, eu preferiria permitir que aranhas pusessem ovos na minha pele). Mas, se você pensar sobre isso, qualquer benefício do óleo de peixe sobre o desempenho escolar provavelmente não seria tão dramático. Não temos uma epidemia de vegetarianos estritos, por exemplo, e os seres humanos têm se mostrado muito versáteis em suas dietas, do Alasca ao deserto do Sinai.

Porém, mais do que qualquer coisa, e correndo o risco de parecer o homem mais tedioso que você conhece, digo mais uma vez: eu não procuraria em moléculas nem em pílulas a solução para esse tipo de problemas. Não posso deixar de notar que as cápsulas que o condado de Durham está promovendo custam 80 centavos por criança por dia enquanto sua câmara municipal gasta, em merenda escolar, apenas 65 centavos de libra por criança por dia. Então, seria possível começar por aqui. Ou se poderia coibir a publicidade de *junk food* voltada para crianças, como o governo fez recentemente. Você poderia analisar questões como a educação e a consciência alimentar, como Jamie Oliver fez muito há pouco tempo, sem recorrer a pseudociências astutas nem a pílulas milagrosas.

Você poderia até deixar de lado a obsessão por alimentação — só um pouco — e examinar a criação de filhos, o recrutamento e a permanência de professores, a exclusão social, o tamanho das classes, a desigualdade social e o aumento da diferença de renda. Ou considerar programas de educação para os pais, como dissemos no início. Mas a mídia não quer histórias como essas. "Pílula resolve problema social complexo" parece muito mais digno do noticiário do que um entediante programa de educação para pais.

"PÍLULA RESOLVE PROBLEMA SOCIAL COMPLEXO"

Isso se deve, parcialmente, ao que os jornalistas pensam em relação ao valor da notícia, mas é também uma questão de como as histórias são divulgadas. Não conheço Hutchings *et al.*, os autores do estudo sobre práticas de criação de filhos que deu início a este capítulo — e estou preparado para ouvir que eles ficam na Soho House até duas horas da madrugada, todas as noites, paparicando jornalistas da TV e do rádio com champanhe e petiscos —, mas, na verdade, suspeito que são pesquisadores tranquilos e discretos. Empresas privadas, por sua vez, têm o poder de fogo dos mais caros profissionais de relações públicas, uma única coisa a promover, tempo para alimentar relacionamentos com jornalistas interessados e uma compreensão astuta dos desejos do público e da mídia, de nossas esperanças coletivas e de nossos sonhos de consumo.

A história do óleo de peixe não é, de forma alguma, única: repetidamente, na tentativa de comercializar pílulas, as pessoas vendem um contexto explicativo mais amplo e, como notou George Orwell, a verdadeira genialidade da publicidade é vender a solução *e* o problema. As empresas farmacêuticas têm trabalhado muito em seus anúncios para o consumidor direto e em seu lobby para vender a "hipótese da serotonina" contra a depressão, mesmo que as evidências científicas para essa teoria sejam mais tênues a cada ano. Por sua vez, a indústria de suplementos alimentares promove, para seu próprio mercado, deficiências alimentares como causa para o desânimo (não tenho uma cura milagrosa a oferecer e, repetindo-me, creio que as causas sociais desses problemas são possivelmente mais interessantes e ainda mais passíveis de intervenção).

Essas histórias de óleo de peixe são um exemplo clássico de um fenômeno mais amplamente descrito como "medicalização"; ou seja, a expansão da intervenção biomédica em domínios em que ela pode não ser útil nem necessária. No passado, essa prática era algo que os médicos infligiam a um mundo passivo e inocente, uma expansão do império médico, mas, na realidade, parece que essas histórias biomédicas reducionistas podem atrair a todos nós, uma vez que problemas complexos muitas vezes têm causas desanimadoramente complexas e as soluções podem ser caras e insatisfatórias.

Em sua forma mais agressiva, esse processo tem sido caracterizado como "comercialização de doenças".[73] Isso pode ser visto em todo o mundo das curas picaretas — e ter consciência disso é como tirar uma venda dos olhos —, mas, para as grandes empresas farmacêuticas, a história é a seguinte: todos os frutos facilmente acessíveis por pesquisas médicas já foram colhidos e novas entidades moleculares são cada vez mais raras. Na década de 1990, eles registravam 50 dessas moléculas por ano, mas agora registram apenas 20, sendo muitas apenas cópias. Eles estão com problemas.

Como não podem encontrar *novos tratamentos* para as doenças que já temos, as empresas de pílulas inventam *novas doenças* para os tratamentos que eles já têm. As principais invenções recentes incluem transtorno de ansiedade social (um novo uso para as drogas ISRS*), disfunção sexual feminina (um novo uso para o Viagra), síndrome da alimentação noturna (ISRS, mais uma vez) e assim por diante; esses são problemas, em um sentido real, mas não necessariamente resolvidos por pílulas nem adequadamente diagnosticados em termos biomédicos reducionistas. Na verdade, tratar inteligência, perda de libido, timidez e fadiga como problemas curáveis por pílulas médicas pode ser considerado grosseiro, explorador e francamente incapacitante.

Esses rudes mecanismos biomédicos, ainda que possam destacar os benefícios do efeito placebo provocados pelas pílulas, são também sedutores, exatamente pelo modo como são apresentados. Na cobertura da imprensa ao redor da alteração de imagem do Viagra, podendo ser usado como tratamento para as mulheres no início da menopausa contra a recém-inventada disfunção sexual feminina, por exemplo, não eram apenas os comprimidos que estavam sendo vendidos, era a explicação.

As revistas contam histórias sobre casais com problemas de relacionamento não compreendidos pelo clínico geral (porque esse é o primeiro parágrafo de qualquer história médica que aparece na mídia). Depois, os casais consultaram um especialista, e ele também não os ajudou. Mas,

---

[73]Moynihan R., Doran E., Henry D., "Disease mongering is now part of the global health debate", *PLoS Med*, v. 5, n. 5, 2008. Um bom lugar para começar suas leituras sobre comercialização de doenças.

*Inibidores seletivos de recaptação de serotonina. (*N. do E.*)

"PÍLULA RESOLVE PROBLEMA SOCIAL COMPLEXO"

então, eles foram a uma clínica particular. Fizeram exames de sangue, perfis hormonais, estudos esotéricos de mapeamento do fluxo sanguíneo no clitóris e compreenderam: a solução estava em uma pílula, mas essa é só metade da história. Era um problema mecânico. Raramente mencionam-se outros fatores — que a mulher estava cansada pelo excesso de trabalho ou que o homem estava exausto por ser pai de um bebê e que tinha dificuldade em aceitar o fato de que sua esposa era agora a mãe de seus filhos, e não mais a garota com quem namorou no chão do dormitório estudantil ao som de "Don't You Want Me Baby?", da banda Human League, em 1983 — porque não queremos falar sobre essas questões e porque não queremos falar sobre desigualdade social, desintegração das comunidades locais, ruptura da família, impacto da incerteza de emprego, mudança de expectativas e de ideias de individualismo ou qualquer outro fator complexo e difícil que possa atuar sobre o aparente aumento de comportamentos antissociais nas escolas.

Porém, acima de tudo, devemos reconhecer a genialidade desse grande projeto de óleo de peixe e de todos os outros nutricionistas que colocaram suas pílulas na mídia e nas escolas porque, mais do que qualquer coisa, eles venderam às crianças, na época em que são mais impressionáveis, uma mensagem forte: que é preciso tomar pílulas para ter uma vida normal, que uma alimentação e um estilo de vida saudáveis não bastam e que uma pílula pode compensar falhas em outros lugares. Eles passaram essa mensagem diretamente às escolas, às famílias e aos pais preocupados e querem que todas as crianças entendam que é preciso tomar cápsulas grandes, caras e coloridas, seis delas, três vezes por dia, para melhorar características vitais, mas intangíveis, como concentração, comportamento e inteligência.

Esse é o maior benefício das indústrias de pílulas, sejam quais forem. Prefiro as pílulas de óleo de peixe à ritalina, mas elas estão sendo vendidas a todas as crianças do país e, sem dúvida, venceram. Amigos me disseram que, em algumas escolas, é considerado quase negligência não comprar essas cápsulas para as crianças. E é o impacto sobre essa geração de alunos, criados ingerindo pílulas, que dará frutos para essas indústrias muito depois que as cápsulas de óleo de peixe forem esquecidas.

CIÊNCIA PICARETA

Acalme-se: o complexo industrial farmacêutico

Gerar cobertura na imprensa como meio para divulgar um produto comercial é um caminho bem batido (e percorrido também pelas incontáveis histórias do tipo "cientistas encontram equação para..." que veremos em um capítulo posterior). As empresas de relações públicas até calculam algo chamado "advertising equivalents [equivalentes de publicidade] para a exposição que a marca consegue gratuitamente, e, em um período em que mais notícias são geradas por menos jornalistas, é inevitável que esses atalhos sejam bem-recebidos pelos repórteres. Notícias e anúncios informativos sobre um produto também são mais bem-vistos pelo público do que um comercial pago e têm maior probabilidade de serem lidos ou assistidos.

Porém, existe outro benefício, mais sutil, em uma cobertura editorial para um produto pseudomédico: as afirmações que podem ser feitas em publicidade e na embalagem de suplementos alimentares e de "produtos médicos limítrofes" são estritamente regulamentadas, mas essas regulamentações não existem em relação ao que é dito pelos jornalistas.

Essa inteligente divisão do trabalho é uma das características mais interessantes da indústria de terapias alternativas. Pense um pouco sobre todas as coisas que você acredita que sejam verdadeiras ou, ao menos, que ouviu serem afirmadas regularmente a respeito de diferentes suplementos: glucosamina pode tratar a artrite; antioxidantes previnem câncer e doenças cardíacas; ômega-3 aumenta a inteligência. Essas afirmações agora são comuns e estão entranhadas em nossa cultura, mas raramente, ou nunca, você as verá explicitamente escritas em embalagens ou em materiais publicitários.

Ao nos darmos conta disso, as seções coloridas dos jornais passam a ser uma leitura mais interessante: o colunista de terapia alternativa fará uma afirmação dramática e cientificamente indefensável em relação à glucosamina, dizendo que ela irá melhorar a dor que um leitor que lhe escreveu sente nas articulações; a indústria de pílulas fará um anúncio de página inteira para a glucosamina, afirmando apenas a dose recomendada e talvez algo neutro, no nível da biologia básica, em

"PÍLULA RESOLVE PROBLEMA SOCIAL COMPLEXO"

vez de falar sobre a eficácia clínica: "A glucosamina é uma substância química formadora de cartilagem."

Algumas vezes, a superposição é tão próxima que chega a ser divertida. Alguns exemplos são previsíveis. Patrick Holford, o magnata das pílulas de vitaminas, por exemplo, faz afirmações gerais e dramáticas, em relação a todos os tipos de suplementos, em sua série de livros Optimum Nutrition; porém, essas mesmas afirmações não são encontradas nos rótulos de suas pílulas de vitaminas também chamadas Optimum Nutrition (que exibem, no entanto, uma foto de seu rosto).

A colunista de saúde alternativa Susan Clark — que afirmou, entre outras coisas, que a água tem calorias — é outro exemplo brilhante dessa tênue linha em que os jornalistas às vezes se equilibram. Ela teve uma coluna no *Sunday Times*, no *Grazia* e no *Observer* por vários anos. Nessas colunas, ela recomendava os produtos da empresa Victoria Health com frequência notável: uma vez por mês, tão regular quanto um relógio, pelo que pude perceber. Os jornais e a jornalista negaram que houvesse algo de impróprio, do que não tenho motivos para duvidar. Entretanto, ela havia feito trabalhos para a empresa no passado e, agora, deixou os jornais para assumir um cargo de período integral na Victoria Health, como redatora de revista interna da empresa. (Essa cena nos lembra o conhecido fluxo de profissionais, nos Estados Unidos, entre o órgão de regulamentação da indústria farmacêutica e os conselhos diretivos de várias empresas farmacêuticas; na verdade, correndo o risco de bater na mesma tecla, você deve ter notado que estou usando exemplos extraídos da imprensa dominante para contar a história de todas as indústrias de pílulas, e seria impossível dissociar as duas instituições.)

A Royal Pharmaceutical Society [Real Sociedade Farmacêutica] expressou preocupação em relação a essas estratégias de marketing encobertas usadas pela indústria farmacêutica já em 1991: "Impedidos de rotular seus produtos com afirmações medicinais detalhadas, a menos que os submetam ao procedimento de licenciamento, os fabricantes e suas empresas de publicidade estão recorrendo a métodos como endossos por celebridades, literatura gratuita de produtos pseudomédicos e campanhas na imprensa, que resultaram em encartes promocionais acríticos em jornais e revistas de grande circulação."

O acesso ao mundo não fiscalizado da mídia é reconhecido como uma grande vantagem comercial da Equazen, que eles exploram pesadamente. No comunicado à imprensa que anunciou a compra da companhia pela empresa farmacêutica Galenica, eles declararam: "A pesquisa que demonstrou os benefícios do nosso Eye Q foi mostrada inúmeras vezes pelas redes nacionais de rádio e de TV (...) o que foi considerado fundamental para o crescimento significativo do setor britânico de ômega-3 desde 2003." Para ser honesto, eu preferiria ver "caixa de bobagens" escrito claramente em todas as embalagens e em toda a publicidade, nas quais, então, os produtores de terapias alternativas poderiam fazer qualquer afirmação que desejassem, a essa enganosa cobertura editorial, porque, pelo menos, as publicidades seriam claramente identificadas como tal.

As rodas do tempo

É claro que os experimentos em Durham não foram a primeira ocasião em que o mundo viu um esforço tão extraordinário para promover os poderes de um suplemento alimentar por meio de histórias publicadas na mídia a respeito de pesquisas inacessíveis. David Horrobin, um farmacêutico multimilionário da década de 1980 e um dos homens mais ricos da Grã-Bretanha, e seu império de suplementos alimentares Efamol (construído, como a Equazen, sobre os "ácidos graxos essenciais") chegou a valer depressivas 550 milhões de libras. Os esforços de sua empresa foram além de qualquer coisa que possamos encontrar no mundo da Equazen e da câmara municipal de Durham.

Em 1984, a equipe de distribuidores americanos de Horrobin foi considerada culpada, em um julgamento, por rotular seu suplemento alimentar como remédio. Eles estavam usando a cobertura da mídia para afirmar que suas pílulas de suplementos tinham benefícios médicos comprovados, contornando as regulamentações da Food and Drug Administration que os proibiam de fazer afirmações sem base como forma de publicidade. No julgamento, foram apresentadas evi-

"PÍLULA RESOLVE PROBLEMA SOCIAL COMPLEXO"

dências documentais em que Horrobin dizia, explicitamente, coisas como: "Obviamente, não se pode anunciar (óleo de prímula) para essas finalidades, mas é igualmente óbvio que existem modos para divulgar essas informações..." Memorandos da empresa descreviam elaborados esquemas promocionais: plantar artigos sobre sua pesquisa na mídia, usar pesquisadores para fazer afirmações a favor do produto, telefonar para programas de rádios e assim por diante.

Em 2003, um pesquisador de Horrobin, dr. Goran Jamal, foi considerado culpado pela Conselho Médico Geral do Reino Unido* por adulteração fraudulenta dos dados de pesquisa obtidos em experimentos realizados para Horrobin. Ele receberia 0,5% dos lucros do produto se este chegasse ao mercado (Horrobin não foi responsabilizado, mas esse é um arranjo muito incomum, deixando a tentação bem diante de seus olhos).

Como no caso das pílulas de óleo de peixe, os produtos de Horrobin sempre estavam nos noticiários, mas era difícil ter acesso aos dados das pesquisas realizadas. Em 1989, ele publicou uma famosa meta-análise dos experimentos, em um periódico da área de dermatologia, revelando que seu principal produto, o óleo de prímula, era efetivo no tratamento de eczemas. Essa meta-análise excluía o único experimento publicado disponível (cujos resultados eram negativos), mas incluía dois estudos antigos e sete estudos pequenos e positivos patrocinados pela própria empresa (que ainda não estavam disponíveis na última revisão que pude encontrar, feita em 2003).

Em 1990, uma revisão de dados realizada por dois pesquisadores acadêmicos foi excluída pelo mesmo periódico depois que os advogados de Horrobin se envolveram na questão. Em 1995, o Departamento de Saúde encomendou uma meta-análise a um renomado epidemiologista, incluindo dez estudos não publicados realizados pela empresa que promovia o óleo de prímula. O que se seguiu só foi inteiramente descrito pelo professor Hywel Williams uma década depois, em um editorial para

---

*GMC, na sigla em inglês. (*N. do E.*)

o *British Medical Journal*.[74] A empresa alegou um vazamento de informações, levando o Departamento de Saúde a obrigar todos os autores e árbitros a assinarem declarações escritas para ressegurar a empresa de que as informações não seriam divulgadas. Os pesquisadores acadêmicos não tiveram permissão para publicar seu relatório. Terapia alternativa, a medicina do povo!

Desde então, foi demonstrado, após uma revisão mais ampla e ainda não publicada, que o óleo de prímula *não* é efetivo contra eczemas, fato que custou sua licença como remédio. O caso ainda é citado por pessoas importantes da medicina com base em evidências, como Sir Iain Chalmers, fundador da Cochrane Collaboration, como exemplo de uma empresa farmacêutica que se recusou a liberar informações sobre experimentos clínicos a pesquisadores que desejavam examinar suas afirmações.

David Horrobin, sinto-me obrigado a mencionar, é pai da diretora e fundadora da Equazen, Cathra Kelliher, nascida Horrobin, mas casada com seu codiretor, Adam Kelliher, que citou o sogro, em entrevistas, como uma importante influência em suas práticas empresariais. Não estou sugerindo que suas práticas empresariais sejam as mesmas, mas, a meu ver, os paralelos são surpreendentes, com dados inacessíveis e resultados de pesquisa apresentados diretamente à mídia.

Em 2007, foram divulgados os resultados dos alunos de Durham no GCSE realizado no ano em que as pílulas de óleo de peixe foram consumidas. As escolas da área tinham apresentado problemas e receberam uma grande quantidade de reforços e todo o tipo de intervenção. No ano anterior, sem óleo de peixe, os resultados — o número de alunos que obtiveram cinco notas entre A* e C — haviam melhorado em 5,5%. Depois da intervenção com o óleo de peixe, a taxa de melhora decresceu notavelmente, havendo apenas 3,5% de melhora. Ao mesmo tempo, houve 2% de aumento das notas no GCSE em todo o país. Você esperaria um aumento maior em uma região em que escolas com problemas

---

[74]Williams H. C., "Evening primrose oil for atopic dermatitis", *British Medical Journal*, n. 327, 2003, pp. 1358-9.

"PÍLULA RESOLVE PROBLEMA SOCIAL COMPLEXO"

receberam grande quantidade de auxílio e de investimentos extras, e devemos lembrar que, como mencionei, os resultados do GCSE melhoram em todo o país a cada ano. De qualquer modo, as pílulas parecem ter sido associadas a um decréscimo na melhora.

Enquanto isso, óleos de peixe são, agora, o suplemento alimentar mais popular no Reino Unido, com vendas anuais de mais de 110 milhões de libras.[75] E os Kelliher venderam a Equazen recentemente, para uma grande empresa farmacêutica, por um valor não divulgado. Se você acha que fui crítico demais, convido você a notar que eles venceram.

---

[75]"The four markets dominating EU supplements". Disponível em: <http://www.nutraingredients-usa.com/news/ng.asp?n=85087.>
"Galenica assumes control of Equazen Nutraceuticals based in the UK". Disponível em: <http://www.galenica.com/Galenica/en/archive/media/releases/2006_2__04_21398644_meldung.php>.

9 Professor Patrick Holford

De onde vêm todas essas ideias sobre pílulas, nutricionistas e dietas da moda? Como elas são geradas e difundidas? Enquanto Gillian McKeith lidera os batalhões dramáticos, Patrick Holford é alguém muito diferente: ele é a engrenagem acadêmica no centro do nutricionismo britânico e o fundador do estabelecimento educacional mais importante deste movimento: o Institute for Optimum Nutrition (ION). Essa organização treinou a maioria das pessoas que se dizem "terapeutas da nutrição" no Reino Unido.* Holford é, em muitos aspectos, a fonte de suas ideias e a inspiração para suas práticas profissionais.

Ele é frequentemente elogiado nos jornais, sendo apresentado como um especialista acadêmico. Ele participou de aproximadamente 40 livros como autor ou colaborador. Seus livros, best-sellers, foram traduzidos para 20 idiomas e venderam mais de um milhão de exemplares em todo mundo, para profissionais e para o público em geral. Alguns de seus primeiros trabalhos são encantadoramente bobos; um deles inclui

---

*Na Inglaterra, "nutricionista", "terapeuta da nutrição", "consultor de terapia nutricional" e muitas outras variações sobre esse tema não são termos exclusivos, como "enfermeira", "dietista" ou "fisioterapeuta", e, assim, qualquer pessoa pode usá-los. Para ser claro, vou repetir: na Inglaterra, qualquer pessoa pode se declarar um nutricionista. Depois de ler este livro, você saberá mais sobre como avaliar evidências do que a maioria, então, ao modo de Spartacus, sugiro que você também se designe como nutricionista. Assim, os acadêmicos que trabalham no campo da nutrição terão de mudar sua denominação porque a palavra não pertence mais a eles.

um "kit de investigação energética" que lembra a série infantil da BBC *Blue Peter* e que tem a finalidade de ajudar no autodiagnóstico de deficiências nutricionais. Os livros mais recentes estão repletos de detalhes científicos, em um estilo que exemplifica o que podemos chamar de "referencialismo": eles têm aqueles números em sobrescrito e muitas citações acadêmicas no final.

Holford apresenta-se, de forma veemente, como um homem de ciência e recentemente foi agraciado com a posição de professor visitante na Universidade de Teesside (mais a respeito adiante). Em vários momentos, teve seu próprio programa diurno na televisão e dificilmente uma semana se passa sem que ele apareça em algum programa para falar sobre alguma recomendação, sobre seu mais recente "experimento" ou sobre um "estudo": um experimento em uma escola (sem grupo de controle) foi abordado de forma pouco crítica em dois episódios de *Tonight with Trevor MacDonald*, o programa investigativo do horário nobre da ITV. Essas ocasiões se somam a seus outros aparecimentos em *This Morning*, *Breakfast*, da BBC, *Horizon*, BBC News, GMTV, *London Tonight*, Sky News, CBS News, nos Estados Unidos, *The Late Late Show*, na Irlanda, e em muitos outros. Segundo a mídia britânica, o professor Patrick Holford é um de nossos principais intelectuais — não um vendedor de pílulas de vitaminas que trabalha para o setor de suplementos alimentares, responsável por movimentar 50 bilhões de libras esterlinas, um fato muito raramente mencionado — e um pesquisador acadêmico inspirador, que personifica uma abordagem diligente e visionária diante das evidências científicas. Vejamos o calibre do trabalho necessário para que os jornalistas atribuam a alguém, diante da nação, esse nível de autoridade.

AIDS, câncer e pílulas de vitaminas

Ouvi falar sobre Holford, pela primeira vez, em uma livraria no País de Gales. Era ano-novo, eu estava passando o feriado com minha família e não tinha nada sobre o que escrever. Como um salva-vidas, ali estava uma cópia de seu livro *The New Optimum Nutrition Bible*, o best-seller que vendeu 500 mil exemplares. Peguei-o, avidamente, e procurei pelas doenças mais sérias. Primeiro, encontrei uma seção que explica que "as pessoas que tomam vitamina C têm uma sobrevida ao câncer quatro vezes maior". Um material excelente.

Procurei AIDS (é isso o que chamo de "teste de AIDS"). Aqui está o que encontrei na página 208: "AZT, a primeira droga anti-HIV prescritível, é potencialmente prejudicial e comprovadamente menos efetiva do que a vitamina C." Bem, AIDS e câncer são questões muito sérias, sem dúvida. Quando você lê uma afirmação bombástica como essa, poderá supor que ela se baseia em algum tipo de estudo, talvez um estudo em que as pessoas com AIDS tivessem recebido doses de vitamina C. O número 23 aparece sobrescrito, referindo-se a um artigo de alguém chamado Jariwalla. Prendendo a respiração, acessei esse artigo on-line.

A primeira coisa que observei foi que o artigo não menciona o AZT. Ele não compara o AZT com a vitamina C. O trabalho também não envolve seres humanos: é um estudo de laboratório em que foram observadas algumas células em uma placa. Espirrou-se um pouco de vitamina C sobre essas células e algumas coisas complicadas foram medidas, como a "formação de células gigantes sinciciais", que mudavam quando havia muita vitamina C ao redor das células. Tudo muito bom, tudo muito bem, mas os achados desse estudo claramente não apoiam a afirmação bombástica de que o "AZT, a primeira droga anti-HIV prescritível, é potencialmente prejudicial e comprovadamente menos efetiva do que a vitamina C". Na verdade, esse parece ser mais um exemplo daquela extrapolação crédula de dados preliminares alcançados em laboratório para fazer uma afirmação clínica sobre seres humanos reais que agora reconhecemos como a marca registrada dos nutricionistas.

Mas fica ainda mais interessante. Casualmente, apontei tudo isso em um artigo de jornal, e o próprio dr. Raxit Jariwalla escreveu uma carta para defender seu artigo contra a acusação de "ciência picareta". Isso, para mim, trouxe uma questão fascinante, que está no cerne do "referencialismo". O artigo de Jariwalla era perfeitamente adequado, e eu nunca disse o contrário. Em um nível biológico básico, ele media algumas mudanças complicadas que ocorriam quando muita vitamina C era espirrada sobre algumas células em uma placa sobre uma bancada de laboratório. Os métodos e os resultados foram impecavelmente descritos pelo dr. Jariwalla. Não tenho motivo para duvidar de sua descrição clara.

Mas a falha ocorreu na interpretação. Se Holford tivesse dito "o dr. Raxit Jariwalla descobriu que espirrar vitamina C sobre algumas células em uma placa, sobre uma bancada de laboratório, parece mudar a atividade de alguns componentes" e citasse a referência do artigo de Jariwalla, tudo estaria certo. Mas ele não fez isso. Ele escreveu: "AZT, a primeira droga anti-HIV prescritível, é potencialmente prejudicial e comprovadamente menos efetiva do que a vitamina C." Pesquisa científica é uma coisa. O que você afirma que ela demonstra — sua interpretação — é outra inteiramente diferente. A extrapolação de Holford foi totalmente irracional.

Imagino que, neste ponto, muitas pessoas poderiam dizer: "Sim, pensando melhor, isso talvez tenha sido mal redigido." Porém, o professor Holford agiu de outro modo, afirmando que eu o citara fora de contexto (não fiz isso: você pode ver a página inteira do livro dele on-line). Ele disse que corrigiu o livro (você pode ler sobre isso nesta nota aqui).[76] Ele fez repetidas acusações de que eu só o critiquei quanto a esse ponto porque sou pago pelas grandes empresas farmacêuticas (não sou; na

---

[76]O professor Holford não mudou o texto principal no capítulo do livro. Ele acrescentou um texto às notas finais, em fonte pequena, referenciando alguns outros artigos em que as pessoas realmente, pelo menos, colocaram AZT e vitamina C sobre as células em uma placa (o que não muda nada), e uma demanda por mais pesquisas, mas, como notei, ele não se ofereceu para patrocinar nenhuma pesquisa com seu extenso envolvimento com empresas nesse setor de 50 bilhões de dólares. Afinal, ele é Diretor de Ciência e Educação na empresa de pílulas BioCare, que vende pílulas de vitamina C em frascos rotulados com o rosto dele. Para ser justo, ele é o autor da melhor frase que encontrei nos cinco anos em que escrevo sobre o assunto: "Talvez Goldacre, que afirma ser partidário da medicina baseada em evidências, pudesse fornecer alguma evidência de que uma alta dosagem de vitamina C não tem efeito contra o HIV e a AIDS."

PROFESSOR PATRICK HOLFORD

verdade, bizarramente, sou um de seus mais tenazes críticos). Por fim, ele sugeriu que eu me concentrei em um erro isolado e trivial.

Uma revisão vagamente sistemática

A alegria de um livro é ter muito espaço para usar. Tenho comigo meu exemplar de *The New Optimum Nutrition Bible*. Esse é "o livro que você precisa ler caso se importe com sua saúde", segundo a citação do *Sunday Times* em sua capa. "Valioso", disse o *Independent on Sunday*, e assim por diante. Decidi verificar cada referência, como um perseguidor enlouquecido, e a segunda metade deste livro será uma revisão do livro de Holford.

Brincadeirinha.

Existem 558 páginas de jargões técnicos plausíveis no livro de Holford, com conselhos complicados sobre quais alimentos consumir e quais tipos de pílulas comprar (na seção de "recursos" descobre-se que as pílulas fabricadas por ele são "as melhores"). Para preservar nossa sanidade, restringi o exame a uma seção importante: o capítulo em que ele explica por que você deve tomar os suplementos. Antes de começarmos, devemos ser muito claros: só estou interessado no professor Holford porque ele educa os nutricionistas que tratam o país e porque ele recebeu uma posição como professor visitante na Universidade Teesside, com planos para ensinar a estudantes e supervisionar pesquisas. Se o professor Patrick Holford é um homem de ciência e um pesquisador, devemos tratá-lo como tal, de forma bastante escrupulosa.

Então, passando ao capítulo 12, página 97 (estou trabalhando com a edição de 2004, "completamente revisada e atualizada", reimpressa em 2007, caso você queira me acompanhar), podemos começar. Você verá que Holford está explicando a necessidade de ingerir pílulas. Esse pode ser um momento apropriado para mencionar que o professor Patrick Holford atualmente tem sua própria linha de pílulas, com grande sucesso de vendas e pelo menos 20 variedades, todas mostrando seu rosto sorridente no rótulo. Essa linha é disponibilizada pela empresa

CIÊNCIA PICARETA

de pílulas BioCare enquanto sua linha anterior, que você verá nos livros mais antigos, era vendida pela Higher Nature.*

Meu objetivo, ao escrever este livro, é ensinar boa ciência ao examinar a ruim, então acho que você gostará de ouvir que a primeira afirmação que Holford faz, no primeiro parágrafo desse importante capítulo, é um exemplo perfeito de um fenômeno que já encontramos: as "escolhas seletivas" ou a seleção de dados que servem ao seu caso. Ele diz que um experimento demonstra que a vitamina C irá reduzir a incidência de resfriados. Porém, existe uma revisão sistemática de excelente qualidade, feita pela Cochrane,[77] reunindo as evidências de todos os 29 experimentos sobre esse assunto, incluindo 11 mil participantes no total, que concluiu que não existem evidências de que a vitamina C previna resfriados. O professor Holford não fornece uma referência para esse único experimento que contradiz todo o corpo de pesquisa meticulosamente sumarizado pela Cochrane, mas isso não importa; qualquer que seja o estudo, ele conflita com a meta-análise e isso deixa claro que houve uma "escolha seletiva".

Holford dá uma referência, a seguir, de um estudo no qual exames de sangue mostraram que sete entre dez sujeitos tinham deficiência de vitamina B. Há um número sobrescrito que dá ar de autoridade ao texto. Indo ao final do livro, vemos que sua referência para esse estudo é uma fita cassete que se podia comprar em seu próprio Institute for Optimum Nutrition (ela se chama *The Myth of the Balanced Diet* [O mito da dieta balanceada]). Depois, temos um relatório da Bateman Catering Orga-

---

*Ah, ele trabalha para a empresa de pílulas BioCare como Coordenador de Educação e Ciência (eu posso ter mencionado que 30% da firma é de propriedade da empresa farmacêutica Elder). Na verdade, em muitos aspectos, ele passou toda a vida vendendo pílulas. Seu primeiro emprego, depois de sair de York com uma nota final mediana no bacharelado em psicologia, nos anos 1970, foi como vendedor das pílulas de vitamina da empresa Higher Nature. Holford vendeu sua mais recente empresa de pílulas, Health Products for Life, por meio milhão de libras, em 2007, para a BioCare, trabalhando agora para essa empresa.

[77]Douglas R. M., Hemila H., Chalker E., Treacy B., "Vitamin C for preventing and treating the common cold", *Cochrane Database of Systematic Reviews*, 1998. Data da última atualização: 14 de maio de 2007. (As revisões Cochrane são constantemente atualizadas. Todas as versões anteriores estão disponíveis, de modo que você pode ver o que foi dito em vários momentos.)

PROFESSOR PATRICK HOLFORD

nisation (quem?), datado de 25 anos atrás, mas aparentemente com a data errada; um artigo sobre a vitamina B12; e um "experimento" sem grupo de controle relatado em um texto escrito pelo ION em 1987 e tão desconhecido que nem está na Biblioteca Britânica (que tem tudo). Então, há uma afirmação branda em referência a um artigo da revista *Optimum Nutrition*, pertencente ao Institute for Optimum Nutrition, e uma afirmação sem controvérsias apoiada por um artigo válido — afirmando que os filhos de mulheres que tomam ácido fólico durante a gravidez têm menos defeitos de nascença, um fato reconhecido e repetido nas diretrizes do Departamento de Saúde —, porque tem de haver um grão de bom senso e verdade em algum ponto do discurso. Voltando às escolhas seletivas, ficamos sabendo de um estudo em que 90 alunos tiveram um ganho de 10% no QI depois de tomarem uma dose elevada de uma pílula multivitamínica. Infelizmente, não havia referências para esse estudo, mas, logo depois, uma verdadeira pérola: um parágrafo com quatro referências.

A primeira referência leva a um estudo do grande dr. R. K. Chandra, pesquisador que caiu em desgraça e cujos artigos foram desacreditados e recolhidos, tornando-se foco de textos importantes sobre fraudes em pesquisa, incluindo um artigo do dr. Richard Smith publicado no *British Medical Journal* e chamado "Investigando os estudos anteriores de um autor fraudulento".[78] Uma série de três documentários, feita pela CBC, do Canadá (você pode assistir on-line), investiga a preocupante carreira de R. K. Chandra.[79] Quando a série foi concluída, para todos os propósitos, ele estava escondido na Índia. Ele tem 120 contas bancárias em diversos paraísos fiscais e, é claro, patenteou sua própria mistura multivitamínica", vendida como um suplemento alimentar "comprovado por evidências" para idosos. As "evidências", em grande parte, são derivadas de seus próprios experimentos clínicos.

---

[78]Smith R., "Investigating the previous studies of a fraudulent author", *British Medical Journal*, n. 331, 2005, pp. 288-91. Hamblin T., "The Secret Life of Dr. Chandra", *British Medical Journal*, n. 332, 2006, p. 369.

[79]O documentário sobre o dr. Chandra pode ser assistido em:<http://www.cbc.ca/national/news/chandra>.

CIÊNCIA PICARETA

Em nome de uma justiça escrupulosa, não tenho problemas em esclarecer que muito dessas informações vieram a público depois da primeira edição do livro de Holford, ainda que existissem questionamentos sérios a respeito das pesquisas de Chandra já havia algum tempo e que os pesquisadores acadêmicos de nutrição evitassem citá-lo simplesmente porque seus achados pareciam incrivelmente positivos. Em 2002, ele havia se demitido de seu cargo na universidade, não respondia a perguntas sobre seus artigos e não divulgou os dados de suas pesquisas quando solicitado por seus empregadores. O artigo a que Patrick Holford se referiu em seu livro foi finalmente invalidado em 2005. A próxima referência, naquele mesmo parágrafo, é a outro artigo de Chandra. Errar duas vezes seguidas é uma falta de sorte.

O professor Holford segue em frente, com uma referência a um artigo de revisão, afirmando que 37 entre 38 estudos que investigaram a vitamina C (mais uma vez) descobriram que ela era benéfica no tratamento (não na *prevenção*, como em sua afirmação anterior) do resfriado comum. Trinta e sete entre 38 parece muito decisivo, mas a revisão definitiva de Cochrane sobre o assunto mostra evidências pouco claras e apenas um pequeno benefício com doses mais altas.

Examinei o artigo que o professor Holford usou como referência para essa afirmação: trata-se de uma análise retrospectiva de uma revisão de experimentos que havia investigado apenas os testes realizados antes de 1975.[80] Os editores de Holford descrevem essa edição de *Optimum nutrition bible* como "COMPLETAMENTE REVISADA E ATUALIZADA PARA INCLUIR AS MAIS RECENTES PESQUISAS". O livro foi publicado no ano em que completei 30 anos, mas a principal referência de Holford para sua afirmação sobre vitamina C e resfriados, nesse capítulo, é um artigo que examina especificamente experimentos realizados antes de eu ter um ano. Desde que essa revisão foi realizada, aprendi a andar e a falar, fiz o ensino fundamental e o ensino médio,

---

[80]Hemila H., Herman Z. S., "Vitamin C and the common cold: A retrospective analysis of Chalmers' review", *J Am Coll Nutr*, v. 2, n. 14, abril de 1995, pp. 116-23.

PROFESSOR PATRICK HOLFORD

obtive três títulos em três universidades, trabalhei como médico por alguns anos, comecei a escrever uma coluna no *Guardian* e escrevi centenas de artigos, para não falar deste livro. Da minha perspectiva, não é exagero dizer que entre 1975 e hoje uma vida inteira se passou. Para mim, 1975 não está na memória recente. Ah, e o artigo que o professor Holford usou como referência não tem 38 experimentos, e sim 14. Para um homem que continua a pesquisar a vitamina C, o professor Holford parece pouco familiarizado com a literatura atual. Se você estiver preocupado com seu consumo de vitamina C, talvez queira comprar um pouco de Immune C, da linha de produtos de Holford, vendida pela BioCare, por apenas 29,95 libras por 240 comprimidos, e com o rosto dele impresso no frasco.*

Sigamos adiante. Em relação ao poder da vitamina E na prevenção de ataques cardíacos, ele "escolheu" o artigo mais dramaticamente positivo que pude encontrar na literatura, que, segundo Holford, propõe uma redução de 75%, diz ele. Para dar a você uma ideia das referências que ele nem chega a mencionar, eu me dei ao trabalho de voltar no tempo e encontrar a revisão de referências mais atualizada em relação à literatura disponível em 2003: uma revisão sistemática e meta-análise coletada e publicada no *Lancet*, que avaliou todos os artigos publicados sobre o assunto nas décadas anteriores e descobriu que, de modo geral, não existem evidências de que a vitamina E seja benéfica.[81] Você pode ficar surpreso ao saber que o único experimento positivo referenciado por

---

*É importante lembrar a diferença entre *prevenir* resfriados, para o que a revisão Cochrane não encontrou nenhuma evidência de benefício, e *tratá-los*, para o que Cochrane mostra um pequeno benefício com doses muito altas. Houve, como se pode imaginar, casos em que Holford desconsiderou essa diferença e, mais recentemente, em uma newsletter a seus clientes, ele misturou os dados de uma maneira que poderia assustar os autores originais. Com a modesta redução de 13,6% na duração de resfriados em crianças que tomavam uma dose elevada de vitamina C, ele afirmou: "Para uma criança comum, isso representa até um mês a menos de dias com 'resfriado' por ano." Para que isso fosse verdade, essa criança comum teria de apresentar sintomas de resfriado em mais de 200 dias por ano. Segundo a revisão, as crianças que tinham o número mais elevado de resfriados podiam, na verdade, esperar uma redução de quatro dias por ano. Eu poderia seguir em frente nessa lista de erros encontrados no material de divulgação dele, mas existe uma linha entre demonstrar algo e afastar o leitor.

[81]Vivekananthan D. P. *et al.*, "Use of antioxidant vitamins for the prevention of cardiovascular disease: Meta-analysis of randomised trials", *Lancet*, n. 361, 2003, pp. 2.017-23.

CIÊNCIA PICARETA

Holford não só é o menor, mas também, por uma ampla margem, o estudo mais curto nessa revisão. Esse é o professor Holford: contratado como professor e supervisor na Universidade Teesside, moldando jovens mentes e preparando-as para os rigores da vida acadêmica.

Ele seguiu em frente, numa cadeia de afirmações extraordinárias, todas sem referência alguma. As crianças com autismo não fazem contato visual, mas "dê vitamina A natural a essas crianças e elas olharão direto para você". Sem referências. Depois, ele fez quatro afirmações específicas em relação à vitamina B, mencionando "estudos", mas sem referências. Juro que estamos chegando a uma conclusão. Depois, há mais material sobre a vitamina C; desta vez, a referência é novamente um trabalho de Chandra.

Finalmente, na página 104, em uma disparada triunfante para a linha de chegada, o professor Patrick Holford diz que agora existem laranjas sem vitamina C. Um mito popular entre os nutricionistas autodeclarados (não existe outro tipo na Inglaterra) e aqueles que vendem suplementos alimentares é que nossos alimentos estão se tornando menos nutritivos: na realidade, muitos argumentam que nossa alimentação pode até ser mais nutritiva no geral, porque comemos mais frutas e vegetais frescos ou congelados e menos alimentos enlatados ou secos, e, assim, todos os alimentos chegam mais rapidamente às prateleiras e com mais nutrientes (embora com um custo fenomenal para o meio ambiente). Mas a afirmação de Holford a respeito da vitamina é um tanto mais extrema do que os argumentos mais comuns. Essas laranjas não são apenas *menos* nutritivas: "Sim, algumas laranjas que encontramos nos supermercados não contêm nenhuma vitamina C!"* Muito assustador! Comprem pílulas!

Esse capítulo não é um caso isolado. Existe um site — Holfordwatch — dedicado a examinar suas afirmações em detalhes minuciosos, com claridade extrema e verificação obsessiva das referências. Lá, você

---

*Eu gostaria de convidar o professor Holford para me enviar uma laranja vendida em qualquer supermercado e que não tenha vitamina C, por intermédio do endereço da editora.

PROFESSOR PATRICK HOLFORD

encontrará muitos outros erros repetidos nos textos de Holford e dissecados cuidadosamente com inteligência e com um pedantismo quase assustador. É uma verdadeira alegria.

Professor?

Algumas coisas interessantes surgiram dessa análise. Em primeiro lugar — e muito importante, já que estou sempre disposto a me envolver com as ideias das pessoas —, como se poderia discutir um assunto com alguém como Patrick Holford? Ele constantemente acusa os outros de "não acompanharem" a literatura. Qualquer pessoa que duvide do valor de suas pílulas é "ultrapassada" ou uma mera peça da indústria farmacêutica. Ele vai citar afirmações retiradas de pesquisa e referências. O que se pode fazer, considerando-se que não seria possível checar essas referências na hora? Sendo escrupulosamente educado, porém firme, a única resposta sensata seria: "Não estou inteiramente certo de que posso aceitar seu resumo ou sua interpretação dos dados sem verificá-los." Isso pode não ser bem recebido.

Mas o segundo ponto é mais importante. Holford foi nomeado — como posso ter mencionado brevemente — *professor* em Teesside. Ele divulga esse fato orgulhosamente em seus comunicados à imprensa, como se esperaria. E, segundo os documentos de Teesside — existe um amplo conjunto deles, obtido sob o Freedom of Information Act [Lei de Liberdade de Informações] e disponível on-line —, o plano explícito de sua nomeação era que o professor Holford supervisionasse pesquisas e lecionasse nos cursos da universidade.

Não é uma surpresa, para mim, que existam empreendedores e gurus vendendo individualmente suas pílulas e suas ideias no mercado aberto. De algum jeito estranho, eu respeito e admiro sua tenacidade. Porém, me parece que as universidades têm um conjunto de responsabilidades muito diferente e que existe um perigo específico no campo da nutrição. Os títulos de homeopatia, pelo menos, são transparentes. As universidades que ensinam homeopatia agem com secretismo e timidez a respeito de seus cursos (talvez porque, quando os exames vazam, descubra-se que

CIÊNCIA PICARETA

perguntas sobre "miasma" foram feitas em 2008), mas ao menos esses terapeutas alternativos são o que dizem ser.

O projeto dos nutricionistas é mais interessante: seu trabalho assume a *forma* da ciência — a linguagem, as pílulas, o referencialismo —, com afirmações que espelham superficialmente aquelas feitas por pesquisadores acadêmicos do campo da nutrição, no qual há muitas oportunidades para pesquisas científicas genuínas. Ocasionalmente pode até haver alguma boa evidência para suas afirmações (embora eu não possa imaginar um motivo para seguir conselhos de saúde dados por alguém que está apenas ocasionalmente certo). Entretanto, o trabalho dos nutricionistas com frequência, como vimos, está enraizado na terapia alternativa da Nova Era, e, enquanto a técnica do reiki de cura por meio da energia quântica é muito clara em relação às suas origens, os nutricionistas adotaram uma postura de autoridade científica de modo tão plausível — com uma pitada de conselhos sobre estilos de vida com base no senso comum e algumas referências —, que a maioria das pessoas mal consegue ver a disciplina pelo que ela é. Depois de um questionamento aprofundado, alguns nutricionistas reconhecerão que sua prática é uma "terapia complementar ou alternativa", mas o inquérito da Câmara dos Lordes a respeito de medicinas alternativas, por exemplo, nem mesmo os relaciona.

Essa proximidade com o verdadeiro trabalho científico acadêmico evoca paradoxos suficientes para que seja razoável imaginar o que pode acontecer em Teesside quando o professor Holford começar a moldar jovens mentes. Em uma sala, podemos apenas imaginar, uma equipe de pesquisadores acadêmicos irá ensinar que é preciso examinar a *totalidade* das evidências em vez de fazer "escolhas seletivas", que não se pode *extrapolar* dados preliminares obtidos em laboratório, que as *referências* devem ser precisas e refletir o conteúdo do artigo que está sendo citado e tudo o mais que um departamento acadêmico pode ensinar sobre ciência e saúde. Em outra sala, Patrick Holford exibirá a erudição que testemunhamos?

Podemos ter uma mostra muito clara desse confronto em um material publicado recentemente por Holford. Periódica e inevitavelmente, é

PROFESSOR PATRICK HOLFORD

publicado um grande estudo acadêmico que não encontra evidências de benefício no consumo de uma das pílulas favoritas de Patrick Holford. Muitas vezes, ele emite uma réplica confusa e raivosa, que tem muita influência nos bastidores: trechos delas aparecem frequentemente em artigos de jornais e traços de sua lógica falha emergem em discussões com nutricionistas.

Em uma réplica, por exemplo, ele atacou uma meta-análise de experimentos controlados e randomizados sobre antioxidantes, considerando-a tendenciosa porque excluíra os dois experimentos que ele disse serem positivos. Na verdade, esses não eram experimentos, mas apenas pesquisas de observação, e, por isso, nunca teriam sido incluídos. Na ocasião que nos interessa aqui, Patrick Holford estava furioso por causa de uma meta-análise sobre gorduras ômega-3 (tais como os óleos de peixe), em que a professora Carolyn Summerbell era coautora: ela é professora titular no Departamento de Nutrição da Universidade Teesside, onde é também decana assistente de pesquisa, tendo um longo histórico de pesquisas acadêmicas publicadas.

Nesse caso, Holford parece simplesmente não entender os principais resultados estatísticos, representados num gráfico *forest plot*, que não mostravam benefícios no consumo de óleos de peixe.* Furioso com o que pensou ter descoberto, o professor Holford passou a acusar os autores de serem peças manipuladas pela indústria farmacêutica (você pode estar percebendo um padrão). "O que acho especialmente decepcionante é que essa distorção óbvia sequer foi discutida no artigo", diz ele. "Isso realmente me faz questionar a integridade dos autores e do periódico." Lembrem-se de que ele está falando sobre a professora de Nutrição da Universidade Teesside e decana assistente de pesquisa. As coisas pioram ainda mais. "Vamos explorar essa questão por um minuto, com uma

---

*Existe uma explicação mais detalhada de sua incompreensão, disponível on-line, mas, para os nerds, parece que ele ficou surpreso que vários estudos nos quais o benefício das pílulas de óleo de peixe era pouco significativo não se somassem para formar um benefício estatisticamente significativo. Isso, na verdade, é bastante comum. Existem várias críticas interessantes a serem feitas ao artigo da pesquisa do ômega-3, como sempre existem em relação a qualquer artigo, mas infelizmente a crítica de Holford não é uma delas.

CIÊNCIA PICARETA

'teoria da conspiração' em mente. Na semana passada, as vendas de medicamentos farmacêuticos chegaram a 600 bilhões de dólares. O medicamento mais vendido foi o Lipitor, uma estatina para diminuir o colesterol. Ela foi responsável por 12,9 bilhões de dólares..."

Deixem-me ser claro: não há dúvidas de que existem problemas sérios com a indústria farmacêutica — eu saberia, já que leciono a estudantes de medicina e a médicos formados sobre o assunto, escrevo regularmente sobre o tema em jornais de circulação nacional e vou abordar esses males no próximo capítulo —, mas a resposta a esse problema não é má formação acadêmica nem um diferente conjunto de pílulas oferecido por uma indústria semelhante. Já basta.

Como Holford conseguiu ser nomeado?

David Colquhoun é professor emérito em Farmacologia na University College London e mantém um blog muito persuasivo em dcscience.net. Preocupado, ele obteve o "arquivo" da nomeação do professor Holford, também com base no Freedom of Information Act, e divulgou-o on-line. Existem alguns achados interessantes. Primeiramente, Teesside reconhece que esse é um caso incomum. A universidade explica que Holford é diretor da Food for the Brain Foundation [Fundação de Alimentos para o Cérebro], que fará uma doação para uma bolsa de doutorado e que poderia ajudar em uma clínica de autismo da universidade.

Não vou me demorar numa análise do currículo de Holford, porque desejo me concentrar na ciência, mas o que foi enviado a Teesside é um bom ponto de partida para uma breve biografia. O documento diz que ele esteve em York, estudando psicologia experimental entre 1973 e 1976, antes de estudar com dois pesquisadores de saúde mental e nutrição nos Estados Unidos (Carl Pfeiffer e Abram Hoffer), e que, ao retornar ao Reino Unido em 1980, dedicou-se a tratar a "saúde mental com medicina nutricional". Na verdade, 1975 foi o primeiro ano em que York ofereceu um curso de psicologia. Holford, na verdade, frequentou a universidade entre 1976 e 1979 e, depois de obter o bacharelado com nota final mediana, trabalhou, em seu primeiro emprego, como vendedor para a empresa de pílulas de suplemento alimentar Higher Nature. Assim,

PROFESSOR PATRICK HOLFORD

ele estava tratando pacientes em 1980, um ano depois de conseguir seu diploma. Isso não é um problema. Eu só estou tentando esclarecer as coisas na minha mente.

Ele criou o Institute of Optimum Nutrition em 1984 e foi seu diretor até 1998; assim, deve ter sido um tributo tocante e inesperado para Patrick quando, em 1995, o ION lhe conferiu um diploma em Terapia Nutricional. Como ele não concluiu seu mestrado em nutrição na Universidade de Surrey, há 20 anos, esse diploma dado por sua própria organização continua a ser sua única qualificação em nutrição.

Eu poderia continuar, mas acho que é inconveniente e, além disso, há detalhes monótonos. Está bem, só mais um, mas você terá de ler o resto on-line:

> Em 1986, ele começou a pesquisar os efeitos da nutrição sobre a inteligência, junto com Gwillym Roberts, diretor e estudante no ION. Esta colaboração culminou em um experimento controlado e randomizado para testar os efeitos de uma melhor nutrição sobre o QI de crianças — o experimento que foi objeto de um documentário do *Horizon* e foi publicado no *Lancet* em 1988.

Tenho esse artigo do *Lancet* diante de mim. Ele não traz o nome de Holford em lugar nenhum. Nem como autor e nem mesmo nos agradecimentos.

Vamos voltar rapidamente à ciência. Será que antes de nomeá-lo como professor visitante Teesside poderia ter descoberto facilmente, sem mobilizar nenhuma evidência, que havia motivos para se preocupar com a postura de Patrick Holford em relação à ciência? Sim. Simplesmente lendo os panfletos de sua empresa, a Health Products for Life. Entre as muitas pílulas, por exemplo, eles poderiam encontrar a promoção e o endosso do colar QLink, por apenas 69,99 libras. O dispositivo é vendido para protegê-lo dos assustadores e invisíveis raios eletromagnéticos, sobre os quais Holford adora falar, e pode curar muitos males. Segundo o catálogo de Holford:

> Ele não necessita de baterias, pois é "energizado" pelo usuário — o micro-chip é ativado por uma cobertura indutora feita com cobre, que recolhe microcorrentes suficientes de seu coração para energizar o colar.

Os fabricantes explicam que o QLink corrige suas "frequências de energia". Ele foi elogiado pelo *Times*, pelo *Daily Mail* e pelo programa *London Today*, da ITV, e é fácil entender por quê: ele se parece um pouco com um cartão de memória de máquinas fotográficas, com oito pontos de contato na placa de circuito, um componente de alta tecnologia montado no centro e uma cobertura de cobre sobre as bordas.

No verão passado, comprei um QLink e o levei ao Acampamento Dorkbot, um festival anual para *dorks** realizado — numa piada que foi longe demais — em um acampamento de escoteiros na periferia de Dorking. Ali, à luz do sol, alguns dos mais jovens viciados em tecnologia do país examinaram o colar. Usamos sondas e tentamos detectar alguma "frequência" emitida, mas não tivemos sorte. Então, fizemos o que qualquer *dork* faz quando põe as mãos em um dispositivo interessante: nós o abrimos. A primeira coisa que estudamos foi a placa de circuito. Notamos, com alguma surpresa, que ela não estava conectada de modo algum à cobertura de cobre sobre as bordas e, portanto, não recebia energia, como afirmado.

Os oito pontos de cobre tinham algumas trilhas intrigantes, como numa placa de circuito, mas, olhando melhor, vimos que não estavam conectados a nada. Poderíamos dizer que eram "decorativos". Devo mencionar, em nome da precisão, que não sei se posso chamar algo de "placa de circuito" quando não existe "circuito".

Finalmente, há um moderno componente eletrônico montado na superfície e soldado no centro do dispositivo, visível através da cobertura plástica. Ele parece impressionante, mas, seja lá o que for, não está conectado a absolutamente nada. Um exame atento com uma

---

Dork é uma gíria em inglês para um tipo de nerd "bitolado". O estereótipo descreve um tipo inteligente e interessado em tecnologia, que usa óculos de armação grossa e não possui nenhum traquejo social. (*N. do E.*)

PROFESSOR PATRICK HOLFORD

lupa e testes com um multímetro e um osciloscópio revelaram que esse componente da "placa de circuito" é um resistor de zero ohm, ou seja, sem resistência: um pouco de arame em uma caixa pequena. Ele pode parecer um componente inútil, mas, na verdade, é bastante útil para conectar trilhas adjacentes em uma placa de circuito. (Sinto que devo pedir desculpas por saber isso.)

Bom, um componente como esse não é barato. Devemos supor que esse é um resistor de superfície de extrema qualidade, manufaturado para funcionar perfeitamente, bem calibrado e distribuído em pequenas quantidades. São comprados na forma de fitas de papel enroladas em bobinas de 18 centímetros, cada uma com cerca de cinco mil resistores, e pode facilmente pagar até 0,005 libra por cada resistor. Desculpe-me, eu estava sendo sarcástico. Os resistores de zero ohm são extremamente baratos. Esse é o colar QLink. Nenhum microchip. Uma cobertura de cobre sem conexão alguma. E um resistor de zero ohm que custa meio centavo e não está conectado a nada.*

Teesside é apenas parte da história. Nosso principal motivo de interesse por Patrick Holford é sua imensa influência sobre a comunidade de nutricionistas do Reino Unido. Como mencionei, tenho enorme respeito pelas pessoas sobre as quais escrevo neste livro e fico feliz por elogiar Holford com a afirmação de que o moderno fenômeno do nutricionismo, que permeia todos os aspectos da mídia, deve-se em grande parte a ele, por meio daqueles que se graduaram em seu incrivelmente bem-sucedido Institute for Optimum Nutrition, onde ele ainda leciona. Esse instituto treinou a maioria dos terapeutas de nutrição do Reino Unido, cada um com seu estilo próprio, inclusive Vicki Edgson, do programa de TV *Diet Doctors*, e Ian Marber, proprietário da extensa linha de produtos Food Doctor. O instituto tem centenas de estudantes.

---

*Contatei qlinkworld.co.uk para relatar minhas descobertas. Eles gentilmente contataram o inventor, que me informou que sempre haviam dito claramente que o QLink não usa os componentes eletrônicos "em um modo convencional". Aparentemente, o trabalho de reprogramação do padrão de energia é feito por um cristal finamente pulverizado na resina. Acho que isso significa que o QLink é um colar de cristal da Nova Era e, nesse caso, eles podiam simplesmente ter dito isso.

CIÊNCIA PICARETA

Vimos alguns exemplos do padrão de escolaridade de Holford. O que acontece em seu instituto? Será que os estudantes são orientados segundo a linha acadêmica de seu fundador?

Não estando lá, é difícil saber. Se visitar o site, www.ion.ac.uk (que soa acadêmico por ter sido registrado antes das regras atuais a respeito dos endereços ".ac.uk"), você não encontrará uma lista de docentes nem de programas de pesquisa em andamento, como encontraria, digamos, no site do Institute for Cognitive Neurosciences [Instituto de Neurociências Cognitivas] de Londres. Você também não vai encontrar uma lista de publicações acadêmicas. Quando liguei para a assessoria de imprensa em busca dessa lista, eles me falaram sobre artigos em revistas e, então, quando expliquei o que eu desejava, o assessor de imprensa pediu um momento e, ao voltar, me disse que o ION é um "instituto de pesquisa e, por isso, eles não têm tempo para publicar artigos acadêmicos e coisas assim".

Lentamente, desde que Holford deixou a diretoria (ele ainda leciona), o Institute of Optimum Nutrition conseguiu arrancar alguma respeitabilidade através de seu setor administrativo, localizado no sudoeste de Londres. Ele conseguiu ter seu diploma adequadamente credenciado, pela Universidade de Luton, e, agora, o certificado equivale a um curso sequencial.* Com mais um ano de estudos, se encontrar alguém que o aceite como aluno — ou seja, a Universidade de Luton —, você pode converter seu diploma do ION em um título pleno de bacharel em ciências.

Se, em uma conversa casual com nutricionistas, eu questionar os padrões do ION, esse credenciamento será frequentemente lembrado; por isso, podemos examiná-lo brevemente. Luton, anteriormente Luton College of Higher Education [Faculdade de Educação Superior de Luton] e agora Universidade de Bedfordshire, foi objeto de uma inspeção especial pela Quality Assurance Agency for Higher Education [Agência

---

*No original, *foundation degree*. Assim como os cursos sequenciais no Brasil, os *foundation courses* são cursos de nível superior, com duração inferior a uma graduação tradicional e que não conferem título de bacharel. (*N. do E.*)

PROFESSOR PATRICK HOLFORD

de Garantia de Qualidade para a Educação Superior] em 2005. A QAA existe para "zelar pelos padrões acadêmicos e pela qualidade da educação superior no Reino Unido".

Quando o relatório foi divulgado, o *Daily Telegraph* publicou um artigo sobre Luton, com o título "Essa é a pior universidade da Grã-Bretanha?".[82] Desconfio que a resposta seja sim. Mas o que mais nos interessa é o modo como o relatório destaca a abordagem precipitada da universidade ao validar cursos básicos de outras instituições (p. 12, parágrafo 45 e seguintes). O documento afirma explicitamente que, na opinião da equipe de auditoria, simplesmente não foram alcançadas as expectativas do código de conduta para garantia da qualidade acadêmica e dos padrões de educação superior, especificamente em relação ao credenciamento de cursos básicos. Conforme eles continuam — tento não ler esse tipo de documento com muita frequência —, o relatório se mostra bastante completo. Se você for lê-lo on-line, recomendo os parágrafos 45 a 52.

No momento em que este livro estava indo para o prelo, veio a público a informação de que o professor Holford havia se demitido da posição de professor visitante, alegando uma reorganização na universidade. Só tenho tempo para acrescentar uma frase: isso não vai parar. Ele está procurando credibilidade acadêmica em outro lugar. A realidade é que essa vasta indústria do nutricionismo — e, mais importante do que qualquer coisa, essa forma fascinante de ensino — está penetrando, sem crítica e sem ser notada, no cerne do sistema acadêmico por causa de nosso desespero para encontrar respostas fáceis para problemas complexos como obesidade, de nossa necessidade coletiva de consertos rápidos, da disponibilidade das universidades em trabalhar com personalidades da indústria nos seus conselhos acadêmicos, do admirável desejo de dar aos estudantes o que eles desejam e da incrível credibilidade que essas figuras pseudoacadêmicas conseguiram em um mundo que parece ter esquecido a importância de avaliar criticamente todas as afirmações científicas.

---

[82] <http://www.qaa.ac.uk/reviews/reports/institutional/Luton1105/RG162UniLuton.pdf>

CIÊNCIA PICARETA

Existem outros motivos pelos quais essas ideias deixaram de ser examinadas. Um deles é a carga de trabalho. Patrick Holford, por exemplo, responde ocasionalmente a questionamentos sobre as evidências por trás de suas afirmações, mas muitas vezes, parece-me, ele o faz produzindo uma nuvem ainda maior de material com aparência científica, suficiente para afugentar muitos críticos e certamente tranquilizadora para seus seguidores. Porém, qualquer pessoa que ouse questioná-lo tem de estar pronta para lidar com uma massa imensa de conteúdo que será enviada por Holford e por sua extensa equipe de funcionários. É extremamente divertido.

Há também sua queixa a mim na Comissão de Queixas contra a Imprensa (que não foi mantida nem encaminhada ao jornal para comentário), suas extensas notificações, suas afirmações de que o *Guardian* corrigiu os artigos que o criticavam (o que certamente não aconteceu) e assim por diante. Ele escreve longas cartas, enviadas a muitas pessoas, fazendo acusações espantosas a mim e a outros críticos de seu trabalho. Essas afirmações aparecem em correspondências enviadas aos compradores de suas pílulas, em cartas enviadas a instituições beneficentes de saúde das quais nunca ouvi falar, em e-mails a pesquisadores acadêmicos e em muitas páginas na internet: milhares de palavras que, na maioria, se limitam a repetir sua afirmação incongruente de que estou, de algum modo, no bolso das grandes empresas farmacêuticas. Não estou, mas observo com certo prazer que — como já posso ter mencionado — Patrick, que vendeu sua própria empresa de pílulas por meio milhão de libras em 2007, trabalha agora para a BioCare, que, em 30%, é de propriedade de uma empresa farmacêutica.

Agora, estou falando diretamente com você, professor Patrick Holford. Se discordamos em qualquer ponto sobre evidências científicas, prefiro um esclarecimento professoral, simples e claro a essa coisa de que a indústria farmacêutica está decidida a persegui-lo, de uma queixa, de uma notificação, de afirmar, de forma vã, que as perguntas deveriam ser feitas aos cientistas cujos trabalhos válidos você — como creio ter demonstrado — interpretou erroneamente—, de responder a uma pergunta diferente da que foi feita ou de qualquer outra forma de encenação.

PROFESSOR PATRICK HOLFORD

Essas não são coisas complicadas. Ou é aceitável fazer "escolhas seletivas" entre as evidências sobre, digamos, a vitamina E, ou não é. Ou é razoável extrapolar dados obtidos em laboratório sobre células em uma placa e fazer uma afirmação clínica sobre pessoas com AIDS ou não é. Ou uma laranja contém vitamina C ou não contém. E assim por diante. Nos casos em que você cometeu erros, talvez pudesse simplesmente reconhecê-los e corrigi-los. Eu sempre ficarei feliz em fazê-lo e, de fato, já o fiz muitas vezes, sobre muitas questões, e não senti nenhuma grande vergonha.

Gosto quando as pessoas desafiam minhas ideias: isso me ajuda a refiná-las.

10 Agora, o médico vai processá-lo

Este capítulo não apareceu na edição original deste livro, porque, durante 15 meses, até setembro de 2008, o empresário de pílulas de vitamina Matthias Rath estava processando a mim e ao *Guardian* por calúnia. Essa estratégia não foi muito bem-sucedida. Por mais que os nutricionistas possam fantasiar em público que todos os críticos são, de algum modo, fantoches das grandes empresas farmacêuticas, eles fariam bem em lembrar que, como muitas pessoas da minha idade que trabalham no setor público, não possuo um apartamento próprio. O *Guardian* generosamente pagou pelos advogados e, em setembro de 2008, Rath arquivou o caso, cuja defesa custou mais de 500 mil libras. Rath já pagou 220 mil libras e esperamos que pague o restante. Ninguém irá me compensar pelas reuniões intermináveis, pelo tempo de trabalho perdido nem pelos dias gastos estudando inúmeros documentos jurídicos interligados.

Em relação a esse último aspecto existe, porém, um pequeno consolo, que vou contar na forma de um alerta: eu agora sei mais sobre Matthias Rath do que praticamente qualquer outra pessoa. Minhas anotações, referências e depoimentos de testemunhas, guardados em caixas no cômodo em que estou agora, formam uma pilha tão alta quanto o próprio homem e o que vou escrever aqui é apenas uma pequena fração da história que está esperando para ser contada. Este capítulo, devo mencionar, também está disponível on-line, gratuitamente, para qualquer pessoa que deseje lê-lo.

Matthias Rath nos afasta rudemente do raio contido e quase acadêmico deste livro. Na maior parte dele, temos nos interessado pelas consequências intelectuais e culturais da ciência picareta, os fatos inventados em jornais nacionais, as práticas acadêmicas dúbias nas universidades, o comércio de pílulas inúteis e sem valor e assim por diante. Mas o que acontece se tirarmos esses truques, essas técnicas de marketing para a venda de pílulas, do nosso contexto ocidental decadente e os levarmos para uma situação em que as coisas realmente importam?

Em um mundo ideal, isto seria apenas um exercício imaginativo.

A AIDS é o oposto de uma piada. Vinte e cinco milhões de pessoas morreram por causa dessa doença — três milhões apenas no ano passado —, inclusive 500 mil crianças. Na África do Sul, ela mata 300 mil pessoas por ano, o que representa 800 pessoas por dia ou uma pessoa a cada dois minutos. Esse país tem 6,3 milhões de pessoas soropositivas, incluindo 30% de todas as mulheres grávidas. Existe 1,2 milhão de órfãos da AIDS com menos de 17 anos. O mais assustador é que esse desastre aconteceu repentinamente e sob nossa observação: em 1990, apenas 1% dos adultos da África do Sul eram soropositivos. Dez anos depois, esse número havia aumentado para 25%.

É difícil provocar uma resposta emocional a números frios, mas acho que concordaríamos em um ponto: se você fosse se envolver em uma situação em que há tanta morte, miséria e doença, teria de tomar muito cuidado para garantir que soubesse do que estava falando. Pelas razões que você lerá a seguir, suspeito que Matthias Rath falhou nesse ponto.

Esse homem, devemos ser claros, é nossa responsabilidade. Nascido e criado na Alemanha, Rath era o coordenador do departamento de Pesquisa Cardiovascular no Linus Pauling Institute, em Palo Alto, na Califórnia, e mesmo ali tinha uma tendência para grandes gestos, tendo publicado um artigo no *Journal of Orthomolecular Medicine*, em 1992, intitulado "Uma teoria unificada das doenças cardiovasculares humanas levando à sua abolição como causa para a mortalidade humana". A teoria unificada era uma dose elevada de vitaminas.

Primeiro, ele desenvolveu uma firme base de vendas na Europa, comercializando suas pílulas através de táticas que serão muito familiares a você durante o resto deste livro, porém um pouco mais agressivas. No Reino Unido, seus anúncios afirmavam que "90% dos pacientes que recebem quimioterapia para tratar um câncer morrem meses depois de iniciado o tratamento" e sugeriam que três milhões de vidas poderiam ser salvas se os pacientes com câncer não fossem tratados pela medicina convencional. Para obter ganhos financeiros, explicou ele, a indústria farmacêutica estava deixando que as pessoas morressem. Os tratamentos contra o câncer eram "substâncias químicas venenosas" sequer "efetivas".

A decisão de iniciar um tratamento contra o câncer pode ser a mais difícil que um indivíduo ou uma família tenham de tomar, equilibrando-se entre benefícios bem documentados e efeitos colaterais igualmente bem documentados. As afirmações de Matthias Rath podem pesar especialmente em sua consciência se você viu sua mãe perder todo o cabelo por causa da quimioterapia, por exemplo, na esperança de permanecer viva apenas por tempo suficiente para ver seu filho começar a falar.

Houve alguma resposta regulamentadora na Europa, mas, de modo geral, tão fraca quanto a enfrentada por outros personagens deste livro. A Advertising Standards Authority [Autoridade de Padrões Publicitários] criticou um dos anúncios exibidos no Reino Unido, mas isso é essencialmente tudo que podem fazer. Rath recebeu uma ordem, dada por um tribunal de Berlim, para não mais afirmar que suas vitaminas podiam curar o câncer, sob pena de pagar uma multa de 250 mil euros.

Mas as vendas eram fortes, e Matthias Rath ainda tem muitos defensores na Europa, como veremos a seguir. Ele entrou na África do Sul com toda a fama, a autoconfiança e a riqueza que havia reunido como empresário de pílulas de vitaminas bem-sucedido na Europa e nos Estados Unidos e começou a publicar anúncios de página inteira nos jornais.

"A resposta à epidemia de AIDS está aqui", proclamou ele. As drogas antirretrovirais são venenosas e fazem parte de uma conspiração para matar pacientes e ganhar dinheiro. "Parem o genocídio cometido pelo cartel de medicamentos contra a AIDS", dizia uma chamada. "Por que os sul-africanos devem continuar a ser envenenados com o AZT? Existe uma resposta natural para a AIDS." A resposta vinha sob a forma de pílulas de vitaminas. "O tratamento com multivitaminas é mais efetivo

CIÊNCIA PICARETA

do que qualquer medicamento tóxico contra a AIDS." "As multivitaminas diminuem pela metade o risco de desenvolver AIDS."

A empresa de Rath administrava clínicas que colocavam em prática essas ideias e, em 2005, Matthias Rath decidiu fazer um experimento em um município perto da Cidade do Cabo, chamado Khayelitsha, ministrando sua própria fórmula, VitaCell, a pessoas em estágios avançados da doença. Em 2008, esse experimento foi declarado ilegal pela Suprema Corte da África do Sul. Embora Rath diga que nenhum dos participantes estava tomando drogas antirretrovirais antes de seu experimento, alguns parentes declararam que as drogas estavam sendo usadas e que os pacientes foram fortemente aconselhados a parar de tomá-las.

Tragicamente, Matthias Rath havia levado suas ideias ao lugar certo. Thabo Mbeki, presidente da África do Sul na época, era um famoso "opositor da AIDS" e, para o horror da comunidade internacional, enquanto as pessoas morriam à taxa de uma a cada dois minutos em seu país, ele deu crédito e apoio às afirmações de um pequeno grupo de pessoas que afirmavam que a AIDS não existia, que não era causada pelo HIV, que a medicação antirretroviral causava mais mal do que bem e assim por diante.

Em vários momentos durante o auge da epidemia de AIDS na África do Sul, o governo argumentou que o HIV não era a causa da AIDS e que as drogas antirretrovirais não eram úteis para os pacientes. Eles se recusaram a implantar programas de tratamento adequados e a aceitar doações de medicamentos ou verbas do Global Fund [Fundo Global] para comprar remédios.

Um estudo estima que, se o governo da África do Sul tivesse utilizado drogas antirretrovirais para prevenção e tratamento na mesma taxa usada na província de Western Cape (que desafiou a política nacional nessa questão), aproximadamente 171 mil novas infecções e 343 mil mortes poderiam ter sido evitadas entre 1999 e 2007.[83] Outro estudo estima que, entre 2000 e 2005, houve 330 mil mortes desnecessárias,

---

[83]Nattrass N., "Estimating the lost benefits of antiretroviral drug use in South Africa", *African Affairs*, v. 427, n. 107, 2008, pp. 157-76.

AGORA, O MÉDICO VAI PROCESSÁ-LO

2,2 milhões de anos perdidos e 35 mil bebês nascidos com HIV devido a não implementação de um programa simples e barato de prevenção da transmissão de mãe para filho.[84] Uma a três doses de drogas antirretrovirais podem reduzir dramaticamente as chances de transmissão. O custo é simbólico. Mas as drogas não estavam disponíveis.

É interessante notar que um colega e funcionário de Matthias Rath, o advogado sul-africano Anthony Brink, foi o responsável por apresentar muitas dessas ideias a Thabo Mbeki. Brink encontrou o material "opositor à AIDS" em meados da década de 1990 e, depois de muita pesquisa na internet, convenceu-se de que essas ideias estavam corretas. Em 1999, ele escreveu um artigo sobre o AZT em um jornal de Johannesburgo, intitulado "Um medicamento dos infernos", que o levou a uma argumentação pública com um importante virologista. Brink contatou Mbeki, enviando-lhe cópias do que foi dito no debate, e foi acolhido como um especialista. Essa é uma triste comprovação do perigo de dar credibilidade a charlatões.

Em sua carta inicial como candidato a participar da equipe de Matthias Rath, Brink descreveu-se como o "principal opositor da AIDS na África do Sul, mais conhecido por uma impressionante exposição da toxicidade e da ineficácia das drogas anti-AIDS e por meu ativismo político, que fez com que o presidente Mbeki e a ministra da Saúde, a dra. Tshabalala-Msimang, repudiassem essas drogas em 1999".

Em 2000, a agora mal-afamada Conferência Internacional sobre a AIDS aconteceu em Durban. O grupo de consultores presidenciais de Mbeki já incluía muitos "opositores da AIDS" antes da conferência, entre eles Peter Duesberg e David Rasnick. No primeiro dia, Rasnick sugeriu que os testes de HIV fossem banidos, por princípio, e que a África do Sul parasse de rastrear o vírus nos bancos de sangue. "Se eu tivesse poder para tornar ilegal o teste de anticorpos para o HIV", disse ele, "o faria imediatamente." Quando médicos sul-africanos deram testemunhos

---

[84]Chigwedere P., Seage G. R., Gruskin S., Lee T. H, Essex M., "Estimating the lost benefits of antiretroviral drug use in South Africa", *Journal of Acquired Immune Deficiency Syndromes*, v. 4, n. 49, 1º de dezembro de 2008, pp. 410-15.

das mudanças drásticas que a AIDS havia causado em suas clínicas e hospitais, Rasnick disse que ele não tinha visto "nenhuma evidência" de uma catástrofe causada pela AIDS. A mídia não teve permissão para cobrir a conferência, mas um repórter do *Village Voice* estava presente. Ele disse que "Peter Duesberg fez uma apresentação tão distante da realidade médica sul-africana que deixou diversos médicos locais sacudindo a cabeça negativamente".[85] Os opositores disseram que não era a AIDS que estava matando bebês e crianças, mas a medicação antirretroviral.

Um pouco antes da conferência, o presidente Thabo Mbeki enviou uma carta aos líderes mundiais comparando a luta dos "opositores da AIDS" com a luta contra o apartheid. O *Washington Post* descreveu a reação na Casa Branca: "Alguns funcionários do governo ficaram tão surpresos com o tom da carta e com o momento em que foi enviada — durante as preparações finais para a conferência de julho em Durban — que, pelo menos dois deles, segundo fontes diplomáticas, sentiram-se na obrigação de verificar a autenticidade do documento." Centenas de delegados, enojados, não puderam ouvir todo o discurso de Mbeki na conferência enquanto muitos outros ficaram atônitos e confusos. Mais de cinco mil pesquisadores e ativistas de todo o mundo assinaram a Declaração de Durban, um documento que abordava e repudiava especificamente as afirmações e as preocupações — ao menos as mais moderadas — dos "opositores da AIDS". Especificamente, esse documento abordava a acusação de que as pessoas estavam morrendo simplesmente por causa da pobreza:

> A evidência de que a AIDS é causada pelo HIV-1 ou HIV-2 é clara, exaustiva e não ambígua (...) Como ocorre com qualquer outra infecção crônica, diversos fatores têm papel na determinação do risco de desenvolver a doença. Pessoas que se alimentam mal, que têm outras infecções ou que são mais velhas tendem a ser mais suscetíveis ao rápido desenvolvimento da AIDS após a infecção com o HIV. No entanto, nenhum desses fatores enfraquece as evidências científicas de que o HIV é a única causa da AIDS (...) A transmis-

---

[85] <http://www.villagevoke.com/2000-07-04/news/debating-the-obvious>.

> são entre mãe e filho pode ser reduzida pela metade ou mais através de trata-
> mentos breves com drogas antivirais (...) O que funciona melhor em um país
> pode não ser adequado em outro. Mas para dominar a doença, todos preci-
> sam entender, primeiro, que o HIV é o inimigo. A pesquisa, não os mitos, é o
> que levará ao desenvolvimento de tratamentos mais efetivos e mais baratos.

Não deu resultado. Até 2003, o governo sul-africano recusou-se, por questões de princípio, a implantar programas utilizando medicação antirretroviral adequada e, mesmo depois, o processo ocorreu sem grande empenho. Essa loucura só foi superada depois de uma campanha maciça de organizações ativistas, como a Treatment Action Campaign (TAC) [Campanha de Ação de Tratamento] — mas, mesmo após o gabinete do Congresso Nacional Africano (CNA), partido do governo, votar pela utilização dos medicamentos, continuou a existir resistência. Em meados de 2005, pelo menos 85% das pessoas soropositivas ainda recusavam as drogas antirretrovirais de que precisavam. Isso representa cerca de um milhão de pessoas.

Essa resistência, é claro, era mais profunda e não se devia apenas a um homem; grande parte dela foi instigada pela ministra da saúde de Mbeki, Manto Tshabalala-Msimang. Uma crítica feroz das drogas médicas contra o HIV, ela gostava de aparecer na TV exagerando seus perigos, menosprezando seus benefícios e se mostrando irritadiça e evasiva quando lhe perguntavam quantos pacientes estavam recebendo tratamentos efetivos. Em 2005, ela declarou que não seria "pressionada" para cumprir a meta de três milhões de pacientes tratados com medicação antirretroviral, que as pessoas tinham ignorado a importância da nutrição e que ela continuaria a alertar os pacientes sobre os efeitos colaterais dos antirretrovirais, dizendo: "Já nos demonstraram que nós somos o que comemos."

Essa é uma frase de efeito assustadoramente familiar. Tshabalala-Msimang também elogiou publicamente o trabalho de Matthias Rath e se recusou a investigar suas atividades. O mais incrível é que ela é partidária do tipo de nutricionismo que se vê nas revistas sobre estilo de vida que saem nos fins de semana e com as quais você já está familiarizado.

Os remédios que ela indica contra a AIDS são beterraba, alho, limões e batata africana. Uma citação típica da ministra da Saúde, de um país onde 800 pessoas morrem todos os dias por causa da AIDS, é: "Alho cru e a casca de um limão não só lhe garantirão uma boa pele, mas o protegerão contra doenças." O estande da África do Sul na Conferência Mundial sobre a AIDS, em Toronto, em 2006, foi descrito pelos delegados como um "bufê de saladas". Ele consistia em um pouco de alho, um pouco de beterraba, batatas africanas e outros vegetais. Algumas caixas de drogas antirretrovirais foram acrescentadas depois, emprestadas, no último minuto, por outros delegados.

Os terapeutas alternativos gostam de sugerir que suas ideias e seus tratamentos não foram suficientemente pesquisados. Como você sabe, isso muitas vezes não é verdade e, no caso dos vegetais preferidos pela ministra da Saúde, pesquisas foram feitas, mas os resultados não foram promissores. Entrevistada por uma emissora de TV pública africana a esse respeito, Tshabalala-Msimang deu as respostas que você esperaria ouvir em qualquer discussão sobre terapias alternativas durante um jantar na região norte de Londres.

Primeiro, perguntaram-lhe sobre o trabalho, realizado na Universidade de Stellenbosch, que sugeria que sua planta predileta, a batata africana, podia ser perigosa para pessoas que tomavam drogas contra AIDS. Um estudo sobre a ação da batata africana sobre o HIV teve de ser encerrado antecipadamente, após apenas oito semanas, porque os pacientes que recebiam o extrato da planta desenvolveram grave supressão de medula óssea e queda em sua contagem de células CD4 — o que é algo ruim. Além disso, gatos com o vírus da imunodeficiência felina que receberam o extrato da mesma planta sucumbiram mais depressa do que animais que não receberam o tratamento. A batata africana não parece uma boa aposta.

Tshabalala-Msimang discordou: os pesquisadores deviam voltar às suas mesas e "investigar direito". Por quê? Porque as pessoas soropositivas que ingeriam a batata africana haviam melhorado, e elas mesmas o diziam. "Se uma pessoa diz que está se sentindo melhor, isso deve ser discutido apenas porque essa melhora ainda não foi provada cientificamente?", perguntou ela. "Quando uma pessoa diz que está se sentindo melhor, eu devo dizer 'Não, acho que você não está se sentindo melhor. Preciso, primeiro, fazer testes científicos'?" Ao lhe perguntarem se havia uma base científica para sua opinião, ela respondeu: "Ciência de quem?"

Aí está uma explicação possível, se não uma justificativa. Esse continente foi brutalmente explorado pelo mundo desenvolvido — primeiro, pelo império; depois, pelo capital globalizado. Teorias de conspiração a respeito da AIDS e da medicina ocidental não são tão inteiramente absurdas nesse contexto. A indústria farmacêutica realmente realizou, na África, experimentos com fármacos que seriam impedidos em qualquer lugar do mundo desenvolvido. Muitos acham suspeito que os africanos negros pareçam ser as maiores vítimas da AIDS e apontam como culpados os programas de guerra biológica criados pelos governos partidários do apartheid; houve também suspeitas de que o discurso científico sobre o HIV/AIDS pudesse ser um recurso, um cavalo de Troia, escondendo interesses políticos e econômicos ocidentais ainda mais exploradores atrás de um problema causado simplesmente pela pobreza.

E esses são países novos, nos quais independência e governo autônomo são ocorrências recentes, que estão lutando para encontrar sua base comercial e identidade cultural verdadeira depois de séculos de colonização. A medicina tradicional representa um importante vínculo com um passado autônomo; além disso, os medicamentos antirretrovirais foram desnecessariamente — ofensiva e absurdamente — distribuídos a preços altos e, até que ações para desafiar isso fossem parcialmente bem-sucedidas, muitos africanos não tiveram acesso ao tratamento médico.

É muito fácil nos mostrarmos complacentes e esquecer que temos nossas próprias idiossincrasias culturais que nos impedem de aderir a programas sensatos de saúde pública. Não temos de ir tão longe em busca de um exemplo: é só lembrar da vacina tríplice viral. Uma boa base de evidências mostra que os programas de troca de agulhas reduzem a infecção pelo HIV, mas essa estratégia tem sido repetidamente rejeitada em favor da campanha "Apenas diga não". Entidades beneficentes, patrocinadas por grupos cristãos norte-americanos, recusam-se a apoiar o controle de natalidade enquanto qualquer sugestão de aborto tem como resposta um olhar frio e piedoso, mesmo nos países em que controlar sua própria fertilidade pode significar a diferença entre o sucesso ou o fracasso. Esses princípios morais nada práticos estão tão profundamente entranhados que o Pepfar, o plano de emergência presidencial norte-americano de combate à AIDS, tem insistido para que todos que recebem ajuda monetária internacional assinem uma declaração prometendo não ter nenhum envolvimento com profissionais do sexo.

Não devemos parecer insensíveis ao valores cristãos, mas me parece que envolver os profissionais do sexo é quase a pedra fundamental para qualquer política efetiva de combate à AIDS: o sexo comercial é, muitas vezes, o "vetor de transmissão", e os profissionais do sexo são considerados um grupo de alto risco, mas existem questões mais sutis em jogo. Se você assegurar os direitos legais de prostitutas não sofrerem violência nem discriminação, elas estarão capacitadas a exigir o uso de preservativo e, desse modo, você pode evitar que o HIV se espalhe por toda a comunidade. É aqui que a ciência encontra a cultura. Mas, talvez até para seus amigos e vizinhos, qualquer que seja o subúrbio idílico em que você viva, o princípio moral da abstinência de sexo e de drogas seja mais importante do que pessoas morrerem por causa da AIDS — talvez, então, eles não sejam menos irracionais do que Thabo Mbeki.

Foi nessa situação que o empresário de pílulas de vitaminas Matthias Rath se inseriu, de modo proeminente e caro, com a riqueza que havia acumulado na Europa e nos Estados Unidos, explorando, sem senso de ironia, as ansiedades anticoloniais, embora fosse um homem branco oferecendo pílulas fabricadas no exterior. Seus anúncios e suas clínicas foram um enorme sucesso. Ele começou a apontar pacientes individuais como evidências dos benefícios que poderiam ser obtidos com as pílulas de vitaminas — embora, na realidade, a AIDS tenha vencido em algumas de suas histórias de sucesso mais famosas. Quando perguntada sobre as mortes dos famosos pacientes de Rath, a ministra da Saúde Tshabalala-Msimang respondeu: "Se eu tomar antibióticos e morrer, isso não significa que morri por causa dos antibióticos."

Ela não está sozinha: os políticos da África do Sul têm se recusado consistentemente a intervir nesses tratamentos e Rath afirma ter o apoio do governo, cujos funcionários mais importantes se recusam a se afastar de suas operações ou a criticar suas atividades. Tshabalala-Msimang afirmou, em público, que a Fundação Rath "não está enfraquecendo a posição do governo. Ao contrário, ela apoia o governo".

Em 2005, exasperados diante da inação do governo, um grupo de 199 importantes médicos da África do Sul assinou uma carta aberta às autoridades de saúde de Western Cape, solicitando uma ação contra a Fundação Rath. "Nossos pacientes estão sendo inundados com propagandas que os incentivam a interromper o uso de medicamentos que salvam suas vidas", dizia a solicitação. "Muitos tivemos experiências com pacientes cuja saúde foi comprometida ao pararem de tomar medicamentos antirretrovirais devido às atividades dessa fundação." Os anúncios de Rath continuaram. Ele até afirmou que suas atividades haviam sido endossadas por uma grande lista de patrocinadores e associados, que incluía a Organização Mundial de Saúde, a UNICEF e a UNAIDS. Todas essas organizações emitiram documentos que denunciam as afirmações e atividades de Rath. O homem, com certeza, é audacioso.

Seus anúncios também estão cheios de afirmações científicas detalhadas. Seria errado negligenciarmos a ciência nessa história. Assim, vamos examinar essas afirmações, especialmente aquelas que se focam em um estudo de Harvard realizado na Tanzânia. Rath descreveu essa pesquisa em anúncios de página inteira, alguns veiculados no *New York Times* e no *Herald Tribune*, e se refere a eles, devo mencionar, como se fossem uma cobertura elogiosa ao seu trabalho. De qualquer modo, essa pesquisa mostrou que os suplementos multivitamínicos podem ser benéficos a uma população com AIDS em países em desenvolvimento. Não há problemas com esse resultado e existem muitos motivos para acreditar que as vitaminas possam trazer alguns benefícios para uma população doente e muitas vezes desnutrida.

Os pesquisadores recrutaram 1.078 mulheres grávidas soropositivas, designadas randomicamente para receber suplementos de vitamina ou placebos. Observe, novamente, que esse é mais um experimento grande, pago com verbas públicas e adequadamente realizado por cientistas, ao contrário das afirmações dos nutricionistas de que esses estudos não existem.

CIÊNCIA PICARETA

As mulheres foram acompanhadas por vários anos. Ao final do estudo, 25% das pacientes que receberam vitaminas estavam gravemente doentes ou mortas, mas o mesmo aconteceu a 31% das pacientes que receberam placebo. Houve também um benefício estatisticamente significante na contagem das células CD4 (uma medida da atividade do HIV) e nas cargas virais. Esses resultados não foram, de modo algum, dramáticos — e não podem ser comparados com os benefícios demonstráveis alcançados pelos antirretrovirais em termos de vidas salvas —, mas mostraram que uma dieta melhor, ou pílulas de vitaminas genéricas e baratas, poderia ser um modo simples e relativamente barato de adiar marginalmente a necessidade de iniciar o uso de medicação anti-HIV em alguns pacientes.

Nas mãos de Rath, esse estudo se transformou em uma evidência de que as pílulas de vitamina são melhores do que a medicação no tratamento de HIV/AIDS, de que as terapias antirretrovirais "prejudicam gravemente todas as células no corpo, inclusive as células brancas do sangue" e, pior, de que "assim, essas terapias estão piorando, ao invés de melhorar, as deficiências imunológicas e expandindo a epidemia de AIDS". Os pesquisadores da Harvard School of Public Health [Escola de Saúde Pública de Harvard] ficaram tão horrorizados que emitiram um comunicado à imprensa declarando seu apoio à medicação e afirmando, de modo claro e sem ambiguidade, que Matthias Rath havia distorcido suas descobertas . Os órgãos regulamentadores da mídia não agiram.

Para um estranho, a história é desconcertante e assustadora. As Nações Unidas condenaram os anúncios de Rath como "incorretos e enganosos". "Esse homem está matando pessoas ao atraí-las para um tratamento não reconhecido e sem nenhuma evidência científica", disse Eric Goemaere, coordenador dos Médicos sem Fronteiras, um pioneiro na terapia antirretroviral na África do Sul. Rath processou-o.

Rath não processou apenas o MSF. Ele também iniciou processos demorados e caros, que chegaram a um impasse ou foram perdidos, contra um professor de pesquisa sobre a AIDS, contra críticos que se expressaram na mídia e contra outros.

Sua campanha mais abominável foi realizada contra a TAC. Por muitos anos, essa tem sido a principal organização realizadora de campanhas pelo acesso à medicação antirretroviral na África do Sul, guerreando em quatro frentes. Em primeiro lugar, ela luta contra o próprio governo, tentando obrigá-lo a implantar programas de tratamento para a população. Em segundo lugar, ela luta contra a indústria farmacêutica, que afirma precisar cobrar o preço cheio por seus produtos nos países em desenvolvimento a fim de custear pesquisas e o desenvolvimento de novos fármacos — embora, como veremos, a indústria farmacêutica gaste com promoção e administração o dobro do que gasta com pesquisa e desenvolvimento em sua receita anual de 550 bilhões de dólares. Em terceiro lugar, a organização, formada principalmente por mulheres negras de pequenos municípios, faz um importante trabalho local de prevenção e tratamento, garantindo que as pessoas saibam o que está disponível e como se proteger. Por fim, ela luta contra as pessoas que promovem o tipo de informação divulgada por Matthias Rath e por seus semelhantes.

Rath decidiu lançar uma campanha maciça contra esse grupo. Ele distribui material de propaganda contra a organização — dizendo que "os remédios da Treatment Action Campaign vão matar você" e pedindo que "parem o genocídio cometido pelo cartel de medicamentos contra a AIDS" — e afirma — como você deve ter adivinhado — que existe uma conspiração internacional das empresas farmacêuticas para prolongar a crise da AIDS em benefício próprio através do fornecimento de medicamentos que pioram a saúde das pessoas. A TAC deve ser parte da conspiração, devemos pensar, porque ela critica Matthias Rath. Assim como eu, quando escrevo sobre Patrick Holford ou Gillian McKeith, a TAC é totalmente favorável a uma boa alimentação. Mas, na literatura promocional de Rath, a organização é uma frente da indústria farmacêutica, um cavalo de Troia e um "lacaio". A TAC divulgou um relatório completo de suas verbas e atividades, demonstrando que não existe essa conexão; Rath não apresentou provas contrárias e perdeu o caso contra a organização, mas não esqueceu a história. Na verdade, ele apresenta a perda do caso como uma vitória.

O fundador da TAC é um homem chamado Zackie Achmat, que, na minha opinião, chega o mais perto possível de um herói. Ele é sul-africano e "de cor", segundo a nomenclatura dada pelo sistema de apartheid em que ele cresceu. Aos 14 anos, tentou incendiar a escola em que estudava, e talvez você fizesse o mesmo em circunstâncias similares. Ele foi preso e levado para a prisão sob o brutal e violento regime branco da África do Sul. Ele também era gay e soropositivo e se recusou a tomar medicamentos antirretrovirais até que eles estivessem amplamente disponíveis no sistema de saúde pública, mesmo quando estava morrendo por causa da doença e mesmo quando Nelson Mandela — um partidário da medicação antirretroviral e do trabalho de Achmat — pediu publicamente que ele se salvasse.

Agora, por fim, chegamos ao ponto mais baixo de toda essa história; não só no movimento de Matthias Rath, mas no movimento de terapia alternativa de todo o mundo. Em 2007, com muita ostentação pública e grande cobertura da mídia, o ex-funcionário de Rath, Anthony Brink, abriu uma queixa formal contra Zackie Achmat, o coordenador da TAC. Bizarramente, ele abriu essa queixa no Tribunal Penal Internacional de Haia, acusando Achmat de genocídio por suas bem-sucedidas campanhas para dar à população da África do Sul acesso às drogas anti-HIV.

É difícil explicar quão influentes são os "opositores da AIDS" na África do Sul. Brink é advogado e tem amigos importantes; assim, suas acusações foram relatadas nos noticiários nacionais — e em alguns órgãos da imprensa gay ocidental — como uma notícia séria. Não acredito que nenhum dos jornalistas que noticiaram o caso tenha lido a acusação feita por Brink até o fim.

Eu li.

As primeiras 57 páginas apresentam as afirmações usuais dos "opositores da AIDS" e contra a medicação. Entretanto, na página 58, esse documento de "acusação" se deteriora subitamente em algo mais odioso e confuso quando Brink define o que acredita ser uma punição adequada para Zackie. Como não quero ser acusado de editar o texto, vou reproduzir toda essa seção, na íntegra, para que você leia e julgue por si mesmo.

PENA CRIMINAL ADEQUADA

Tendo em vista a escala e a gravidade do crime de Achmat e sua culpabilidade criminal direta e pessoal pela "morte de milhares de pessoas", para citar suas próprias palavras, é respeitosamente solicitado que o Tribunal Penal Internacional imponha-lhe a sentença mais severa descrita no Artigo 77.1(b) do Estatuto de Roma; ou seja, confinamento permanente em uma pequena jaula branca, de aço e concreto, com luz fluorescente brilhante e acesa o tempo todo, de modo a haver observação contínua sobre ele, saindo dali apenas ao ser levado todos os dias para trabalhar na horta da prisão, onde cultivará vegetais ricos em nutrientes, inclusive debaixo de chuva. A fim de que pague sua dívida para com a sociedade, que seja obrigado a tomar os medicamentos antirretrovirais, administrados diariamente sob supervisão médica, na dose completa prescrita, de manhã, ao meio-dia e à noite, sem interrupção, para impedi-lo de fingir que está seguindo o tratamento, e empurrados, se necessário, em sua garganta aberta à força ou, se ele morder, chutar ou gritar demais, injetados em seu braço depois de ter sido amarrado pelos tornozelos, pulsos e pescoço numa cama, até que ele morra por causa dessas drogas, de modo a deixar a raça humana livre desse ser malévolo, inescrupuloso, desonesto e asqueroso, que envenenou o povo da África do Sul, em sua maioria negros e pobres, por quase uma década, desde o dia em que ele e a TAC surgiram.

Assinado na Cidade do Cabo, África do Sul, em 1º de janeiro de 2007,

Anthony Brink

O documento foi descrito pela Fundação Rath como "inteiramente válido e havia muito esperado".

*

Essa história não é sobre Matthias Rath, nem Anthony Brink, nem Zackie Achmat, nem mesmo sobre a África do Sul. É sobre a cultura de como as ideias funcionam e sobre como ela pode se desfazer. Médicos criticam outros médicos, acadêmicos criticam acadêmicos, políticos criticam políticos: isso é normal e saudável e é assim que as ideias são aperfeiçoadas. Matthias Rath é um terapeuta alternativo, criado na Europa. Ele é igual aos empresários britânicos que vimos neste livro. Ele vem desse mundo.

Apesar dos extremos aos quais chegou esse caso, nenhum único terapeuta alternativo ou nutricionista do mundo levantou-se para criticar um único aspecto das atividades de Matthias Rath e de seus colegas. De fato, longe disso: ele continua a ser celebrado até hoje. Já assisti, completamente surpreso, às principais figuras do movimento da terapia alternativa no Reino Unido aplaudirem Matthias Rath em uma conferência (eu a assisti em vídeo, caso haja alguma dúvida). As organizações de saúde natural continuam a defender Rath. Os folhetos de divulgação de homeopatas continuam a promover o trabalho dele. A Associação Britânica de Terapeutas Nutricionais foi convidada por blogueiros a comentar o fato, mas se recusou. Quase todos, ao serem confrontados, desviam-se da pergunta. "Ah", dizem eles, "eu realmente não sei muito a respeito." Ninguém se apresenta para discordar dele.

O movimento de terapia alternativa como um todo se demonstrou tão perigoso e sistematicamente incapaz de uma autoavaliação crítica que não pôde se manifestar nem mesmo nesse caso; nesse conjunto, incluo as dezenas de milhares de profissionais, escritores, administradores e mais. É desse modo que ideias dão extremamente errado. Na conclusão deste livro, escrita antes que eu pudesse incluir este capítulo, afirmei que os maiores perigos provocados pelo material que abordamos aqui são culturais e intelectuais.

Eu posso estar errado.

11 A medicina dominante é maligna?

Bom, essa foi a indústria da terapia alternativa. Suas afirmações são feitas diretamente ao público e, assim, elas têm grande penetração popular — e, embora usem os mesmos truques que a indústria farmacêutica, como vimos, suas estratégias e erros são mais transparentes, sendo, por isso, um ótimo instrumento de ensino. Bom, mais uma vez, vamos complicar um pouco.

Para este capítulo, você terá de se elevar acima de seu narcisismo. Não falaremos sobre seu clínico geral estar apressado algumas vezes nem sobre um especialista ter sido rude com você. Não falaremos sobre ninguém ter descoberto o que havia de errado com o seu joelho nem vamos comentar o câncer erroneamente diagnosticado de seu avô, que sofreu desnecessariamente, durante meses, até uma morte dolorosa, sangrenta, não merecida e indigna ao fim de uma vida produtiva e amorosa.

Coisas terríveis acontecem na medicina, quando ela acerta e quando ela erra. Todos concordam que devemos trabalhar para minimizar os erros e todos concordam que os médicos às vezes são terríveis; se o assunto fascina você, eu o incentivo a comprar um entre os bons livros que existem sobre governança clínica. Os médicos podem ser horríveis, e os erros podem ser assassinos, mas a filosofia que dirige a medicina com base em evidências não é. Ela funciona bem?

Uma coisa que você pode medir, para obter essa resposta, é que proporção da prática médica tem base em evidências. Mas isso não é

CIÊNCIA PICARETA

fácil. A partir do conhecimento atual, 13% de todos os *tratamentos* têm boas evidências enquanto outros 21% têm probabilidade de serem benéficos.[86] Os números parecem baixos, mas os tratamentos mais comuns tendem a ter uma melhor base de evidências. Outra opção é examinar que proporção da *atividade* médica tem base em evidências, estudando pacientes consecutivos no ambulatório de um hospital, por exemplo, e examinando se o tratamento que receberam baseou-se em evidências. Esses estudos baseados no mundo real fornecem números mais significativos: muitos foram feitos nos anos 1990 e, no final, dependendo da especialidade, entre 50% e 80% de toda a atividade médica "baseia-se em evidências".[87] Isso ainda não é muito bom. Se você tiver alguma ideia sobre como melhorar esses números, escreva a respeito, por favor.*

Outra boa medida é detectar o que acontece quando as coisas dão errado. O *British Medical Journal*, provavelmente o mais importante periódico médico no Reino Unido, anunciou recentemente os três artigos mais populares de seu arquivo referente a 2005, escolhidos por uma auditoria que avaliou aspectos como seu uso pelos leitores, o número de vezes que foram referenciados por outros artigos acadêmicos e assim

---

[86]<http://clinicakvidence.bmj.corn/ceweb/about/knowledge.jsp>.

[87]A referência clássica de medicina geral aqui é Ellis J., Mulligan I., Rowe I., Sackett D. L., "Inpatient general medicine is evidence based. A-Team, Nuffield Department of Clinical Medicine", *Lancet*, v. 8972, n. 346, 12 de agosto de 1995, pp. 407-10. Houve vários estudos similares em diversas especialidades e, em vez de listá-los aqui, uma revisão excelente está acessível em <http://www.shef.ac.uk/scharr/ ir/percent.html>.

*Argumentei, em várias ocasiões, que todos os tratamentos em que existem incertezas deveriam, sempre que possível, ser randomizados, e, no NHS, temos teoricamente uma posição administrativa única que nos possibilita facilitar esse processo, como um presente para o mundo. Por mais que você possa se preocupar com algumas decisões deles, o National Institute for Health and Clinical Excellence (NICE) [Instituto Nacional para Saúde e Excelência Clínica] também teve a inteligente ideia de recomendar que alguns tratamentos — nos quais existe incerteza sobre o benefício — deveriam apenas ser custeados pelo NHS quando fornecidos no contexto de um experimento (uma aprovação "Apenas para Pesquisa"). O NICE é criticado frequentemente — afinal de contas, é um órgão político — por não recomendar que o NHS custeie tratamentos aparentemente promissores. Porém, recomendar e custear um tratamento quando não se sabe se ele faz mais bem do que mal é perigoso, como foi demonstrado dramaticamente em vários casos. Por décadas, deixamos de lidar com as incertezas dos benefícios dos esteroides para pacientes com danos cerebrais: o experimento CRASH mostrou que milhares de pessoas morreram desnecessariamente porque, na verdade, eles causam mais mal do que bem. Na medicina, informações salvam vidas.

A MEDICINA DOMINANTE É MALIGNA?

por diante. Cada artigo tem uma crítica a um fármaco, a uma empresa farmacêutica ou a uma atividade médica como tema central.

Podemos examiná-los brevemente para que você veja, por si mesmo, como os artigos mais importantes do periódico são relevantes para suas necessidades. O texto mais importante foi um estudo de caso, com grupo de controle, que mostrava que tinham risco maior de ataque cardíaco os pacientes que tomam os medicamentos rofecoxibe (Vioxx), diclofenaco ou ibuprofeno. O segundo era uma grande meta-análise de dados de empresas farmacêuticas que não mostrava evidências de que os antide-pressivos IRSS aumentassem o risco de suicídio, mas que encontrou indícios fracos de um risco maior de automutilação deliberada. Em terceiro lugar, está uma revisão sistemática que mostrou uma *associação* entre tentativas de suicídio e o uso de ISRS e destacou criticamente algumas inadequações relativas aos relatos de suicídios em experimentos clínicos.

Essa é uma autoavaliação crítica e muito saudável, mas você pode observar outra coisa: todos esses estudos se referem a situações em que as empresas farmacêuticas ocultaram ou distorceram evidências.[88] Como isso acontece?

O setor farmacêutico

Os truques que discutiremos neste capítulo são provavelmente mais com-plicados do que os outros neste livro porque faremos críticas técnicas à literatura profissional do setor. As empresas farmacêuticas, ainda bem, não podem anunciar diretamente ao público no Reino Unido — nos

---

[88]Mayor S., "Audit identifies the most read BMJ research papers", *British Medical Journal*, n. 334, 2007, pp. 554-5. Hippisley-Cox J., Coupland C., "Risk of myocardial infarction in patients taking cydo-oxygenase-2 inhibitors or conventional non-steroidal anti-inflammatory drugs: population based nested case-control analysis", *British Medical Journal*, n. 330, 2005, p. 1.366. Gunnell J., Saperia J., Ashby D., "Selective serotonin reuptake inhibitors (SSRIs) and suicide in adults: meta-analysis of drug company data from placebo controlled, randomised controlled trials submitted to the MHRA's safety review", *British Medical Journal*, n. 330, 2005, p. 385. Fergusson D. *et al.*, "Reuptake inhibitors: Systematic review of randomised controlled trials", *British Medical Journal*, n. 330, 2005, p. 396.

Estados Unidos, há anúncios de pílulas antiansiedade para cachorros —, então vamos analisar os truques que usam com os médicos, um público que está em uma posição um pouco melhor no que diz respeito a percebê-los. Isso significa que teremos, primeiro, de estabelecer algum contexto sobre como um novo remédio chega ao mercado. Isso será ensinado nas escolas quando eu me tornar presidente do mundo.

Entender esse processo é importante por uma razão muito clara. Parece-me que muitas das ideias mais estranhas que as pessoas têm sobre remédios vêm de um conflito emocional com a própria ideia de uma indústria farmacêutica. Qualquer que seja nossa tendência política, todos somos basicamente socialistas quando se trata de assistência médica: ficamos nervosos com a existência de lucro em qualquer das profissões relacionadas a cuidados pessoais, mas esse sentimento não tem para onde ir. Concordo com a premissa de que as grandes empresas farmacêuticas são malignas. Mas, como as pessoas não entendem exatamente *como* as grandes empresas farmacêuticas são malignas, sua raiva e sua indignação são afastadas das críticas válidas — a maneira como distorcem dados, por exemplo, ou recusarem-se a enviar remédios contra AIDS, que salvam vidas, aos países em desenvolvimento — e canalizadas na forma de fantasias infantis. "As grandes empresas farmacêuticas são malignas" é uma linha de raciocínio, "portanto, a homeopatia funciona e a vacina tríplice viral causa autismo" é uma conclusão provavelmente inútil.

No Reino Unido, a indústria farmacêutica tornou-se a terceira atividade mais lucrativa — depois de finanças e, em uma surpresa para quem mora aqui, do turismo. Gastamos sete bilhões de libras por ano em drogas farmacêuticas, sendo 80% dessa quantia destinada a drogas patenteadas; ou seja, medicamentos lançados nos últimos 10 anos. Globalmente, o setor vale cerca de 150 bilhões de libras.

As pessoas são muito diferentes, mas todas as empresas têm o dever de maximizar seus lucros, o que muitas vezes não combina com cuidar das pessoas. Um exemplo extremo ocorre com a AIDS: como mencionei, as empresas farmacêuticas explicam que não podem dar drogas contra a AIDS sem o custo de licença para os países do mundo em desenvolvimento porque precisam do dinheiro das vendas para pesquisas e desenvolvimento. No entanto, entre os 200 bilhões de dólares em vendas das maiores empresas norte-americanas, apenas 14% foram gastos em P&D, em comparação com 31% gastos em marketing e administração.

Talvez você também considere explorador o modo como empresas definem seus preços. Quando um medicamento é lançado, a empresa tem 10 anos "com patente" garantidos e é a única que pode fabricá-lo. Loratadine, produzido pela Schering-Plough, é um anti-histamínico sem o desagradável efeito colateral da sonolência. Por algum tempo, ele foi um tratamento único e muito procurado. Antes do fim da patente, o preço do remédio foi aumentado 13 vezes em apenas cinco anos, em um acréscimo de mais de 50%. Alguns podem considerar isso uma exploração.

Porém, a indústria farmacêutica também está enfrentando dificuldades. A era dourada da medicina atingiu um ponto de parada, como dissemos, e o número de novos remédios, ou de "novas entidades moleculares", registrados diminuiu de 50 por ano, na década de 1990, para cerca de 20. Ao mesmo tempo, o número de medicamentos "eu também" aumentou e atualmente representa metade de todos os novos remédios.

Os remédios "eu também" são uma presença inevitável no mercado: trata-se de cópias aproximadas de remédios que já existem, feitos por outra empresa, mas diferentes o bastante para que um fabricante possa registrar sua própria patente. Sua produção requer muito esforço, e eles precisam ser testados (em participantes humanos, com todos os riscos envolvidos e em experimentos), refinados e comercializados como qualquer novo medicamento. Algumas vezes, eles oferecem benefícios modestos (um regime de dosagem mais conveniente, por exemplo), mas, apesar de todo o trabalho envolvido, geralmente não representam um ganho significativo em termos de saúde humana. São meramente mudanças para gerar dinheiro. De onde vêm todos esses fármacos?

A jornada de um remédio

Para começar, você precisa ter uma ideia para um remédio. Ela pode se originar em muitos lugares: uma molécula em uma planta, um receptor no corpo que possa interagir com uma molécula criada para ele, um remédio antigo que você reformulou e assim por diante. Essa parte da história é extremamente interessante e recomendo que seja estudada mais a fundo. Quando você acha que uma molécula pode trazer benefícios, ela é testada em animais para descobrir se funciona como você imagina (ou se ela os mata, é claro).

Depois, há os estudos de Fase I ou chamados "primeiros em humanos", com um pequeno número de jovens saudáveis e corajosos que precisam de dinheiro, para saber se a molécula os matará e para medir coisas básicas como a velocidade em que o medicamento é excretado pelo corpo (essa fase deu horrivelmente errado nos testes TGN1412, em 2006, ocasionando danos graves em vários jovens). Se isso funcionar, você passa para um experimento da Fase II, com algumas centenas de pessoas que tenham a doença em causa, o que funciona como uma "prova de conceito", a fim de definir a dose do medicamento e ter uma ideia da eficácia. *Muitos* fármacos fracassam nesse ponto, o que é uma vergonha, já que esse não é um projeto de alunos para a feira de ciências e colocar um fármaco ao mercado custa cerca de 500 milhões de dólares.

Depois, você faz um experimento da Fase III, com centenas ou milhares de pacientes, randomizado e cego, comparando seu fármaco com um placebo ou com um tratamento similar e coleta muitos outros dados sobre eficácia e segurança. Você pode ter de fazer alguns estudos e, depois, pode solicitar uma licença para vender seu remédio. Depois que ele chegar ao mercado, você deve continuar a fazer experimentos, assim como outras pessoas provavelmente farão, e esperemos que todos mantenham os olhos abertos para qualquer efeito colateral despercebido, idealmente por meio do sistema Yellow Card (os pacientes também podem usar esse sistema; na verdade, usam).[89]

Os médicos tomam uma decisão racional a respeito de prescrever ou não um fármaco com base nos benefícios revelados nos experimentos, nos efeitos colaterais descobertos e, algumas vezes, no custo. Idealmente, eles terão acesso às informações sobre eficácia através dos estudos publicados em periódicos acadêmicos e revistos por pares ou por outros

---

[89]Ele pode ser acessado em http://yellowcard.mhra.gov.uk. (*N. do E.*)

A MEDICINA DOMINANTE É MALIGNA?

materiais, como manuais e artigos de revisão, que se baseiem em pesquisas primárias, como os experimentos. Na pior das hipóteses, eles se basearão nas mentiras dos representantes de vendas e no boca a boca.

Porém, experimentos com fármacos são caros e, assim, surpreendentes 90% entre eles e 70% dos experimentos relatados em importantes periódicos médicos são realizados ou encomendados pela indústria farmacêutica. Uma importante característica da ciência é que achados devem ser replicados, mas essa característica é perdida se apenas uma organização for responsável pelo patrocínio dos experimentos.

É tentador culpar as empresas farmacêuticas — embora me pareça que os países e as organizações civis estejam igualmente errados ao não se manifestarem —, mas, não importa onde você estabelece seus limites morais, a conclusão é que as empresas farmacêuticas têm enorme influência sobre o que é pesquisado, como a pesquisa é feita e como os resultados são relatados, analisados e interpretados.

Algumas vezes, áreas inteiras de pesquisa são abandonadas por falta de dinheiro e de interesse corporativo.[90] Os homeopatas e os charlatões das pílulas de vitamina irão lhe dizer que suas pílulas são bons exemplos desse fenômeno. Essa é uma ofensa moral para os exemplos melhores. Algumas doenças afetam um pequeno número de pessoas, como a doença de Creutzfeldt-Jakob e a doença de Wilson, porém mais assustadoras são as doenças negligenciadas porque só são encontradas no mundo em desenvolvimento, como a doença de Chagas (que ameaça um quarto da América Latina) e a tripanosomíase (com 300 mil casos por ano na África). O Global Forum for Health Research [Fórum Global para Pesquisa em Saúde] estima que apenas 10% das doenças diagnosticadas em todo o mundo recebem 90% do total de verbas para pesquisa biomédica.

Muitas vezes, faltam apenas informações, e não alguma molécula nova e maravilhosa. A eclampsia durante a gravidez, por exemplo, causa cerca de 50 mil mortes em todo o mundo a cada ano, e o melhor tratamento é o

---

[90]Iribarne A. "Orphan diseases and adoptive initiatives", *Journal of the American Medical Association*, n. 290, 2003, p. 116. Francisco A., "Drug development for neglected diseases", *Lancet*, n. 360, 2002, p. 1102.

sulfato de magnésio, barato e não patenteado (em doses elevadas adminis-tradas por via intravenosa, não na forma de um suplemento da medicina alternativa nem na forma dos caros anticonvulsivos usados por muitas décadas). Embora o magnésio seja usado para tratar a eclampsia desde 1906, sua aceitação como o melhor tratamento só foi estabelecida quase um século depois, em 2002, com a ajuda da Organização Mundial da Saúde, porque não havia interesse comercial nessa pesquisa: ninguém tem patente sobre o magnésio, e a maioria das mortes por eclampsia ocorrem no mundo em desenvolvimento. Milhões de mulheres morreram devido a essa doença desde 1906, e muitas dessas perdas eram evitáveis.

Em certa medida, essas são questões políticas e de desenvolvimento, que devem ficar para outro dia, e tenho uma promessa a cumprir: você quer ser capaz de transferir o que aprendeu sobre os níveis de evidência e entender como a indústria farmacêutica distorce dados e cria uma nuvem de fumaça diante de nossos olhos. Como podemos provar isso? De modo geral, é verdade que os experimentos das empresas farmacêu-ticas têm maior probabilidade de produzir resultados positivos para seus fármacos. Porém, parar aqui seria covardia.

Vou contar a você o que ensino a médicos e a estudantes de medicina — aqui e ali —, em uma palestra que, de modo um tanto infantil, chamo de "Bobagens das empresas farmacêuticas". É também o que aprendi na escola de medicina,* e acho que o jeito mais fácil para compreender a questão é se colocar no lugar de um pesquisador de uma grande empresa farmacêutica.

Você tem uma pílula. Ela é boa — talvez não seja brilhante, mas há muito dinheiro em jogo. Você precisa de um resultado positivo, mas seu público não é composto de homeopatas, de jornalistas nem do público em geral: são médicos e acadêmicos e, assim, foram treinados para

---

*Neste ponto, como muitos médicos de minha geração, sou grato ao manual clássico *How to Read a Paper* [Como ler um trabalho acadêmico], do professor Greenhalgh, na UCL, que de-veria ser um best-seller. *Testing Treatments* [Testando tratamentos], de Imogen Evans, Hazel Thornton e Iain Chalmers também é um trabalho genial, apropriado para um público leigo e, surpreendentemente, pode ser baixado gratuitamente em <www.jameslindlibrary.org>. Para leitores compromissados, recomendo *Methodological Errors in Medical Research* [Erros meto-dológicos em pesquisas médicas], de Bjorn Andersen. Ele é extremamente longo e seu subtítulo é "An Incomplete Catalogue" ["Um catálogo incompleto"].

A MEDICINA DOMINANTE É MALIGNA?

identificar os truques óbvios, como um estudo não cego ou uma randomização inadequada. Seus truques precisam ser muito mais elegantes, muito mais sutis e muito mais poderosos.

O que você pode fazer?

Bom, em primeiro lugar, você pode estudar seu fármaco em vencedores. Pessoas diferentes respondem de modos diferentes aos medicamentos; idosos que tomam muitos remédios frequentemente são casos sem esperança enquanto jovens que têm apenas um problema têm também mais probabilidade de mostrar melhoras. Assim, você só estuda seu fármaco neste último grupo. Essa decisão tornará sua pesquisa muito menos aplicável às pessoas reais que os médicos atendem, mas vamos torcer para que eles não reparem. Isso é tão comum que nem vale a pena dar um exemplo.

A seguir, você compara seu medicamento usando um método de controle inútil. Muitas pessoas argumentam, por exemplo, que você *nunca* deve comparar seu medicamento a um placebo, porque não há valor clínico aí. No mundo real, ninguém se importa se um remédio é melhor do que uma pílula de açúcar: as pessoas querem saber se ele é melhor do que o melhor tratamento disponível. Mas você já gastou centenas de milhares de dólares para colocar seu remédio no mercado. Então, faça muitos experimentos controlados com placebo e um alvoroço, porque assim alguns dados positivos estão garantidos. Mais uma vez, isso é extremamente comum, porque quase todos os remédios serão comparados com placebo em algum momento, e os "representantes de vendas" — os funcionários contratados pelas grandes empresas farmacêuticas para impressionar os médicos (muitos profissionais simplesmente se recusam a atendê-los) — adoram a positividade não ambígua que esses estudos podem produzir nos gráficos.

Então, as coisas começam a ficar mais interessantes. Se você tiver de comparar seu medicamento com outro, produzido por um concorrente, para manter as aparências ou porque o órgão regulamentador exige, você pode tentar outro truque: usar uma dose inadequada do medicamento concorrente, para que os pacientes não tenham muitos benefícios, ministrar uma dose elevada, para que os pacientes tenham

CIÊNCIA PICARETA

muitos efeitos colaterais, ou ministrar o medicamento concorrente de modo errado (talvez oralmente quando o uso deveria ser intravenoso) e esperar que a maioria dos leitores não perceba, ou, por fim, você pode aumentar depressa demais a dose do medicamento concorrente para que os pacientes tenham efeitos colaterais piores. Seu medicamento irá brilhar por comparação.

Você poderia pensar que essas coisas não devem acontecer. Se você seguir as referências,[91] encontrará estudos em que os pacientes realmente receberam doses bem altas de medicação antipsicótica antiquada (o que fez a nova geração de medicamentos parecer melhor em termos de efeitos colaterais) e estudos em que foram usadas doses de antidepressivos IRSS que alguns podem considerar incomuns, para mencionar apenas alguns exemplos. Eu sei. É quase inacreditável.

É claro que outro truque envolvendo efeitos colaterais é simplesmente não perguntar sobre eles ou, melhor, já que é preciso ser esperto nesse campo, tomar cuidado com o modo como perguntar. Aqui está um exemplo: os antidepressivos IRSS provocam, com muita frequência, efeitos colaterais sexuais, inclusive anorgasmia. Devemos ser claros (e eu estou tentando redigir isso do modo mais neutro possível): eu *realmente* gosto da sensação do orgasmo. Ela é importante para mim e tudo o que experimento no mundo me diz que essa sensação é importante para outras pessoas também. Guerras foram travadas, essencialmente, por causa do orgasmo. Existem psicólogos evolutivos que tentariam persuadi-lo de que toda a cultura e a linguagem humanas são impulsionadas, em grande parte, pela busca dessa sensação. Sua perda me parece um importante efeito colateral a ser investigado.

No entanto, vários estudos demonstraram que a prevalência da anorgasmia em paciente que tomam medicamentos ISRS varia entre 2% e 73%, dependendo basicamente de como é feita a pergunta:[92] uma pergunta casual e aberta sobre efeitos colaterais, por exemplo, ou uma

---

[91]Safer D. J., "Design and reporting modifications in industry-sponsored comparative psycho-pharmacology trials", *J Nerv Ment Dis*, n. 190, 2002, pp. 583-92.

[92]Modell *et al.*, 1997; Montejo-Gonzalez *et al.*, 1997; Zajecka *et al.*, 1999; Preskorn, 1997: em Safer, ibidem.

investigação cuidadosa e detalhada. Um acompanhamento a três mil pacientes que ingeriam a substância não listou qualquer efeito colateral sexual em sua tabela com 23 opções. Segundo os pesquisadores, 23 outras coisas eram mais importantes do que perder a sensação de orgasmo. Eu as li. E elas não são.

Voltemos, porém, aos resultados principais. E aqui temos um bom truque: em vez de um resultado do mundo real, como morte ou dor, você sempre pode usar um "resultado substituto", mais fácil de atingir. Se seu medicamento deve reduzir o colesterol e evitar mortes por problemas cardíacos, por exemplo, não meça as mortes por problemas cardíacos, mas apenas a redução do colesterol. É muito mais fácil conseguir uma redução no colesterol do que nos índices de mortes por problemas cardíacos. Assim, o experimento será mais barato e mais fácil e seu resultado, mais barato *e* mais positivo. Resultado!

Agora, você terminou seu experimento e, apesar de seus esforços, os resultados foram negativos. O que você pode fazer? Bom, se o experimento foi bom de modo geral, mas teve alguns resultados negativos, você pode tentar um truque antigo: não chame a atenção para os dados decepcionantes. Em vez de colocá-los em um gráfico, mencione-os brevemente no texto e ignore-os ao extrair suas conclusões. (Depois de ler tantos experimentos malfeitos, sou tão bom em fazer isso que até me assusto.)

Se seus resultados forem completamente negativos, não os publique ou, melhor, publique-os depois de bastante tempo. Foi exatamente o que as empresas farmacêuticas fizeram com os dados dos antidepressivos ISRS: elas ocultaram os dados que sugeriam que os medicamentos pudessem ser perigosos e não deram destaque àqueles que mostravam que não tinham desempenho melhor do que um placebo. Se você for muito esperto e tiver dinheiro para torrar, pode fazer alguns outros experimentos depois de obter os dados decepcionantes, usando o mesmo protocolo, na esperança que sejam positivos. Depois, tente reunir todos os dados a fim de que os resultados negativos sejam engolidos por alguns índices positivos medíocres.

Ou você pode levar as coisas a sério e começar a manipular as estatísticas. Agora, por apenas por duas páginas, este livro se tornará bastante nerd. Eu vou entender se você quiser pular essa parte, mas saiba que ela está aqui para os médicos que compraram este livro para rir de homeopatas. Aqui estão os truques clássicos a usar em uma análise estatística para garantir que seu experimento tenha um resultado positivo.

Ignore completamente o protocolo

Sempre suponha que qualquer correlação *prove* a existência de causa. Jogue todos os dados em uma planilha e dê como significante qualquer relação entre algo e tudo o mais, desde que ajude seu caso. Se você medir o bastante, algumas coisas serão positivas apenas por sorte.

Brinque com a linha de base

Algumas vezes, por sorte, o grupo que receberá o tratamento já está melhor do que o grupo de controle por placebo quando você começa um experimento. Se for assim, deixe que continue sendo assim. Se, por outro lado, o grupo de placebo já estiver melhor do que o grupo de tratamento desde o início, ajuste a linha de base em sua análise.

Ignore os desistentes

As pessoas que desistem durante os experimentos tendem estatisticamente a ter um resultado ruim e efeitos colaterais. Elas só vão piorar os resultados do seu medicamento. Então, ignore-as, não faça tentativas de trazê-las novamente ao experimento e não as inclua em sua análise final.

Limpe os dados

Examine seus gráficos. Sempre existem resultados anômalos ou pontos muito distanciados. Se eles derem uma impressão negativa ao seu remédio, simplesmente exclua-os. Porém, se derem uma impressão positiva, mesmo que pareçam espúrios, deixe-os onde estão.

"Melhor de cinco... não... de sete... não... de nove!"

Se a diferença entre seu medicamento e o controle por placebo se mostrar significante quatro meses e meio depois do início de um experimento planejado para durar seis meses, interrompa imediatamente o processo e escreva os resultados, pois eles podem se tornar menos positivos se você continuar.[93] Por outro lado, se os resultados forem "quase significativos" aos seis meses, continue o experimento por mais três meses.

Torture os dados

Se seus resultados forem ruins, peça ao computador para verificar se algum subgrupo específico se comportou de modo diferente. Você pode descobrir que seu medicamento funciona muito bem em chinesas de 52 a 61 anos. "Torture os dados e eles confessarão qualquer coisa", como dizem na baía de Guantánamo.

Experimente todos os botões do computador

Se você estiver realmente desesperado e a análise dos dados não der o resultado que você deseja, passe os números por uma ampla gama de testes estatísticos, aleatoriamente, mesmo que sejam totalmente inadequados.

Quando terminar, a coisa mais importante, é claro, é ser esperto ao publicar. Se você tiver um bom experimento, publique-o no periódico mais importante que conseguir. Se você tiver um experimento positivo, mas por meio de um teste nada justo, o que ficará óbvio para todos, publique-o em um periódico desconhecido (publicado, escrito e editado inteiramente pela indústria farmacêutica) — lembre-se, os truques que acabei de descrever não escondem muito e serão óbvios para qualquer pessoa que leia o artigo com muita atenção. Então, é interessante garantir que todos leiam apenas o resumo. Finalmente, se seu achado for

---

[93]Pocock S. J., "When (not) to stop a clinical trial for benefit", *Journal of the American Medical Association*, n. 294, 2005, pp. 2.228-30.

muito constrangedor, oculte-o em outro lugar e cite "dados arquivados". Ninguém conhecerá o método, que só será notado se alguém pedir insistentemente por acesso aos dados para fazer uma revisão sistemática. Com alguma sorte, isso demorará muito a acontecer.

Como pode ser?

Quando explico esse abuso em pesquisas para amigos que não são médicos nem pesquisadores, eles ficam surpresos. "Como pode ser?", dizem eles. Bom, em primeiro lugar, muitas pesquisas ruins ocorrem por pura incompetência. Muitos erros metodológicos descritos aqui podem acontecer por apego aos desejos e por pura falsidade. Será que é possível provar a intenção de enganar?

Em nível individual, é bem difícil mostrar que um experimento foi deliberadamente armado para dar a resposta certa a seus patrocinadores. Entretanto, no geral, o quadro surge com muita clareza. A questão é estudada com tanta frequência que, em 2003, uma revisão sistemática encontrou 30 estudos que investigavam se a existência de patrocínio afetou os resultados de experimentos.[94] De modo geral, os estudos patrocinados por uma empresa farmacêutica tinham uma probabilidade quatro vezes maior de obter resultados favoráveis à empresa.

Uma revisão conta uma história ao estilo de *Alice no país das maravilhas*.[95] Nela, foram encontrados 56 experimentos que comparavam analgésicos como ibuprofeno, diclofenaco e outros. As pessoas, muitas vezes, inventam novas versões desses remédios na esperança de que tenham menos efeitos colaterais ou de que sejam mais fortes (ou de que usem a patente para gerar dinheiro). Em cada experimento, o produto do patrocinador do estudo era considerado melhor do que os outros ou igual a eles. Em nenhuma ocasião, esse medicamento foi considerado

---

[94]Lexchin J., Bero L. A., Djulbegovic B., Clark O., "Pharmaceutical industry sponsorship and research outcome and quality", *British Medical Journal*, n. 326, 2003, pp. 1.167-70

[95]Rochon P. A. *et al.*, "A study of manufacturer-supported trials of nonsteroidal anti-inflammatory drugs in the treatment of arthritis", *Arch Intern Med*, v. 2, n. 154, 24 de janeiro de 1994, pp. 157-63.

A MEDICINA DOMINANTE É MALIGNA?

pior. Os filósofos e matemáticos falam sobre "transitividade": se A é melhor do que B, e B é melhor do que C, então C não pode ser melhor do que A. Em bom português, essa revisão expôs um absurdo singular: todos os medicamentos eram melhores do que cada um.

Mas há uma surpresa aguardando na esquina. Incrivelmente, quando as falhas metodológicas dos estudos foram examinadas, parece que os experimentos patrocinados pelas empresas farmacêuticas tiveram métodos de pesquisa *melhores*, em média, do que os experimentos independentes.[96]

O máximo que pôde ser atribuído às empresas farmacêuticas foram alguns truques bastante triviais: usar doses inadequadas do medicamento concorrente (como dissemos) ou fazer afirmações, nas conclusões dos estudos, que exageravam um achado positivo. Mas essas, pelo menos, eram falhas transparentes: basta ler o artigo para saber que os pesquisadores deram uma dose muito baixa de um analgésico, e você deve sempre ler as seções de métodos e de resultados de um experimento para decidir quais são as descobertas, porque a discussão e as páginas de conclusão são como comentários em um jornal. Não é aí que você encontra as notícias.

Como podemos explicar, então, o fato aparente de que os experimentos patrocinados pela indústria farmacêutica são tão positivos? Como todos os medicamentos podem ser simultaneamente melhores do que todos os outros? A alteração crucial pode acontecer depois de o experimento estar terminado.

Viés de publicação e supressão de resultados negativos

O "viés de publicação" é um fenômeno humano muito interessante. Por vários motivos, os experimentos positivos têm maior probabilidade de serem publicados do que aqueles com resultados negativos. É bem

---

[96]Lexchin J., Bero L. A., Djulbegovic B., Clark O., "Pharmaceutical industry sponsorship and research outcome and quality: Systematic review", *British Medical Journal*, v. 7400, n. 326, 31 de maio 2003, pp. 1.167-70.

fácil entender, se você se colocar no lugar do pesquisador. Em primeiro lugar, um resultado negativo indica que tudo não passou de perda de tempo. É fácil se convencer de que você não descobriu nada, quando, na verdade, você descobriu uma informação muito útil: que aquilo que você está testando *não funciona*.

Certo ou errado, descobrir que algo não funciona provavelmente não vai lhe trazer um prêmio Nobel — não há justiça no mundo —, e você pode se sentir desmotivado em relação ao experimento ou priorizar outros projetos em vez de submeter seu achado negativo a um periódico acadêmico, e, assim, os dados ficam apodrecendo na última gaveta de sua escrivaninha. Os meses se passam. Você consegue outra verba. A culpa machuca de vez em quando, mas, nas segundas-feiras, você trabalha na clínica, então a semana começa realmente na terça-feira, e há uma reunião do departamento na quarta-feira, sobrando apenas a quinta-feira para fazer algum trabalho porque você dá aulas nas sextas-feiras, e, antes que você se dê conta, passou-se um ano, seu supervisor se aposentou, o novo supervisor nem sabe que o experimento aconteceu e os dados negativos são esquecidos para sempre e jamais publicados. Se você está sorrindo e se reconhecendo nesse parágrafo, você é uma pessoa muito ruim.

Mesmo que você consiga escrever sobre seu achado negativo, ele não será noticiado. Você provavelmente não conseguirá publicá-lo em um periódico importante, a menos que seja um experimento enorme sobre algo que todos pensavam ser maravilhoso até você acabar com a festa; então, além dessa boa razão para que você não se esforce, todo o processo é terrivelmente demorado: pode levar um ano para que alguns periódicos mais lentos rejeitem um artigo. A cada vez que enviar seu artigo para um periódico, você pode precisar reformatar as referências, o que significa horas de tédio. Se você mirar alto demais e receber algumas rejeições, talvez anos se passem antes que seu artigo seja publicado.

O viés de publicação é algo comum, mais predominante em alguns campos do que em outros. Em 1995, apenas 1% de todos os artigos publicados em periódicos alternativos de medicina trazia um resultado

A MEDICINA DOMINANTE É MALIGNA?

negativo.[97] O número mais recente é de 5%. É muito pouco, mas, para ser justo, é preciso reconhecer que podia ser pior. Uma revisão realizada em 1998 examinou todo o corpo de pesquisa sobre medicina chinesa e descobriu que nenhum estudo negativo havia sido publicado.[98] Nenhum. Você pode ver por que uso a medicina complementar e alternativa como uma ferramenta de ensino simplificada para a medicina com base em evidências.

De modo geral, a influência do viés de publicação é mais sutil, mas você pode ter uma dica sobre a existência dele se fizer algo muito inteligente chamado *funnel plot* (gráfico em funil). Isso exige que você preste atenção por um breve período.

Se houver muitos experimentos sobre um assunto, todos, por acaso, podem dar respostas ligeiramente diferentes, mas você esperaria que se reunissem ao redor da resposta verdadeira. Você também esperaria que estudos maiores, com mais participantes e com métodos melhores, chegassem mais perto da resposta correta do que estudos menores, que se espalharão mais, positivos e negativos, porque em um estudo com, digamos, 20 pacientes, você só precisa de três resultados incomuns para desviar as conclusões gerais.

Um *funnel plot* é um modo inteligente para representar esse fenômeno em um gráfico. Você coloca o efeito (isto é, o quanto o tratamento é efetivo) no eixo X, da esquerda para a direita. Depois, no eixo Y (de cima para baixo), você marca a extensão do experimento ou alguma outra medida de sua exatidão. Se não houver um viés de publicação, você verá um belo funil invertido: os experimentos grandes e exatos se reúnem no topo do funil e, conforme ele se alarga, os experimentos pequenos e inexatos se espalham gradualmente para a esquerda e a direita, conforme se tornam mais imprecisos, tanto positiva quanto negativamente.

---

[97]Schmidt K., Pittler M. H., Ernst E. "Bias in alternative medicine is still rife but is diminishing", *British Medical Journal*, v. 7320, n. 323, 3 de novembro de 2001, p. 1071.

[98]Vickers A., Goyal N., Harland R., Rees R., "Do certain countries produce only positive results? A systematic review of controlled trials", *Control Clin Trials*, v. 2, n. 19, abril de 1998, pp. 159-66.

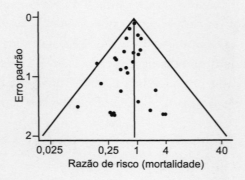

Se houver viés de publicação, porém, os resultados ficarão espalhados. Os experimentos *negativos* menores e menos bem-feitos parecerão ausentes porque foram ignorados — ninguém tinha nada a perder ao deixar esses experimentos pouco importantes no fundo da gaveta —, e, assim, apenas os resultados positivos foram mostrados. Não só a existência de um viés de publicação foi demonstrada em muitos campos da medicina, mas um artigo encontrou até mesmo evidências de viés de publicação em estudos sobre viés de publicação.[99] Esse é o *funnel plot* para esse artigo. Isso é o que se considera humor no mundo da medicina com base em evidências.

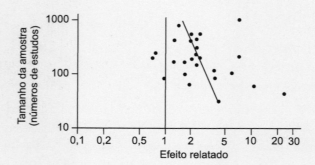

O pior caso de uso de viés de publicação ocorreu na área dos antidepressivos ISRS, como foi demonstrado em vários estudos. Um grupo

---
[99]Dubben H., Beck-Bornholdt H., "Systematic review of publication bias in studies on publication bias", *British Medical Journal*, n. 331, 2005, pp. 433-4.

A MEDICINA DOMINANTE É MALIGNA?

de pesquisadores publicou um trabalho[100] no *New England Journal of Medicine*, no início de 2008, que listava todos os experimentos sobre os IRSS formalmente registrados na FDA (Food and Drug Administration) e examinava sua literatura acadêmica. Trinta e sete estudos foram avaliados pela FDA como positivos; com uma única exceção, todos foram publicados. Ao mesmo tempo, 22 estudos que tiveram resultados negativos ou inconclusivos simplesmente não foram publicados enquanto 11 foram reescritos e publicados de um modo que mostrava resultados positivos.

Isso é mais do que escandaloso. Os médicos precisam de informações confiáveis para tomar decisões úteis e seguras a respeito de que medicamentos prescrever para seus pacientes. Privá-los dessas informações e enganá-los é um grande crime moral. Se eu não estivesse escrevendo um livro leve e divertido sobre ciência, eu estaria ardendo em fúria.

Publicação duplicada

As empresas farmacêuticas poderiam agir um pouco melhor do que simplesmente negligenciar os estudos negativos. Algumas vezes, quando obtêm resultados positivos, elas os publicam diversas vezes, em diferentes lugares e formas, de modo a parecer que existem muitos experimentos positivos. É especialmente fácil se você realizou um grande experimento "multicêntrico", porque você pode publicar partes que se sobreponham e que se relacionem a cada centro separadamente ou em diferentes permutações. Esse também é um modo muito inteligente para montar as evidências, porque é quase impossível que o leitor o perceba.

Um clássico trabalho de investigação foi realizado, nessa área, por um anestesista vigilante de Oxford, chamado Martin Tramer, que estava pesquisando a eficácia de um fármaco para náuseas chamado *ondansetron*.[101] Ao fazer uma meta-análise, ele observou que muitos dados

---

[100]Turner E. H., Matthews A. M., Linardatos E., Tell R. A., Rosenthal R., "Selective publication of antidepressant trials and its influence on apparent efficacy", *New England Journal of Medicine*, v. 3, n. 358, 17 de janeiro de 2008, pp. 252-60.

[101]Tramer M. R., Reynolds D. J. M., Moore R. A., McQuay, H. J., "Impact of covert duplicate publication on meta-analysis: A case study", *British Medical Journal*, n. 315, 1997, pp. 635-40.

CIÊNCIA PICARETA

pareciam duplicados: os resultados de muitos pacientes haviam sido descritos diversas vezes, de formas ligeiramente diferentes e em estudos e periódicos aparentemente diferentes. De maneira crucial, os dados que mostravam o fármaco sob uma luz mais positiva tinham maior probabilidade de ser duplicados do que aqueles que o mostravam sob uma luz menos favorável, e, de modo geral, esse fator levou a 23% de superestimativa da eficácia do fármaco.

Encobrir os danos

É assim que as empresas farmacêuticas reforçam os resultados positivos. O que dizer sobre o lado mais sombrio e digno de manchetes em que se ocultam os danos graves?

Os efeitos colaterais são um fato da vida: eles precisam ser aceitos, gerenciados no contexto dos benefícios e cuidadosamente monitorados, uma vez que essas consequências involuntárias de intervenções podem ser extremamente graves. As histórias que chegam às manchetes são aquelas em que existe má-fé ou um encobrimento, mas, na verdade, achados importantes podem ser perdidos por motivos muito mais inocentes, como negligências humanas acidentais no viés de publicação ou porque descobertas preocupantes são ocultadas pelo ruído nos dados.

Os fármacos antiarrítmicos são um exemplo interessante. Comumente, ritmos cardíacos irregulares favorecem ataques cardíacos (porque parte dos elementos que mantêm o ritmo do coração foi danificada) e é comum que as pessoas morram em consequência disso. Esses fármacos são usados para tratar e prevenir ritmos irregulares nas pessoas que tiveram ataques cardíacos. Por que não, pensaram os médicos, dá-los a todos que tiveram um ataque cardíaco? Isso fazia sentido no papel: os medicamentos pareciam seguros, e ninguém sabia, na época, que eles iam aumentar o risco de morte nesse grupo, uma vez que isso não fazia sentido a partir da teoria (como ocorre com os antioxidantes). Porém, no auge de seu uso, nos anos 1980, os fármacos antiarrítmicos estavam causando um número de mortes comparável ao total de americanos que morreram na guerra do Vietnã. As informações que poderiam ter

A MEDICINA DOMINANTE É MALIGNA?

ajudado a evitar essa catástrofe estavam guardadas, tragicamente, em uma gaveta, como explicou depois um pesquisador:

> Quando realizamos nosso estudo, em 1980, pensamos que a maior taxa de mortes (...) fosse um efeito do acaso (...) O desenvolvimento do [fármaco] foi abandonado por motivos comerciais, e assim esse estudo nunca foi publicado; agora isso é um bom exemplo de um "viés de publicação". Os resultados descritos aqui (...) poderiam ter fornecido um alerta precoce dos problemas à frente.[102]

Foi uma negligência e um pensamento excessivamente otimista. No entanto, parece que, algumas vezes, os efeitos perigosos dos fármacos podem ser deliberadamente menosprezados ou, pior, não publicados.

Recentemente, houve uma sequência de grandes escândalos da indústria farmacêutica, nos quais, se sugere, as evidências de danos provocados por medicamentos como Vioxx e os antidepressivos IRSS desapareceram. Não demorou muito para que a verdade viesse à tona, e qualquer pessoa que afirme que essas questões foram varridas para baixo do tapete médico é simplesmente ignorante. Elas foram tratadas, você deve se lembrar, nos três artigos mais populares do arquivo do *British Medical Journal*.[103] Vale a pena voltar a eles mais detalhadamente.

Vioxx

Vioxx era um analgésico desenvolvido pela Merck e aprovado pela FDA, nos Estados Unidos, em 1999. Muitos desses remédios causam problemas gastrointestinais — úlceras e outros — e esperava-se que esse novo fármaco não tivesse tais efeitos colaterais. A possibilidade foi investigada em um experimento chamado VIGOR, comparando o Vioxx a um medicamento mais antigo, o naproxeno, e havia muito dinheiro em jogo. O experimento teve resultados confusos. O Vioxx não

---

[102]Cowley A. J. *et al. Int Journ Card*, n. 40, 1993, pp. 161-6.
[103]"Audit identifies the most read BMJ research papers", *British Medical Journal*, n. 334, 17 de março de 2007, pp. 554-5.

era melhor no alívio dos sintomas da artrite reumatoide, mas oferecia apenas metade do risco de gerar efeitos gastrointestinais, o que era uma notícia excelente. Porém, também foi encontrado um aumento no risco de ataques cardíacos.

Porém, quando o experimento foi publicado, era difícil perceber esse risco cardiovascular. Houve uma "análise intermediária" para ataques cardíacos e úlceras, na qual as últimas foram pesquisadas por mais tempo. Essa conclusão não foi descrita na publicação, fazendo com que a vantagem do Vioxx em relação às úlceras fosse superestimada e com que o maior risco de ataques cardíacos fosse subestimado. "Essa característica indefensável do experimento", disse um editorial excelente e incomumente crítico do *New England Journal of Medicine,* "que inevitavelmente alterou os resultados, não foi revelada aos editores nem aos autores do estudo". Isso é um problema? Sim. Afinal, três infartos do miocárdio ocorreram no grupo que usava o Vioxx um mês depois do experimento enquanto não ocorreu nenhum evento similar no grupo de controle que recebia naproxeno.

Um memorando interno de Edward Scolnick, o principal cientista da empresa, mostrou que esse risco era conhecido ("É uma pena, mas é uma incidência baixa e se baseia no mecanismo que temíamos").[104] O *New England Journal of Medicine* não ficou impressionado e publicou alguns editoriais espetacularmente críticos.[105]

O aumento preocupante dos casos de ataques cardíacos só era percebido pelas pessoas que examinassem os dados da FDA (Food and Drug Administration), algo que os médicos tendem a não fazer, é claro, pois, na melhor das hipóteses, leem apenas os periódicos acadêmicos. Em uma tentativa de explicar o moderado risco extra de ataques cardíacos, que *podia* ser visto no artigo final, os autores propuseram algo chamado de "hipótese naproxeno": o Vioxx não estava causando

---

[104]Scolnick E. M. Comunicação por e-mail para Deborah Shapiro, Alise Reicin e Alan Nies em relação ao experimento Vigor. 9 de março de 2000. Disponível em: <http://www.vioxxdocuments. com/Documents/Krumholz_Vioxx7Scolnick2000.pdf>.

[105]Curfman G. D., Morrissey S., Drazen J. M., "Expression of concern reaffirmed", *New England Journal of Medicine*, v. 11, n. 354, 16 de março de 2006, p. 1.193.

A MEDICINA DOMINANTE É MALIGNA?

ataques cardíacos, mas o naproxeno os prevenia. Não existem evidências comprovadas de que o naproxeno tenha um forte efeito protetor contra ataques cardíacos.

O memorando interno, discutido minuciosamente durante a cobertura do caso, sugeria que a empresa estava preocupada. Por fim, mais evidências de danos surgiram. O Vioxx foi retirado do mercado em 2004, mas os analistas do FDA estimaram que tenha causado entre 88 mil e 139 mil ataques cardíacos, 30 a 40% provavelmente fatais, nos cinco anos em que foi vendido. É difícil saber se esses números são confiáveis, mas, examinando o padrão como a informação foi divulgada, a opinião mais geral é de que, depois de perceberem o problema, tanto a Merck quanto a FDA poderiam ter feito muito mais para aliviar os danos causados durante os muitos anos em que esse medicamento foi vendido. Os dados são importantes na medicina porque significam vidas. A Merck não admitiu ter responsabilidade e propôs um acordo no valor de 4,85 bilhões de dólares nos Estados Unidos.

Autores proibidos de publicar dados

Tudo isso parece muito ruim. Quais pesquisadores agem assim e por que não podem ser impedidos? É claro que alguns são mentirosos. No entanto, muitos foram intimidados ou pressionados para não revelar informações sobre os experimentos que realizaram com patrocínio da indústria farmacêutica.

Aqui estão dois exemplos extremos do que é, tragicamente, um fenômeno bastante comum. Em 2000, uma empresa americana[106] abriu um processo contra os principais pesquisadores e as universidades em que trabalhavam para impedir a publicação de um estudo sobre uma vacina contra o HIV, que, haviam descoberto, não era melhor do que placebo. Os pesquisadores sentiram que tinham de priorizar os pacientes em relação ao produto. A empresa pensava de outro modo.

---

[106]Gottlieb S., "Firm tried to block report on failure of AIDS vaccine", *British Medical Journal*, n. 321, 2000, p. 1.173.

Os resultados foram publicados no *Journal of the American Medical Association* (*JAMA*) no mesmo ano.

No segundo exemplo, Nancy Olivieri, diretora do Toronto Haemoglobinopathies Programme, estava realizando um experimento clínico sobre a deferiprona, um fármaco que remove o excesso de ferro que se acumula no corpo de pacientes depois de muitas transfusões de sangue. Ela ficou preocupada quando percebeu que as concentrações de ferro no fígado pareciam estar sendo mal controladas em alguns pacientes, ultrapassando o limiar de segurança no que diz respeito ao aumento do risco de doenças cardíacas e de morte precoce. Estudos mais extensos sugeriram que a deferiprona podia acelerar o desenvolvimento de fibrose hepática.

A empresa farmacêutica, Apotex, ameaçou a pesquisadora, repetidamente e por escrito, dizendo que, se ela publicasse seus dados e suas preocupações, eles a processariam.[107] Com muita coragem — e, infelizmente, sem o apoio da universidade em que trabalha —, Nancy Olivieri apresentou seus achados em diversas reuniões científicas e periódicos acadêmicos. Ela acreditava que tinha o dever de revelar suas preocupações, independentemente das consequências pessoais. Ela nunca deveria ter precisado tomar essa decisão.

A solução barata que resolverá todos os problemas em todo o mundo

É realmente extraordinário que quase todos esses problemas — supressão de resultados negativos, dragagem de dados, ocultação de dados inúteis e mais — poderiam ser resolvidos com uma única intervenção muito simples e que não custaria quase nada: um registro público e aberto de experimentos clínicos, que fosse obrigatório e adequadamente fiscalizado. Ele funcionaria da seguinte maneira. Antes mesmo de começar um estudo, a empresa farmacêutica publicaria, em um veículo conhecido,

---

[107]Nathan D., Weatherall D., "Academia and industry: Lessons from the unfortunate events in Toronto", *Lancet*, n. 353, 1955, pp. 771-2.

um protocolo para ele, consistindo na seção de métodos do artigo. Isso significa que todos poderão ver o que você fará em seu experimento, o que você medirá, como, em quantas pessoas e tudo o mais *antes de você começar.*

Os problemas de viés de publicação, de resultados duplicados e de dados sobre efeitos colaterais encobertos — que provocam mortes e sofrimentos desnecessários — seriam erradicados da noite para o dia, de uma só vez. Se a mesma empresa registrar um experimento e o realizar, mas ele não aparecer na literatura, a atenção do público será chamada como se recebesse uma martelada no dedo. Basicamente, todos vão supor que há algo a esconder, porque provavelmente há. Existem registros de experimentos atualmente, mas eles são muito confusos.

O tamanho dessa confusão é exemplificado por um último artifício das empresas farmacêuticas: a "mudança de alvos". Em 2002, a Merck e a Schering-Plough começaram um experimento para investigar a ezetimiba, um fármaco que reduziria o colesterol. Eles disseram que iriam medir determinada coisa para saber se o fármaco funcionava, mas, depois de obter os resultados, anunciaram que iam usar outra coisa como o verdadeiro teste. Essa decisão foi divulgada, e eles foram censurados publicamente. Por quê? Porque se você medir muitas coisas (como eles fizeram), algumas poderão ser positivas simplesmente por acaso. Você não pode buscar uma hipótese inicial em seus resultados finais ou distorcerá todas as estatísticas.

Publicidade

> "Os comprimidos Clomicalm são a única medicação aprovada para o tratamento da ansiedade gerada pela separação em cães."

Atualmente, não há publicidade direta de medicamentos ao consumidor na Grã-Bretanha, o que é uma pena porque os anúncios americanos são bizarros, especialmente aqueles veiculados na TV. Sua vida está uma confusão, suas pernas agitadas, sua enxaqueca, seu colesterol tomaram conta; tudo é pânico, nada faz sentido. Então, você toma a pílula certa e, de repente, a tela se ilumina em um tom amarelo quente, a avó ri, as crianças riem, o cachorro abana o rabo, alguma criança insuportável está brincando com uma mangueira em um gramado, criando um arco-íris de água sob o sol e rindo sem parar enquanto todos os seus relacionamentos voltam a ser ótimos. A vida é boa.

É muito mais fácil convencer aos pacientes do que aos médicos, e, assim, o orçamento americano para publicidade direta ao consumidor aumentou duas vezes mais depressa do que o orçamento para a publicidade dirigida aos médicos. Esses anúncios foram estudados detalhadamente por pesquisadores médicos, mostrando-se repetidamente capazes de aumentar os pedidos de pacientes pelos remédios anunciados e as receitas médicas para eles.[108] Até os anúncios "que aumentam o conhecimento sobre determinada doença" sob a estrita regulamentação canadense demonstraram dobrar a demanda por um remédio específico.

Por essa razão, as empresas farmacêuticas se dispõem a patrocinar grupos de pacientes ou a explorar a mídia para suas campanhas, como temos visto recentemente nos noticiários que elogiam o medicamento Herceptin no tratamento contra o câncer de mama ou fármacos com eficácia limítrofe contra o Alzheimer.

Esses grupos de apoio exigem, em altos brados na mídia, que os medicamentos sejam patrocinados pelo National Health Service [Serviço Nacional de Saúde]. Conheço pesquisadores associados a esses grupos de apoio a pacientes que se manifestaram e tentaram mudar a posição dos grupos, sem sucesso, porque, no caso da campanha britânica contra o Alzheimer, em especial, muitas pessoas ficaram perplexas que as demandas fossem unilaterais. O NICE, National Institute for Clinical Excellence [Instituto Nacional para Excelência Clínica], concluiu que não podia justificar o pagamento pelos medicamentos para Alzheimer porque as evidências de sua eficácia eram fracas e, muitas vezes, consideravam apenas resultados substitutos. As evidências são realmente fracas porque

---

[108]Gilbody *et al.*, "Benefits and harms of direct to consumer advertising: a systematic review", *Qual Saf Health Care*, n. 14, 2005, pp 246-50. Disponível em: <http://qshc.bmj.eom/cgi/content/full/14/4/246>

as empresas farmacêuticas não submeteram seus medicamentos a testes suficientemente rigorosos, que não garantiriam um resultado positivo. A Alzheimer's Society [Sociedade de Alzheimer] desafia os fabricantes a realizarem pesquisas melhores? Seus membros fazem piquetes, com grandes placas, contra "resultados substitutos na pesquisa médica", exigindo "Mais Testes Justos"? Não.

Deus! Todos são maus. Como as coisas ficaram tão ruins?

12 Como a mídia promove os equívocos do público sobre a ciência

Precisamos encontrar algum sentido em todo esse contexto e apreciar até que ponto vão os equívocos e as distorções sobre ciência em nossa cultura. Se me tornei famoso por alguma coisa, foi por revelar as histórias tolas sobre ciência divulgadas pela mídia: esse é o cerne do meu trabalho, minha *obra-prima* e sinto-me levemente constrangido em dizer que tenho mais de 500 histórias dentre as quais posso escolher algumas para exemplificar o que pretendo comentar aqui. Você pode considerar isso uma obsessão.

Já abordamos muitos temas em outros momentos: a marcha sedutora para medicalizar a vida cotidiana; as fantasias a respeito das pílulas, tanto as produzidas pelas empresas farmacêuticas quanto pela medicina alternativa; e as afirmações ridículas sobre saúde e alimentação, temas em que os jornalistas são tão culpados quanto os nutricionistas. Porém, quero me focar aqui nas histórias que podem nos mostrar como a ciência é percebida e nos padrões estruturais e repetitivos em que temos sido enganados.

Minha hipótese básica é que as pessoas que trabalham na mídia estudaram ciências humanas e pouco entendem sobre ciência biomédica, mas usam sua ignorância como se fosse um distintivo de honra. Secretamente, talvez se ressintam de terem negado a si mesmos o acesso às evoluções

CIÊNCIA PICARETA

mais significativas na história do pensamento ocidental nos últimos 200 anos, mas existe um ataque implícito em toda a cobertura sobre ciência na mídia: na escolha das histórias e no modo como elas são cobertas, a mídia cria um arremedo de ciência. Segundo esse modelo, a ciência não tem base prática, é incompreensível e formada por figuras de autoridade não eleitas, socialmente poderosas e arbitrárias, que fazem afirmações sobre verdades didáticas. Esses cientistas estão desligados da realidade e fazem trabalhos excêntricos ou perigosos, mas, de qualquer modo, tudo na ciência é tênue, contraditório, instável e, na maior parte e de modo ridículo, "difícil". Tendo criado essa paródia, os comentaristas atacam-na, como se estivessem criticando o que a ciência realmente é.

As histórias sobre ciência geralmente se enquadram em uma dentre três categorias: histórias excêntricas, "descobertas revolucionárias" e "histórias de terror". Cada categoria sabota e distorce a ciência a seu próprio modo. Vamos examiná-las uma por uma.

Histórias excêntricas — dinheiro gasto à toa

Se você quiser que sua pesquisa chegue à mídia, jogue fora a autoclave, abandone a pipeta, delete sua cópia de *Stata* e venda sua alma a uma empresa de Relações Públicas (RP).

Na Universidade de Reading, alguém chamado dr. Kevin Warwick tem sido, por algum tempo, uma fonte de histórias que enchem os olhos. Ele coloca um chip de identificação em seu braço e mostra aos jornalistas como pode usá-lo para abrir as portas de seu departamento. "Sou um cyborg", afirma ele, "uma junção de homem e máquina",* e a mídia fica devidamente impressionada. Uma famosa pesquisa em seu laboratório — embora nunca tenha sido publicada em nenhum periódico acadêmico, é claro — pretendia mostrar que assistir a *Richard and Judy* melhora muito mais o desempenho de crianças em testes de QI do que todas as outras coisas imagináveis, como, digamos, fazer exercícios ou tomar café.

Não foi algo engraçado e bobo: foi uma história noticiada e, ao contrário de quase todas as histórias da ciência genuína, ganhou uma

---

*Trata-se de uma paráfrase, mas não inteiramente imprecisa.

chamada no *Independent*. Nem preciso me esforçar para encontrar mais exemplos; existem 500 casos dentre os quais posso escolher, como eu disse. "A infidelidade é genética", dizem os cientistas. "A alergia à eletricidade é real", diz pesquisador. "No futuro, todos os homens terão pênis enormes", diz um biólogo evolucionista da LSE.

Essas histórias são vazias e malucas, fingindo-se de ciência e atingem sua forma mais pura nas reportagens em que os cientistas "descobriram" a fórmula para alguma coisa. Como esses cientistas são malucos! Recentemente, você pode ter lido sobre o modo perfeito como tomar sorvete ($A \times Tp \times Tm/Ft \times At+V \times LT \times Sp \times W/Tt = 3d20$), a comédia de TV perfeita ($C=3d[(R \times D)+V] \times F/A+S$, segundo o *Telegraph*), o ovo cozido perfeito (*Daily Mail*), a piada perfeita (*Telegraph*, de novo) e o dia mais deprimente do ano ($[W+(D-d)] \times TQ$ MXNA, em quase todos os jornais do mundo). Eu poderia continuar.

Essas histórias são invariavelmente escritas por correspondentes de ciência e seguidas com entusiasmo — e aprovação universal — por pessoas que se formaram em ciências humanas e que comentam sobre como os cientistas são loucos e irrelevantes, pois, devido à mentalidade de antagonismo de minha hipótese inicial, esse é o apelo dessas matérias: elas jogam com a visão comum de que a ciência é irrelevante.

Elas também estão ali para ganhar dinheiro, para promover produtos e para encher as páginas dos jornais por meio de um esforço jornalístico mínimo. Vamos examinar alguns exemplos mais famosos. O dr. Cliff Arnall é o rei das histórias com equações, e seu resultado mais recente inclui as fórmulas para os dias mais feliz e mais infeliz do ano, para o fim de semana prolongado perfeito e muitas mais. Segundo a BBC, ele é o "professor Arnall"; geralmente, é chamado de "dr. Cliff Arnall, da Universidade Cardiff". Na realidade, trata-se de um empresário que oferece cursos para o aumento de confiança e para administração do estresse, que lecionou, em tempo parcial, na Universidade Cardiff. A assessoria de imprensa da universidade, porém, gosta de colocá-lo mensalmente em seus bem-sucedidos relatórios de monitoramento da mídia. Veja a que ponto chegamos.

CIÊNCIA PICARETA

Talvez você deposite alguma esperança nessas fórmulas, talvez pense que elas tornam a ciência "relevante" e "divertida", um pouco como o rock cristão. No entanto, é preciso que você saiba que essas histórias são criadas por empresas de RP, muitas vezes prontas para que o nome de um cientista seja associado a elas. Na verdade, essas empresas são muito honestas com seus clientes a respeito dessa prática, chamada de "exposição equivalente a anúncios publicitários", por meio da qual uma "matéria de jornal" é divulgada e pode ser associada ao nome de um cliente.

A fórmula de Cliff Arnall para identificar o dia mais infeliz do ano se tornou um evento na mídia. Ela foi patrocinada pela agência Sky Travel e noticiada em janeiro, época perfeita para marcar uma viagem. Sua fórmula é divulgada em junho, com cobertura no *Telegraph* e no *Mail* em 2008, e patrocinada pelos sorvetes Wall. A fórmula do professor Cary Cooper que hierarquiza os triunfos esportivos foi patrocinada pela Tesco. A equação que determina a dilatação dos olhos provocada pela cerveja, que torna as mulheres mais atraentes depois de alguns copos, foi produzida pelo dr. Nathan Efron, professor de optometria clínica na Universidade de Manchester, e patrocinada pelo fabricante de produtos ópticos Bausch & Lomb. A fórmula para a batida de pênalti perfeita, criada pelo dr. David Lewis, da Liverpool John Moores, foi patrocinada por Ladbrokes. A fórmula para o modo perfeito como estourar um explosivo de Natal,[109] do dr. Paul Stevenson, da Universidade de Surrey, foi encomendada pela Tesco. A fórmula para o dia de praia perfeito, do dr. Dimitrios Buhalis, da Universidade de Surrey, foi patrocinada pela empresa de viagens Opodo. Essas pessoas trabalham em universidades reais e expõem seus nomes, em anúncios publicitários, para as empresas de RP.

Sei como o dr. Arnall é pago porque, quando escrevi criticamente sobre suas infindáveis equações, imediatamente antes do Natal, ele me enviou este e-mail genuinamente encantador:

---

[109]Em inglês, *Christimas cracker*, um explosivo leve, embrulhado como presente, que estoura quando aberto de determinada maneira.

> "Por você mencionar meu nome em conjunção a Walls, acabei de receber um cheque deles. Saudações e boas festas, Cliff Arnall."

Não é um escândalo, é só bobagem. Essas histórias não são informativas. São atividades promocionais disfarçadas como notícias. Elas jogam, de modo bastante cínico, com o fato de que a maioria dos editores de jornais não enxergaria uma história genuína sobre ciência mesmo que ela dançasse nua diante deles. Elas aproveitam o fato de que os jornalistas têm pouco tempo, mas ainda precisam encher as páginas, pois agora mais palavras são escritas por menos repórteres. Esse é, na verdade, um exemplo perfeito do que o jornalista investigativo Nick Davies descreveu como *Churnalism*; ou seja, a transformação sem crítica de comunicados à imprensa em conteúdo e, em alguns aspectos, esse é apenas um microcosmo de um problema muito mais amplo, que se espalha por todas as áreas do jornalismo.[110] Uma pesquisa realizada na Universidade Cardiff, em 2007, mostrou que 80% de todas as histórias transmitidas eram "no todo, na maior parte ou em alguma medida, construídas com materiais de segunda mão, fornecido por agências de notícias e pelo setor de relações públicas".

O que me surpreende é ainda podermos ler esses comunicados à imprensa na internet sem pagar aos agentes de notícias.

"Todos os homens terão pênis enormes"

Por mais que sejam tolices de empresas de RP, essas histórias podem ter grande penetração na mídia. Esses pênis podem ser encontrados na chamada do *Sun* para uma história sobre um novo e radical "relatório sobre evolução", escrito pelo dr. Oliver Curry, um "teórico da evolução" que trabalha no centro de pesquisas Darwin@LSE. Essa história é um clássico do gênero.

---

[110]Davies N., *Flat Earth News*, Londres, Chatto & Windus, 2008.

CIÊNCIA PICARETA

> Por volta do ano 3.000, a altura média humana será de 1,98m, a pele terá cor de café e a expectativa de vida será de 120 anos, prevê uma nova pesquisa. E as boas notícias não terminam aqui. Os homens gostarão de saber que seus pênis ficarão enormes e que os seios das mulheres ficarão mais fartos.

Isso foi apresentado como uma importante "nova pesquisa" em quase todos os jornais britânicos. Na realidade, é apenas um texto fantasioso escrito por um teórico político da LSE. Ele fazia sentido ao menos em seus próprios termos?

Não. Em primeiro lugar, o dr. Oliver Curry parece pensar que mobilidade geográfica e social são coisas novas e que irão produzir seres humanos uniformes, com pele cor de café, em mil anos. Oliver talvez nunca tenha ido ao Brasil, onde africanos negros, europeus brancos e índios têm filhos mestiços há muitos séculos. Os brasileiros não têm pele cor de café; na verdade, eles ainda mostram uma ampla gama de pigmentação de pele, de negros a bronzeados. Estudos de pigmentação de pele (alguns realizados no Brasil) mostram que ela parece não estar relacionada à extensão de sua herança africana e sugerem que a cor pode ser codificada por um número pequeno de genes e, provavelmente, não se mistura nem se equilibra como Oliver sugere.

E as outras ideias dele? Ele teorizou que, em última instância, por meio de divisões socioeconômicas extremas, os seres humanos irão se dividir em duas espécies: uma delas será alta, magra, simétrica, limpa, saudável, inteligente e criativa; a outra será baixa, sólida, assimétrica, suja, doente e não tão inteligente. Isso é muito parecido com os pacíficos Eloi e os canibais Morlock no livro *A máquina do tempo*, de H. G. Wells.

A teoria evolucionária é, provavelmente, uma entre as três ideias mais importantes de nossa época e é uma pena que seja mal compreendida. Esse conjunto ridículo de afirmações foi publicado por quase todos os jornais britânicos como notícia, mas nenhum veículo pensou em mencionar que, para que essa divisão entre duas espécies ocorra, como Curry pensa que acontecerá conosco, são necessárias pressões muito fortes, digamos, divisões geográficas. Por exemplo, os aborígines da Tasmânia, que viveram isolados por 10 mil anos, ainda conseguem ter filhos com outros seres humanos de outras regiões. A "especiação simpátrica", uma divisão de uma espécies em dois grupos que vivem no mesmo lugar, divididos apenas por fatores socioeconômicos, como Curry propõe, é ainda mais difícil. Por algum tempo, muitos cientistas acharam que algo assim sequer pudesse acontecer. Isso exigiria que essas divisões fossem absolutas, embora a história mostre que mulheres pobres e atraentes e homens ricos e feios podem demonstrar amplos recursos no que diz respeito ao amor.

Eu poderia continuar — o comunicado à imprensa completo está disponível em badscience.net, para sua diversão. Porém, os problemas triviais nesse artigo trivial não são a questão: o estranho é como isso se transformou em uma "história científica" em toda a mídia e foi publicado pela BBC e por jornais como *Telegraph, Sun, Scotsman* e *Metro*, além de muitos outros, sem a menor crítica.

Como se dá esse processo? Agora, você não precisa que eu lhe diga que a "pesquisa" — ou o "artigo" — foi pago pelo Bravo, um "canal de TV masculino" que exibe modelos em biquínis e carros velozes e que estava celebrando 21 anos de existência. (Na semana do importante artigo científico do dr. Curry, só para que você saiba como funciona o canal, você podia assistir ao clássico *Tentações eróticas*: "Quando um grupo de fazendeiras descobre que o banco pretende executar a hipoteca de sua propriedade, consolam-se mutuamente com uma sucessão de brincadeiras sensuais." Esse roteiro poderia, de algum modo, explicar a aparição de uma notícia sobre "seios fartos" em sua "nova pesquisa".)

Falei com amigos que trabalham em diversos jornais, verdadeiros repórteres de ciência, que tinham pilhas de notícias esperando em suas mesas e que tentavam explicar que elas não eram notícias sobre ciência. Porém, se eles se recusarem a escrever, outro jornalista o fará — muitas vezes, descobrimos que as piores histórias sobre ciência são escritas por correspondentes de consumo ou por generalistas —, e, se eu puder tomar emprestado um conceito da teoria evolucionária, a pressão seletiva sobre os funcionários dos jornais nacionais está sobre os jornalistas que, obediente e rapidamente, escrevem bobagens comerciais como se fossem "notícias sobre ciência".

CIÊNCIA PICARETA

Uma coisa me fascina: o dr. Curry é, de fato, um pesquisador (embora seja um teórico político, e não um cientista). Não quero estragar a carreira dele. Estou certo de que é responsável por muitos trabalhos interessantes, mas provavelmente nada que fizer em sua profissão como professor universitário, mesmo em uma importante universidade do Russell Group, irá gerar tanta cobertura de imprensa ou ter tanta penetração cultural quanto esse artigo infantil, lucrativo, fantasioso e errado, que não explica nada a ninguém. A vida não é mesmo estranha?

"Jessica Alba tem o andar perfeito, diz estudo"

Essa é uma manchete do *Daily Telegraph* sobre uma história divulgada pela Fox News e, nos dois casos, acompanhada por imagens de moças com belas curvas. É a última história excêntrica sobre a qual vou comentar e só a incluí porque ela revela um trabalho secreto e destemido.

"Jessica Alba, a atriz de cinema, tem o andar mais sexy, segundo uma equipe de matemáticos de Cambridge." Esse importante estudo foi aparentemente resultado do trabalho de uma equipe coordenada pelo professor Richard Weber, da Universidade de Cambridge. Fiquei especialmente deliciado ao ver seu nome aparecer, por fim, na imprensa, pois, por causa dele, eu havia discutido a possibilidade de vender minha reputação à Clarion, empresa de RP responsável, seis meses antes, e não há nada como observar as flores se abrirem.

Aqui está o e-mail inicial:

> Estamos realizando uma pesquisa sobre as 10 celebridades com formas de andar mais sexies para meu cliente, Veet (creme depilatório), e gostaríamos de apoiar a pesquisa numa equação de um especialista, existindo uma teoria por trás dela.
>
> Gostaríamos da ajuda de um doutor em psicologia ou algo similar que pudesse criar equações para apoiar nossos achados, pois sentimos que o comentário de um especialista e uma equação dariam mais peso à história.

COMO A MÍDIA PROMOVE OS EQUÍVOCOS DO PÚBLICO SOBRE A CIÊNCIA

Essa história os levou, como vimos, às páginas do *Daily Telegraph*. Respondi imediatamente. "Há algum fator especial que vocês gostariam de ver na equação?", perguntei. "Algo sexual, talvez?" "Oi, dr. Ben", respondeu-me Kiren. "Gostaríamos que os fatores da equação incluíssem a razão coxa/panturrilha, o formato da perna, a aparência da pele e a ondulação (balanço) do quadril (...) Nós pagaríamos uma taxa de 500 libras pelos seus serviços."

Havia dados sobre a pesquisa também. "Ainda não fizemos a pesquisa", disse Kiren, "mas sabemos os resultados que queremos obter." Esse é o espírito! "Queremos que Beyoncé apareça no topo, seguida por outras mulheres cheias de curvas, como J-Lo e Kylie, e que celebridades como Kate Moss e Amy Winehouse fiquem em baixo — pernas finas, pálidas e sem curvas não são muito sexies." A pesquisa, por fim, era um e-mail interno enviado a todos os funcionários da própria empresa. Rejeitei a gentil oferta e esperei. O professor Richard Weber aceitou e se arrependeu. Quando a história foi publicada, mandei um e-mail a ele e, no fim, as coisas se tornaram ainda mais absurdas do que o necessário. Mesmo depois de fazer uma pesquisa direcionada, eles tiveram de redirecioná-la:

> O comunicado à imprensa da Clarion não foi aprovado por mim e é incorreto em relação aos fatos e enganoso ao sugerir que houve alguma tentativa séria de fazer matemática aqui. Nenhuma "equipe de matemáticos de Cambridge" esteve envolvida. A Clarion me pediu que ajudasse a analisar os dados de uma pesquisa com 800 homens, aos quais pediram que classificassem 10 celebridades segundo o "andar mais sexy". E Jessica Alba não foi a primeira colocada. Ela foi a sétima.

Essas histórias são tão ruins assim? Elas são certamente inúteis e refletem certo desprezo pela ciência. São apenas peças promocionais de agências de RP, mas isso mostra que elas conhecem exatamente os pontos fracos dos jornais: como veremos, os falsos dados de pesquisas fazem sucesso na mídia.

CIÊNCIA PICARETA

Será que a Clarion Communications conseguiu realmente que 800 homens respondessem a uma pesquisa interna por e-mail, mesmo sabendo antecipadamente o resultado que queriam — no qual Jessica Alba ficou em sétimo lugar, mas foi misteriosamente promovida à primeira posição depois da análise? Sim, pode ser: a Clarion é parte do WPP, um dos maiores grupos de "serviços de comunicações" do mundo. O grupo atua em publicidade, RP e lobby, tem um faturamento de cerca de seis bilhões de libras e emprega 100 mil pessoas em 100 países.

Essas empresas permeiam nossa cultura e preenchem-na com bobagens.

Estatísticas, curas milagrosas e medos ocultos

Como podemos explicar a inutilidade da cobertura sobre ciência na mídia? A falta de conhecimento é uma parte da questão, mas existem elementos mais interessantes. Mais da metade de toda a cobertura sobre ciência em um jornal refere-se à saúde, porque histórias sobre o que irá nos matar ou nos curar são muito motivadoras e o ritmo de pesquisas nesse campo mudou drasticamente, como mencionei. Essa é uma contextualização importante.

Antes de 1935, os médicos eram basicamente inúteis. Tínhamos morfina para aliviar a dor — uma droga com um charme superficial, pelo menos — e podíamos fazer operações relativamente limpas, embora com altas doses de anestésicos porque ainda não tínhamos relaxantes musculares bem direcionados. Então, de repente, entre 1935 e 1975, a ciência produziu um fluxo quase constante de curas milagrosas. Se você tivesse tuberculose nos anos 1920, morreria pálido e magro, ao estilo de um poeta romântico. Se tivesse a mesma doença nos anos 1970, provavelmente viveria até uma idade avançada. Talvez você precisasse tomar rifampicina e isoniazida por meses a fio — esses não são fármacos agradáveis — e talvez os efeitos colaterais deixassem seus olhos e sua urina cor-de-rosa, mas, se tudo desse certo, você viveria para ver invenções inimagináveis em sua infância.

COMO A MÍDIA PROMOVE OS EQUÍVOCOS DO PÚBLICO SOBRE A CIÊNCIA

Não foram apenas os fármacos. Quase tudo o que associamos à medicina moderna aconteceu nessa época e foram muitos os milagres: máquinas de diálise renal permitiram que as pessoas continuassem vivas mesmo sem dois órgãos vitais. Os transplantes tiraram pessoas de uma condenação à morte. Os equipamentos de tomografia computadorizada puderam fornecer imagens tridimensionais do interior de uma pessoa. Os métodos de cirurgia de coração avançaram rapidamente. Quase todos os fármacos que você conhece foram inventados nesse período. O ressuscitamento cardiopulmonar (o procedimento com compressões no peito e choques elétricos) começou nessa época.

Não esqueçamos a poliomielite. A doença paralisa os músculos e, se afetar o peitoral, impede que a pessoa respire e provoca a morte. Bom, raciocinaram os médicos, a paralisia causada pela poliomielite muitas vezes regride espontaneamente. Talvez, se pudermos manter os pacientes respirando, durante semanas seguidas, se necessário, com ventilação mecânica, um saco e uma máscara, eles possam, com o tempo, voltar a respirar sozinhos. Eles estavam certos. As pessoas, quase literalmente, voltaram da morte e, assim, surgiram as unidades de tratamento intensivo.

Além desses tratamentos inegavelmente milagrosos, estávamos descobrindo os assassinos simples, diretos e ocultos que a mídia ainda procura desesperadamente para alimentar suas manchetes. Em 1950, Richard Doll e Austin Bradford-Hill publicaram um "estudo de caso com controle" — no qual se reúnem pessoas com uma doença específica e outras, semelhantes, mas saudáveis, e se comparam os fatores de risco envolvidos no estilo de vida dos grupos — que demonstrou uma forte relação entre câncer de pulmão e fumo. O British Doctors Study, em 1954, pesquisou 40 mil médicos britânicos — os médicos são bons objetos de estudo porque estão inscritos nos conselhos de medicina e é fácil encontrá-los novamente para saber o que lhes aconteceu mais adiante — e confirmou o achado. Doll e Bradford-Hill questionavam se o câncer de pulmão poderia estar relacionado ao asfalto ou à gasolina, mas o tabaco, para a surpresa genuína de todos, demonstrou ser a cau-

CIÊNCIA PICARETA

sa em 97% dos casos. Você encontrará um amplo comentário sobre o assunto nesta nota de rodapé.*[111]

A época de ouro — por mais mítico e simplista que esse modelo possa ser — acabou nos anos 1970. Mas a pesquisa médica não deixou de existir. Longe disso; suas chances de morrer na meia-idade provavelmente caíram pela metade nos últimos 30 anos, mas não por causa de uma descoberta revolucionária dramática que tenha sido manchete nos jornais. A pesquisa médica acadêmica atual avança por meio de pequenas melhorias graduais na nossa compreensão dos fármacos, de seus perigos e benefícios e da prática recomendada em sua prescrição, no refinamento detalhado de técnicas cirúrgicas obscuras, na identificação de fatores de risco moderado e em evitá-los por meio de programas de saúde pública (como o *Five-a-day***), que são, por si mesmos, difíceis de validar.

---

*De algumas maneiras, talvez não devesse ter sido uma surpresa. Os alemães tinham identificado um aumento no número de casos de câncer de pulmão na década de 1920, mas sugeriram — de modo bastante razoável — que ele estaria ligado à exposição a gases venenosos na Primeira Guerra Mundial. Nos anos 1930, a identificação de ameaças tóxicas no meio ambiente tornou-se uma característica importante do projeto nazista para construir uma raça superior por meio da "higiene racial".

Dois pesquisadores, Schairer e Schöniger, publicaram um estudo de caso com controle, em 1943, demonstrando uma relação entre o fumo e o câncer de pulmão quase uma década antes que qualquer outro pesquisador o fizesse. O artigo não foi mencionado no estudo clássico de Doll e Bradford Hill, de 1950, e, se você verificar no Science Citation Index, ele foi citado apenas quatro vezes na década de 1960, uma vez nos anos 1970 e ficou abandonado até 1988, apesar de fornecer informações valiosas. Alguns podem argumentar que essa é uma mostra do perigo em menosprezar fontes das quais não se gosta, mas a pesquisa científica e médica nazista estava ligada aos horrores do assassinato em massa a sangue-frio e a estranhas ideologias puritanas. Ela foi quase universalmente desconsiderada, e por bons motivos. Os médicos foram participantes ativos no projeto nazista e se juntaram maciçamente ao partido Nacional-Socialista de Hitler, mais do que membros de qualquer outra profissão (45% deles eram membros do partido, em comparação com 20% dos professores).

Os cientistas alemães envolvidos no projeto relacionado ao fumo incluíram na pesquisa teóricos raciais, mas também pesquisadores interessados na possibilidade de que as fraquezas criadas pelo tabaco passassem a ser herdadas e na questão de as pessoas se "degenerarem" devido ao seu ambiente. A pesquisa sobre o fumo foi dirigida por Karl Astel, que ajudou a organizar a operação de "eutanásia" que assassinou 200 mil pessoas portadoras de deficiências mentais e físicas e que trabalhou na "solução final da questão judaica" como chefe do Departamento de Questões Raciais.

[111] Proctor R. N., "Schairer and Schöniger's Forgotten Tobacco Epidemiology and the Nazi Quest for Racial Purity", *International Journal of Epidemiology*, n. 30, pp. 31-4.

**Programa de saúde pública britânico, que incentiva a população a consumir cinco porções de frutas e vegetais por dia. (*N. do T.*)

COMO A MÍDIA PROMOVE OS EQUÍVOCOS DO PÚBLICO SOBRE A CIÊNCIA

Esse é o principal problema que a mídia tem quando precisa cobrir uma pesquisa médica acadêmica atual: não é possível encaixar essas pequenas melhorias — que representam uma importante contribuição para a saúde — no modelo anterior de "cura milagrosa e medos ocultos".

Vou ainda mais longe e afirmo que a própria ciência é pouco adequada como matéria para um noticiário: por sua própria natureza, é um tema para a seção de assuntos gerais porque, em geral, não avança por meio de descobertas revolucionárias, súbitas e marcantes. Ela progride através de temas e de teorias que emergem gradualmente, apoiados em uma base de evidências vindas de inúmeras disciplinas em diversos níveis explicativos. No entanto, a mídia continua obcecada por "novas descobertas".

É bastante compreensível que os jornais achem que seu trabalho é escrever sobre novos assuntos, mas se um resultado experimental é uma notícia genuína, isso ocorre, muitas vezes, pelas mesmas razões que indicam que ele provavelmente está errado: ele deve ser novo e inesperado e deve mudar o que se pensava anteriormente, o que quer dizer que deve conter informações isoladas que contradizem uma grande quantidade de evidências experimentais já existentes.

Muitos trabalhos bons, grande parte realizada por um pesquisador grego chamado John Ioannidis, demonstraram como e por que muitas pesquisas novas com resultados inesperados se mostram, ao fim, falsas.[112] É uma questão claramente importante na aplicação da pesquisa científica ao trabalho cotidiano, por exemplo, na medicina, e suspeito que seja algo que a maioria das pessoas entenda intuitivamente; seria imprudente arriscar sua vida por causa de um único estudo com dados que caminham em direção contrária aos outros.

No conjunto, essas histórias "revolucionárias" vendem a ideia de que a ciência — e, de fato, toda a visão de mundo empírica — refere-se apenas a dados tênues, novos e intensamente questionados e a descobertas espetaculares. Esse posicionamento reforça uma das principais maneiras como profissionais de ciências humanas interpretam a ciência:

---

[112]Ioannidis J. P. A., "Why Most Published Research Findings are False", *PLoS Med*, v. 8, n. 2, 2005, e124.

CIÊNCIA PICARETA

além de ser composta de fatos irrelevantes, ela é temporária, mutável e se revisa constantemente, como uma moda passageira. Desse modo, achados científicos são dispensáveis.

Embora isso possa ser verdadeiro na vanguarda de vários campos de pesquisa, vale a pena lembrar que Arquimedes, há alguns milênios, estava certo a respeito do motivo por que as coisas flutuam. Ele também entendeu por que as alavancas funcionam, enquanto físicos newtonianos provavelmente continuarão eternamente certos a respeito do comportamento de bolas de sinuca.* Mas, de algum modo, essa impressão a respeito da mutabilidade da ciência contaminou suas principais afirmações. Qualquer coisa pode ser estragada.

Mas todas essas coisas não passam de um aceno. Vamos examinar agora como a mídia trata a ciência, revelando os significados reais por trás da frase "as pesquisas demonstraram" e, o mais importante, examinar os modos como a mídia, repetida e rotineiramente, deturpa e interpreta erroneamente as estatísticas.

"As pesquisas demonstraram..."

O maior problema com as histórias sobre ciência é que elas, rotineiramente, não contêm evidências científicas. Por quê? Porque os jornais acham que você não vai entender as "partes científicas", e, assim, todas as histórias que envolvem ciência precisam ser simplificadas, em uma tentativa desesperada para seduzir e envolver ignorantes que, de qualquer modo, não estão interessados em ciência (talvez porque os jornalistas acham que isso é bom para você e que deveria ser democratizado).

Sob alguns aspectos, esses são impulsos admiráveis, mas existem algumas incoerências que não posso deixar de notar. Ninguém simplifica as páginas financeiras. Mal posso entender a maior parte da seção de esportes. No encarte de literatura, há textos de cinco páginas que considero completamente impenetráveis, nos quais todos o acharão mais inteligente se você citar mais romancistas russos. Eu não reclamo disso, eu invejo.

---

*Admito, de bom grado, que tomei esses exemplos emprestados com o fabuloso professor Lewis Wolpert.

COMO A MÍDIA PROMOVE OS EQUÍVOCOS DO PÚBLICO SOBRE A CIÊNCIA

Se você for simplesmente apresentado às conclusões de uma pesquisa, sem saber o que foi medido, como e o que foi encontrado — a evidência —, estará apenas aceitando as conclusões dos pesquisadores, sem nenhuma informação sobre o processo. Os problemas dessa situação são mais bem explicados com um exemplo simples.

Compare as duas sentenças: "Pesquisas demonstraram que crianças negras tendem a ter um desempenho pior nos testes de QI aplicados nos Estados Unidos do que crianças brancas" e "As pesquisas demonstraram que negros são menos inteligentes do que brancos". A primeira diz o que a pesquisa descobriu, trata-se da evidência. A segunda fala sobre a hipótese, trata-se da interpretação que alguém fez sobre a evidência: alguém que, você concordará, não sabe muito sobre a relação entre testes de QI e inteligência.

No caso da ciência, como já vimos, o diabo está nos detalhes, e existe um formato muito claro a ser seguido por um artigo científico: temos a seção de métodos e resultados, em que se descreve o que foi feito e o que foi medido, e, depois, temos a seção de conclusões, onde se dá a impressão final e se mesclam os próprios achados com as descobertas de outros para decidir se são compatíveis entre si e com determinada teoria. Muitas vezes, não se pode confiar que os pesquisadores chegarão a uma conclusão satisfatória com seus resultados — eles podem estar muito empolgados com uma teoria —, e é preciso verificar os experimentos para formular sua própria teoria. Isso exige que as notícias sejam sobre pesquisas que podem, pelo menos, ser lidas em algum lugar. Esse é também o motivo por que uma publicação completa — e a revisão por alguém que queira ler seu artigo — é mais importante do que a "revisão por pares", procedimento em que artigos de periódicos acadêmicos são examinados por alguns estudiosos do campo, que verificam se há erros grosseiros e coisas assim.

Entre seus medos favoritos, está a clara confiança exagerada que os jornais têm em pesquisas científicas não publicadas. Isso aconteceu em quase todas as histórias relacionadas à nova pesquisa sobre a vacina tríplice viral, por exemplo. Uma fonte citada com regularidade, o dr. Arthur Krigsman, tem feito afirmações amplamente divulgadas desde

CIÊNCIA PICARETA

2002 sobre novas evidências científicas da vacina tríplice viral, e, até agora, seis anos depois, ainda não publicou seu trabalho em um periódico acadêmico. Do mesmo modo, as afirmações sobre as "batatas geneticamente modificadas", feitas pelo dr. Arpad Pusztai, dizendo que tais batatas causaram câncer em ratos, resultaram em manchetes sobre "comida Frankenstein" por um ano inteiro antes que a pesquisa fosse finalmente publicada e pudesse ser lida e avaliada de modo significativo. Ao contrário da especulação da mídia, seu trabalho não sustentava a hipótese de que a modificação genética era prejudicial à saúde (o que não significa necessariamente algo bom, como veremos).

Quando se percebe a diferença entre evidência e hipótese, você começa a notar como é raro descobrir o que a pesquisa realmente mostrou quando os jornalistas dizem "as pesquisas mostraram".

Algumas vezes, fica claro que os próprios jornalistas não entendem a nítida diferença entre evidência e hipótese. *The Times*, por exemplo, cobriu um experimento que mostrava que ter irmãos mais novos estava associado a uma incidência mais baixa de esclerose múltipla, causada quando o sistema imunológico se volta contra o corpo. "Há maior probabilidade se uma criança, em um estágio crucial de desenvolvimento, não for exposta às infecções dos irmãos mais novos, diz o estudo." Foi o que *The Times* disse.

Mas está errado. Essa é a "hipótese da higiene", essa é a teoria, é o contexto em que a evidência deve se encaixar, mas não foi o que o estudo mostrou: o estudo mostrou que ter irmãos mais novos parecia, de algum modo, fornecer alguma proteção contra a esclerose múltipla.

O estudo não disse qual era o mecanismo, o motivo da relação, nem sugeriu que a causa fosse maior exposição a infecções. Foi apenas uma observação. *The Times* confundiu evidência com hipótese, e estou muito feliz por poder falar sobre esse assunto.

Como a mídia lida com sua incapacidade em relatar evidências científicas? Muitas vezes, usam a autoridade, a própria antítese do que é a ciência, como se fossem sacerdotes, políticos ou figuras paternas. "Os cientistas disseram hoje... Os cientistas revelaram... Os cientistas alertaram." Se querem equilíbrio, apelam para dois cientistas que discordam

COMO A MÍDIA PROMOVE OS EQUÍVOCOS DO PÚBLICO SOBRE A CIÊNCIA

entre si, embora não expliquem o motivo (o que pode ser visto, em sua forma mais perigosa, no mito de que os cientistas estavam "divididos" em relação à segurança da vacina tríplice viral). Um cientista irá "revelar" algo e, depois, outro irá "desafiá-lo". Um pouco como os cavaleiros Jedi.

Existe um perigo em usar a autoridade na ausência de evidências reais porque o campo fica totalmente aberto para figuras de autoridade questionáveis. Gillian McKeith, Andrew Wakefield e outros podem avançar muito mais em um ambiente no qual sua autoridade seja aceita sem questionamentos, porque seu raciocínio e suas evidências serão raramente examinados.

Pior, quando existe controvérsia a respeito do que a evidência mostra, a discussão é reduzida a uma briga porque uma afirmação como "a vacina tríplice viral causa autismo" (ou não) só é criticada em termos do *caráter* da pessoa que está fazendo a afirmação em vez de levar em conta as evidências. Isso não é necessário, como veremos, porque as pessoas não são burras, e as evidências, muitas vezes, são bem fáceis.

Essas circunstâncias também fortalecem o arremedo de ciência feito pelos jornalistas e temos, agora, todos os seus ingredientes: a ciência tem a ver com afirmações didáticas sobre a verdade, todas mutáveis e sem base, feitas por figuras de autoridade não eleitas e arbitrárias. Quando escrevem sobre questões sérias, como a vacina tríplice viral, podemos ver que é assim que os profissionais da mídia realmente pensam. A próxima parada em nossa jornada inevitavelmente serão as estatísticas, porque é uma área que causa problemas únicos para a mídia. Porém, faremos um breve desvio.

13 Por que pessoas inteligentes acreditam em tolices

> "O propósito real do método científico é garantir que a natureza não o leve a pensar que você sabe algo que verdadeiramente não sabe."
>
> *Robert Pirsig,* Zen e a arte de manutenção de motocicletas

Por que temos estatísticas, por que medimos coisas e por que contamos? Se o método científico tem alguma autoridade — ou, como prefiro pensar, "valor"—, é porque representa uma abordagem sistemática, mas isso só é valioso porque a alternativa a ele pode ser enganosa. Quando raciocinamos informalmente — você pode usar a palavra intuição, se preferir —, usamos regras práticas que simplificam os problemas em prol da eficiência. Muitos desses atalhos foram bem caracterizados em um campo chamado heurística e são modos eficientes de investigar em muitas circunstâncias.

Essa conveniência tem um custo — crenças falsas — porque existem vulnerabilidades sistemáticas nessas estratégias de verificação da verdade, que podem ser exploradas. Isso não é diferente do modo como as pinturas podem explorar atalhos em nosso sistema perceptivo: quando os objetos estão mais distantes, eles parecem ser menores, e a "perspectiva" pode usar esse truque para nos fazer ver três dimensões onde só existem duas, aproveitando a estratégia de nosso aparelho de verificação de profundidade. Quando nosso sistema cognitivo — aparelho que usamos para a

CIÊNCIA PICARETA

verificação da verdade — é enganado, chegamos a conclusões errôneas sobre coisas abstratas. Podemos identificar equivocadamente flutuações normais como padrões significativos, por exemplo, ou enxergar causalidade onde, na verdade, ela não existe.

Essas são ilusões cognitivas, um paralelo às ilusões ópticas. Elas podem ser igualmente convincentes e vão direto ao cerne do motivo pelo qual fazemos ciência em vez de basearmos nossas crenças na intuição informada pela "essência" de um assunto divulgado pela mídia popular: porque o mundo não nos oferece dados claramente tabulados a respeito de intervenções e resultados. Ele nos oferece dados em porções aleatórias, em pequenos bocados, no decorrer do tempo, e tentar ter uma ampla compreensão do mundo a partir de uma memória de suas experiências é como olhar para o teto da Capela Sistina por um tubo de papelão longo e fino: você pode tentar lembrar as porções individuais que viu aqui e ali, mas, sem um sistema e um modelo, você nunca irá apreciar o quadro inteiro.

Vamos começar.

Randomização

Como seres humanos, temos uma capacidade inata para extrair informações do nada. Vemos formas nas nuvens e um homem na Lua, os jogadores estão convencidos de que têm "temporadas de sorte", ouvimos mensagens ocultas sobre Satã em uma gravação de heavy metal tocada de trás para a frente. Nossa capacidade para enxergar padrões é o que nos permite encontrar sentido no mundo, mas, às vezes, por ansiedade, somos excessivamente sensíveis e enxergamos padrões onde eles não existem.

Na ciência, se você deseja estudar um fenômeno, pode ser útil, algumas vezes, reduzi-lo a sua forma mais simples e controlada. Existe uma crença dominante entre aqueles que gostam de esportes de que os atletas, como os apostadores (exceto por ser mais plausível), têm "temporadas de sorte". As pessoas atribuem isso a confiança, a "ter um bom olhar", a "estar aquecido" etc., e, embora a sorte possa existir em alguns jogos, os estatísticos não encontraram relação entre, digamos, marcar um gol em duas jogadas consecutivas.

POR QUE PESSOAS INTELIGENTES ACREDITAM EM TOLICES

Como a "temporada de vitórias" é uma crença tão prevalente, tornou-se um modelo excelente para investigar como percebemos sequências aleatórias de eventos. A ideia foi usada por um psicólogo social norte-americano chamado Thomas Gilovich, em um experimento clássico.[113] Ele entrevistou fãs de basquete e mostrou-lhes uma sequência aleatória de Xs e Os, explicando que representavam os acertos e os erros de um jogador em lances livres e, depois, perguntou se achavam que as sequências demonstravam uma "temporada de acertos".

Aqui está uma sequência aleatória. Você pode pensar nisso como uma série de decisões no cara e coroa.

OXXXOXXXOXXOOOXOOXXOO

Os participantes do experimento estavam convencidos de que a sequência exemplificava uma "temporada de acertos" ou uma "temporada de sorte", e é fácil ver o motivo se você olhar novamente: seis das primeiras oito jogadas foram acertos. Não, espere: oito das primeiras 11 jogadas foram acertos. Não pode ser aleatório...

Esse experimento engenhoso mostra como somos ruins em identificar sequências aleatórias. Nós erramos em relação a sua aparência: esperamos muita alternância e, assim, as sequências realmente aleatórias parecem, de algum modo, ordenadas demais. Nossas intuições sobre a forma mais básica de observação — distinguir entre um padrão e um mero ruído aleatório — são profundamente falhas.

Essa é nossa primeira lição sobre a importância de usarmos a estatística em vez da intuição. E uma excelente demonstração da força dos paralelos entre essas ilusões cognitivas e as ilusões perceptivas com as quais estamos mais acostumados. Você pode olhar para uma ilusão visual pelo tempo que quiser, falar ou pensar sobre ela, mas ela ainda vai parecer "errada". Do mesmo modo, você pode olhar para essa sequência

---

[113]Gilovich T., Vallone R., Tversky, A., "The Hot Hand in Basketball: On the Misperception of Random Sequence", *Cognitive Psychology*, n. 17, 1985, pp. 295-314.

aleatória pelo tempo que quiser: ela ainda vai parecer ordenada e vai desafiar o que você agora sabe sobre ela.

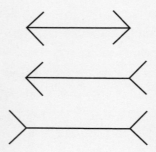

Regressão à média

Nós falamos sobre a regressão à média no capítulo sobre homeopatia: esse é o fenômeno em que, estando em seus extremos, as coisas tendem a se acomodar no meio ou a "regressar à média".

Vimos isso com referência à maldição da *Sports Illustrated* (e também quanto a *Play Your Cards Right*, de Bruce Forsyth), mas o fenômeno também se aplica ao assunto presente, à melhora. Comentamos como as pessoas farão qualquer coisa quando sua dor nas costas chega no auge — consultar um homeopata, talvez — e como, embora a condição fosse melhorar de qualquer forma (porque, quando as coisas estão muito ruins, elas geralmente melhoram), a melhora é atribuída ao tratamento.

Duas coisas separadas estão acontecendo quando somos pegos por essa falha da intuição. Em primeiro lugar, não percebemos corretamente o padrão da regressão à média. Em segundo lugar, crucialmente, decidimos que alguma coisa deve ter *causado* esse padrão ilusório: um remédio homeopático, por exemplo. Uma regressão simples é confundida com efeito de causa, o que talvez seja muito natural para os seres humanos, cujo sucesso no mundo depende de enxergarmos as relações causais rápida e intuitivamente: somos inerentemente hipersensíveis a elas.

Em certa medida, quando discutimos o assunto antes, confiei em sua boa vontade e na probabilidade de que você concordasse com essa explicação a partir de sua experiência, mas foi demonstrado, em outro experimento engenhosamente planejado, no qual todas as variáveis foram controladas, que as pessoas ainda viam padrão e causalidade onde não havia.[114]

Os participantes do experimento agiam como um professor que tentava fazer uma criança chegar pontualmente à escola às 8h30. Eles se sentavam diante de um computador, em que viam que, por 15 dias consecutivos, a suposta criança havia chegado à escola em algum momento entre 8h20 e 8h40, mas, sem que os participantes soubessem, os horários de chegada eram inteiramente aleatórios e predeterminados antes que o experimento começasse. Ainda assim, eles podiam usar punições e recompensas, em qualquer combinação que desejassem. Quando, no final, pediu-se que avaliassem sua estratégia, 70% dos participantes concluíram que, para obter a pontualidade da criança, a punição era mais efetiva do que a recompensa.

Essas pessoas estavam convencidas de que sua intervenção tivera efeito sobre a pontualidade da criança, embora os horários fossem inteiramente aleatórios e não exemplificassem nada mais do que uma "regressão à média". Da mesma forma, embora a homeopatia não mostre ter mais efeito do que o placebo, as pessoas ainda estão convencidas de que ela é benéfica para sua saúde.

Recapitulando:

1. Vemos padrões onde existe apenas ruído aleatório.
2. Vemos relação causal onde ela não existe.

Esses são dois bons motivos para medir as coisas formalmente. E são más notícias para a intuição. Será que pode piorar?

---

[114]Schafmer P. E., "Specious Learning About Reward and Punishment", *Journal of Personality and Social Psychology*, v. 6, n. 48, junho de 1985, pp. 1.377-86.

O viés para a evidência positiva

"É um erro peculiar e perpétuo do entendimento humano ficar mais empolgado e tocado com afirmativas do que com negativas."

Francis Bacon

Fica pior. Parece que temos uma tendência inata para buscar e valorizar exageradamente evidências que confirmem dada hipótese. Para tentar remover esse fenômeno da arena controversa da medicina complementar e alternativa — ou do medo da vacina tríplice viral, que é onde isso vai dar —, temos a sorte de haver mais experimentos planejados, com comparações que ilustram a questão geral.

Imagine uma mesa com quatro cartões, marcados com "A", "B", "2" e "3". Cada cartão tem uma letra de um lado e um número do outro. Sua tarefa é determinar se todas as cartas com uma vogal têm um número par. Quais as duas cartas que você viraria? Todos escolhem o cartão "A", obviamente, mas, como muitas pessoas — a menos que você realmente se obrigasse a pensar muito a respeito —, você provavelmente escolheria o cartão "2". Isso ocorre porque esses são os cartões que produziriam informações *coerentes* com a hipótese que você supostamente está testando. Porém, na verdade, os cartões que você precisa virar são o "A" e o "3" porque encontrar uma vogal atrás do "2" não lhe dirá nada sobre "todos os cartões", apenas sobre "alguns cartões", enquanto encontrar uma vogal atrás do "3" irá refutar sua hipótese. Esse simples teste de raciocínio demonstra nossa tendência, em nosso estilo de raciocínio intuitivo sem verificação, para buscarmos informações que confirmem a hipótese e apresenta o fenômeno em uma situação neutra.

Esse mesmo viés de busca por informações de confirmação tem sido demonstrado em experimentos mais sofisticados sobre psicologia social. Quando tentam determinar se alguém é "extrovertido", por exemplo, muitas pesquisas farão perguntas que evoquem uma resposta positiva que confirme a hipótese ("Você gosta de ir a festas?", por exemplo) em vez de refutá-la.

Usamos um viés similar quando tentamos buscar informações em nossa memória. Em um experimento, os participantes liam uma vinheta

POR QUE PESSOAS INTELIGENTES ACREDITAM EM TOLICES

sobre uma mulher que exemplificava vários comportamentos introverti-
dos e extrovertidos e, depois, eram divididos em dois grupos.[115] Pedia-se
a um grupo que avaliasse a adequação da mulher para um emprego como
bibliotecária enquanto o outro grupo devia considerar sua adequação
para um cargo como corretora de imóveis. Pedia-se aos dois grupos que
dessem exemplos da extroversão e da introversão do objeto de estudo. O
grupo que a avaliava para o emprego de bibliotecária lembrou-se de mais
exemplos de comportamento introvertido enquanto o outro grupo, que
a avaliava para o emprego de corretora de imóveis, citou mais exemplos
de comportamento extrovertido.

Essa tendência é perigosa porque, ao só fazer perguntas que a confirmem, você terá maior probabilidade de obter informações que confirmem
sua hipótese, provocando uma sensação espúria de confirmação. Isso
também significa, pensando de modo mais amplo, que as pessoas que
formulam as questões têm uma vantagem no discurso popular.

Então, podemos acrescentar o viés e as falhas intuitivas em nossa
lista de ilusões cognitivas:

3. Nós supervalorizamos as informações de confirmação de qualquer
   dada hipótese.
4. Nós buscamos informações de confirmação para qualquer dada
   hipótese.

Influência de nossas crenças anteriores

"[Eu] segui uma regra de ouro: sempre que uma nova observação ou pensamento surgia, se fosse oposta a meus resultados gerais, eu fazia uma anota-
ção dela, sem falha e de imediato, pois eu tinha descoberto, pela experiência,
que esses fatos e pensamentos têm uma tendência muito maior para fugir à
memória do que os fatos favoráveis."

Charles Darwin

---

[115]Snyder M., Cantor N., "Testing Hypotheses About Other People: The Use of Historical Knowledge", *Journal of Experimental Social Psychology*, n. 15, 1979, pp. 330-42.

CIÊNCIA PICARETA

Essa é uma falha de raciocínio que todos conhecem e, mesmo que seja a ilusão cognitiva menos interessante — porque é óbvia —, foi demonstrada em experimentos tão francos que você pode considerá-los, como eu, muito irritantes.

A demonstração clássica de que as pessoas são influenciadas por suas crenças vem de um estudo que investiga a relação do que se acredita sobre a pena de morte.[116] Foram reunidos muitos partidários e oponentes dessas execuções. Todos viram dois documentos em que havia evidências sobre o efeito intimidante da pena capital: um sustentava a intimidação e o outro mostrava evidências contrárias.

As evidências que viram foram:

- Uma comparação das taxas de assassinatos em um estado norte-americano antes e depois de a pena de morte ser aprovada.
- Uma comparação de taxas de assassinatos em diferentes estados, nos quais havia ou não pena de morte.

Porém, houve um detalhe inteligente. Os partidários e os oponentes da pena capital foram divididos em dois grupos menores. Assim, de modo geral, metade dos partidários e metade dos oponentes da pena capital tiveram sua opinião reforçada pelos dados antes e depois, mas refutada pelos números comparativos entre os estados, e vice-versa.

Quando perguntados sobre as evidências, os participantes confiantemente revelaram as falhas nos métodos da pesquisa contra sua opinião, mas desconsideraram as falhas na pesquisa que apoiava sua visão. Metade dos partidários da pena capital, por exemplo, percebeu lacunas na comparação de dados entre os estados, com base metodológica, porque essas informações eram contrárias à sua opinião, enquanto ficaram satisfeitos com os dados referentes a antes e depois da instalação da pena, mas a outra metade dos partidários desconsiderou esses dados

---

[116]Lord C. G., Ross L., Lepper M. R., "Biased Assimilation and Attitude Polarisation: The Effects of Prior Theories on Subsequently Considered Evidence", *Journal of Personality and Social Psychology*, n. 37, 1979, pp. 2.098-109.

porque os dados antes e depois contradiziam sua visão, mas os dados de comparação entre estados apoiavam sua opinião.

Falando de modo simples, a fé dos sujeitos nos dados de pesquisa não foi baseada em uma avaliação objetiva da metodologia de pesquisa, mas no fato de que os resultados validavam suas opiniões anteriores. Esse fenômeno atinge o auge com os terapeutas alternativos — ou boateiros — que aceitam dados de casos isolados, sem questionar, enquanto examinam meticulosamente todos os estudos amplos e cuidadosamente realizados sobre o mesmo assunto, em busca de qualquer pequena falha que lhes permita deixá-los de lado.

Por essas razões, é tão importante termos estratégias claras e disponíveis para avaliarmos evidências, independentemente de suas conclusões, e esta é a maior força da ciência. Em uma revisão sistemática da literatura científica, os investigadores, algumas vezes, marcam às cegas a qualidade da seção "Métodos" de um estudo — isto é, sem ler a seção "Resultados" — para evitar que sua avaliação seja influenciada. Do mesmo modo, existe uma hierarquia de evidências nas pesquisas médicas: um experimento bem realizado é mais importante do que uma pesquisa de dados em muitos contextos, e assim por diante.

Assim, podemos acrescentar à nossa lista novas informações sobre as falhas intuitivas:

5. Nossa avaliação sobre a qualidade de novas evidências é influenciada por nossas crenças anteriores.

Disponibilidade

Passamos toda a vida percebendo padrões e destacando o que é excepcional e interessante. Você não precisa desperdiçar esforços cognitivos a cada vez que entra em casa, observando e analisando todos os inúmeros aspectos do ambiente visualmente denso de sua cozinha. Você repara na janela quebrada e na falta da televisão.

Quando a informação se torna mais "disponível", como dizem os psicólogos, também se torna desproporcionalmente proeminente. Isso pode acontecer de muitas formas e você pode ter uma ideia por meio de alguns famosos experimentos psicológicos sobre o fenômeno.

Em um deles,[117] os participantes ouviam uma lista de nomes masculinos e femininos, em número igual, e, depois, diziam se havia mais homens ou mulheres na lista; quando havia nomes masculinos como Ronald Reagan, mas as mulheres eram desconhecidas, as pessoas tendiam a responder que havia mais homens do que mulheres, e vice-versa.

Nossa atenção é atraída para o que é excepcional e interessante e, se você tiver algo para vender, faz sentido guiar a atenção das pessoas para as características que mais deseja que sejam notadas. Quando os caça-níqueis pagam um prêmio, eles emitem um som teatral a cada moeda, de modo que todos possam ouvi-las, mas, quando você perde, elas não chamam a atenção para a quantidade de moedas. As lotéricas, do mesmo modo, fazem o que podem para que os ganhadores apareçam na mídia, mas não é preciso dizer que, como alguém que nunca ganhou na loteria, você nunca foi entrevistado diante das câmeras de TV.

As histórias de sucesso sobre a MAC — e as histórias trágicas sobre a vacina tríplice viral — são desproporcionalmente enganadoras, não só porque falta contexto estatístico, mas por causa de sua "elevada disponibilidade": elas são dramáticas e associadas a emoções e a imagens fortes. Elas são concretas e memoráveis, e não abstratas. Independentemente do que você faça com estatísticas sobre risco e sobre recuperação, seus números sempre terão baixa disponibilidade psicológica, ao contrário de curas milagrosas, histórias assustadoras e pais angustiados.

É por causa da "disponibilidade" e de nossa vulnerabilidade ao drama que as pessoas têm mais medo de encontrar tubarões na praia ou de visitar feirinhas no píer do que de voar para a Flórida ou dirigir pela costa. Esse fenômeno é demonstrado até mesmo nos padrões de abstinência de fumo entre os médicos. Você imaginaria, considerando que

---

[117]Tversky A., Kahneman D., "Availability: A Heuristic for Judging Frequency and Probability", *Cognitive Psychology*, n. 5, 1973, pp. 207-32.

são atores racionais, que todos os médicos cairiam em si e parariam de fumar assim que lessem os estudos mostrando a relação incrivelmente convincente entre cigarros e câncer de pulmão. Afinal, são homens da ciência aplicada, capazes, todos os dias, de traduzir estatísticas frias em informações significativas e em corações humanos que batem.

Porém, desde o início, médicos que trabalham com especialidades como medicina peitoral e oncologia — tendo visto pacientes morrerem por causa de um câncer de pulmão — têm proporcionalmente mais possibilidade de deixar de fumar do que seus colegas. Estar protegido da imediaticidade emocional e do drama das consequências é um fator a ser considerado.

Influências sociais

Por último, em nossa turnê pela irracionalidade, vem a falha mais óbvia. Ela parece quase óbvia demais para ser mencionada, mas nossos valores são socialmente reforçados pela conformidade e pela companhia que mantemos. Somos expostos seletivamente a informações que revalidam nossas crenças, em parte porque nos expomos a *situações* em que essas crenças são aparentemente confirmadas, em parte porque fazemos perguntas que, por sua própria natureza e pelos motivos descritos aqui, nos darão respostas de validação, e em parte porque nos expomos a *pessoas* que validam nossas crenças.

É fácil esquecer o impacto imenso da conformidade. Sem dúvida, você pensa em si mesmo como uma pessoa com ideias muito independentes e sabe o que eu penso. Eu acho que os participantes dos experimentos feitos por Asch sobre conformidade social pensavam como você.[118] Eles foram colocados perto do final de uma fila de atores que se apresentavam como outros participantes, mas que estavam, na verdade, em uma parceria com os pesquisadores. Eram mostrados cartões com uma linha marcada e, depois, outro cartão, com três linhas de comprimentos diferentes: 15, 20 e 25 centímetros.

---

[118] Asch S. E., "Opinions and Social Pressure", *Scientific American*, n. 193, 1955, pp. 31-5.

CIÊNCIA PICARETA

Todos disseram, um por vez, qual linha do segundo cartão tinha o mesmo comprimento que a linha mostrada no primeiro cartão. Para seis pares de cartões, os cúmplices deram a resposta certa, mas, para os outros 12 pares, deram a resposta errada. Em 75% dos casos, os participantes acompanharam as respostas incorretas dos cúmplices, contrariando a evidência clara de seus próprios sentidos.

Esse é um exemplo extremo, mas o fenômeno da conformidade está à nossa volta. O "reforço da comunidade" transforma uma afirmação em uma forte crença por meio da repetição. O processo independe de a afirmação ter sido pesquisada adequadamente ou sustentada por dados empíricos significativos o bastante para garantir a crença de pessoas razoáveis.

O reforço comunitário explica, em grande medida, como as crenças religiosas podem ser passadas de uma geração para a outra. Ele também explica como depoimentos de terapeutas, psicólogos, celebridades, teólogos, políticos, apresentadores de talk-shows e assim por diante podem suplantar e ser mais poderosos do que qualquer evidência científica.

> "Quando as pessoas não conhecem as ferramentas da crítica e apenas seguem suas esperanças, a manipulação política é semeada."
>
> *Stephen Jay Gould*

Existem vieses em muitas outras áreas bem pesquisadas. Temos uma opinião muito elevada sobre nós mesmos, o que é bom. A grande maioria do público pensa que é mais justa, tem menos preconceitos, é mais inteligente e dirige melhor do que o ser humano média quando, é claro, apenas metade de nós pode ser melhor do que a pessoa mediana.* Quase todos temos algo chamado "viés de atribuição": acreditamos que nossos sucessos se devem a nossas capacidades internas e que nossos fracassos se devem a fatores externos; porém, pensamos que os sucessos dos outros se devem à sorte e que seus fracassos são causados por suas próprias falhas. Não podemos todos estar certos.

---

*Eu ficaria genuinamente intrigado para saber quanto tempo você demoraria para encontrar alguém que possa lhe dizer a diferença entre "mediana", "média" e "comum".

POR QUE PESSOAS INTELIGENTES ACREDITAM EM TOLICES

Em último lugar, usamos o contexto e a expectativa para influenciar nossa apreciação de uma situação porque, na verdade, esse é o único modo como podemos pensar. A pesquisa sobre inteligência artificial não teve sucesso até agora por causa de um "problema do contexto": você pode dizer a um computador como processar informações e dar-lhe todas as informações do mundo, mas, assim que você lhe der um problema do mundo real — uma frase para interpretar e responder, por exemplo —, os computadores terão um desempenho muito pior do que poderíamos esperar, porque não saberão quais informações são relevantes para o problema. Os seres humanos são muito bons nessa tarefa — filtrar as informações irrelevantes —, mas essa habilidade pode criar um viés desproporcional a dados de contextualização.

Tendemos a supor, por exemplo, que as características positivas se reúnem: pessoas que são atraentes também devem ser boas; pessoas que parecem gentis também devem ser inteligentes e bem informadas. Isso foi até demonstrado experimentalmente: entre artigos idênticos, o que tiver uma caligrafia mais clara será considerado melhor. Entre as equipes esportivas, um uniforme preto sugerirá um comportamento mais agressivo e injusto do que aparentarão os times que vestem uniformes brancos.[119] E, por mais que você tente, as coisas, às vezes, são simplesmente contraintuitivas, especialmente na ciência. Imagine que existam 23 pessoas em uma sala. Qual é a chance de que duas façam aniversário na mesma data? Uma em duas.*

Quando se trata de pensar sobre o mundo ao seu redor, existe uma gama de ferramentas à disposição. As intuições são valiosas para muitas coisas, especialmente no domínio social: decidir se sua namorada o está enganando, talvez, ou se um sócio é confiável. Porém, em questões matemáticas ou para avaliar relações causais, as intuições são, muitas

---

[119]Frank M. G., Gilovich T., "The Dark Side of Self- and Social-Perception: Black Uniforms and Aggression in Professional Sports", *Journal of Personality and Social Psychology*, v. 1, n. 54, janeiro de 1988, pp. 74-85.

*Se ajudar, tenha em mente que você só precisa que *quaisquer* duas datas coincidam. Com 47 pessoas, a probabilidade aumenta para 95%, ou seja, 19 vezes em 20! (Se houver 57 pessoas, a probabilidade será 99%; com 70 pessoas, a probabilidade será 99,9%.) Isso está além da intuição e, à primeira vista, não faz o menor sentido.

vezes, completamente erradas porque dependem de atalhos úteis para resolver rapidamente problemas cognitivos complexos, mas ao custo de inexatidões, enganos e hipersensibilidade.

Não é seguro deixar que nossas intuições e nossos preconceitos permaneçam sem verificação e exame; é nosso interesse expor essas falhas do raciocínio intuitivo sempre que possível, e os métodos da ciência e da estatística foram desenvolvidos especificamente em oposição a elas.[120] Sua aplicação cuidadosa é nossa melhor arma contra essas armadilhas, e o desafio talvez seja descobrir quais instrumentos devemos usar. Tentar ser "científico" com seu sócio é tão tolo quanto seguir suas intuições a respeito de relações de causa.

Agora, vejamos como os jornalistas lidam com estatísticas.

---

[120]Os experimentos neste capítulo, e muitos outros, podem ser encontrados em *Irrationality*, de Stuart Sutherland (Londres, Penguin, 1994), e em *How We Know What Isn't So* (Nova York, The Free Press, 1991), de Thomas Gilovich.

14 Estatísticas erradas

Agora que você entendeu o valor das estatísticas — e os benefícios e riscos da intuição —, podemos examinar como esses números e cálculos são mal compreendidos e usados indevidamente. Nossos primeiros exemplos virão do mundo do jornalismo, mas o verdadeiro horror é que os jornalistas não são os únicos a cometerem erros básicos de raciocínio.

Os números, como veremos, podem estragar vidas.

A maior estatística

Os jornais gostam de números altos e de manchetes chamativas. Eles precisam de curas milagrosas e de medos ocultos, e uma pequena mudança na porcentagem de risco de alguma coisa nunca será o bastante para que vendam leitores para anunciantes (porque esse é o modelo de negócios). Com essa finalidade, eles escolhem o modo mais melodramático e enganoso para descrever qualquer aumento estatístico em certo risco, o que é chamado "aumento de risco relativo".

Digamos que o risco de ter um ataque cardíaco por volta dos 50 anos seja 50% mais alto se você tiver um nível de colesterol elevado.[121] Isso parece bastante ruim. Digamos que esse risco extra seja de apenas

---

[121]Gigerenzer G., *Reckoning with Risk*, Londres, Penguin, 2003.

CIÊNCIA PICARETA

2%. Isso parece bom para mim. Mas os números (hipotéticos) são os mesmos. Vejamos de outro modo. Dentre 100 homens com cerca de 50 anos e com taxas de colesterol normais, prevê-se que quatro terão um ataque cardíaco enquanto dentre 100 homens com taxas de colesterol elevadas prevê-se que seis terão um ataque cardíaco. Esse é um risco extra de 2%. Essas são as chamadas "frequências naturais".

As frequências naturais são facilmente compreensíveis porque, no lugar de probabilidades ou porcentagens ou qualquer outra coisa um pouco mais técnica ou mais difícil, usam números concretos, como aqueles que você usa todos os dias para verificar se perdeu uma criança em um passeio da escola ou para conferir o troco dado em uma loja.[122] Muitas pessoas argumentaram que evoluímos para raciocinar e para fazer contas com esses números concretos, e não com probabilidades, e, por isso, nós os consideramos mais intuitivos. Números simples são simples.

Existem outros métodos para descrever esse aumento.[123] Em nosso exemplo, você teria um aumento de 50% no risco (relativo) ou um aumento de 2% no risco (absoluto) ou, permita que eu repita, o fácil e informativo dois ataques cardíacos a mais a cada 100 homens (a frequência natural).

Além de ser a opção mais compreensível, as frequências naturais contêm mais informações do que o "aumento de risco relativo" usado pelos jornalistas. Recentemente, por exemplo, fomos informados de que carne vermelha causa câncer de intestino e de que o ibuprofeno aumenta o risco de ataques cardíacos, mas, se você apenas seguiu os noticiários, não soube nada a mais. Veja este trecho, sobre o câncer de intestino, extraído do programa *Today*, da Radio 4: "O que significa esse risco maior, professora Bingham?" "Um risco um terço maior." "Isso parece muito ruim, um risco um terço mais alto, mas de que números estamos falando?" "Uma diferença... De cerca de 20 pessoas por ano." "Então, ainda é um número baixo?" "Sim... por 10 mil..."

---

[122]Butterworth *et al.*, "Statistics: What Seems Natural?", *Science*, 4 de maio de 2001, p. 853.
[123]Hoffrage U., Lindsey S., Hertwig R., Gigerenzer G., "Communicating Statistical Information", *Science*, v. 5500, n. 290, 22 de dezembro de 2000, pp. 2.261-2.

ESTATÍSTICAS ERRADAS

É complicado comunicar essas coisas se deixarmos de lado o formato mais simples. A professora Sheila Bingham é diretora do MRC Centre for Nutrition in Cancer Epidemiology Prevention and Survival [Centro para Nutrição em Prevenção, Epidemiologia e Sobrevivência ao Câncer], na Universidade de Cambridge, e lida com esses números profissionalmente, mas não está sozinha nessa confusão (inteiramente perdoável) em um programa de rádio ao vivo; existem estudos de médicos, de comitês formados por autoridades de saúde locais e de advogados que mostram que pessoas que interpretam e gerenciam riscos profissionalmente têm muita dificuldade para expressar-se bem.[124] Elas também têm uma probabilidade muito maior de tomar a decisão correta quando as informações sobre o risco são apresentadas como frequências naturais, em vez de em probabilidades ou em termos percentuais.

Em relação aos analgésicos e aos ataques de coração, outra história de primeira página, em um impulso desesperado para escolher o número mais alto possível, fez com que os dados publicados em muitos jornais fossem completamente imprecisos. Os relatórios se baseavam em um estudo que durara quatro anos, e os resultados sugeriam, usando frequências naturais, que se esperava um ataque cardíaco extra a cada 1.005 pessoas que tomam ibuprofeno. Ou, como o *Daily Mail* relatou em um artigo intitulado "How Pills for Your Headache Could Kill" ("Como comprimidos para dor de cabeça podem matar"): "A pesquisa britânica revelou que os pacientes que tomam ibuprofeno no tratamento da artrite têm risco 24% maior de sofrer um ataque cardíaco." Sinta o medo.

Quase todos os jornais relataram os aumentos de risco relativo: o diclofenaco aumenta o risco de ataque cardíaco em 55% e o ibuprofeno, em 24%. Apenas o *Daily Telegraph* e o *Evening Standard* relataram as frequências naturais: um ataque cardíaco extra em 1.005 pessoas que tomam ibuprofeno. O *Mirror* tentou e errou, relatando que uma entre 1.005 pessoas que tomam ibuprofeno "sofrerá insuficiência cardíaca no ano seguinte". Não. É ataque cardíaco, não insuficiência cardíaca, e é

---

[124]Hoffrage U., Gigerenzer G., "Using Natural Frequencies to Improve Diagnostic Inferences", *Academic Medicine Journal*, n. 73, 1998, pp. 538-40.

uma pessoa *extra* em 1.005, além dos ataques cardíacos que já seriam sofridos. Vários outros jornais repetiram o mesmo engano.

Muitas vezes, a culpa é dos comunicados à imprensa, e os pesquisadores podem ser tão culpados quanto os demais quando se trata de exagerar o drama de suas próprias pesquisas (existem diretrizes excelentes da Royal Society sobre como comunicar pesquisas, se você estiver interessado). Mas, se alguém em posição de poder estiver lendo este livro, aqui estão as informações que eu gostaria de ler em um jornal para me ajudar a tomar decisões sobre minha saúde: quero saber de quem se está falando (por exemplo, homens de 50 anos), quero saber qual é a linha de base (por exemplo, quatro homens em 100 terão um ataque cardíaco nos próximos 10 anos) e quero saber o aumento do risco em frequência natural (dois homens a mais, em cada 100, terão um ataque cardíaco nos próximos 10 anos). Eu quero saber o que está causando esse aumento no risco: um comprimido ocasional para dor de cabeça ou um monte de comprimidos todos os dias como medicação para aliviar a dor causada pela artrite? Então, pensarei em ler seu jornal de novo, em vez dos blogs escritos por pessoas que entendem as pesquisas e que fazem conexões confiáveis ao artigo acadêmico original, de modo que eu possa verificar o resumo, se desejar.

Há mais de um século, H. G. Wells disse que o pensamento estatístico seria, algum dia, tão importante quanto a capacidade de ler e de escrever em uma sociedade tecnológica moderna. Discordo: o pensamento probabilístico é difícil, mas todos entendem os números normais. É por esse motivo que as "frequências naturais" são o único modo sensato para comunicar riscos.

Escolhendo seus números

Algumas vezes, a distorção dos números vai tão além da realidade que só se pode supor falsidade. Muitas vezes, essas situações parecem envolver aspectos morais: drogas, aborto e coisas desse tipo. Com uma escolha muito cuidadosa dos números, no que alguns poderiam considerar uma manipulação cínica e imoral dos fatos para ganho pessoal, você pode fazer com que os números digam qualquer coisa.

ESTATÍSTICAS ERRADAS

O *Independent* esteve a favor da legalização da maconha por muitos anos, mas, em março de 2007, decidiu mudar sua posição. Uma opção teria sido explicar a situação como uma simples mudança de opinião ou uma reconsideração de questões morais. Porém, a mudança foi decorada com ciência — como os fanáticos têm feito covardemente, desde a eugenia até a proibição — e justificada com uma alteração fictícia dos fatos. "Cannabis: An Apology" ["Maconha: um pedido de desculpas"] foi a manchete de sua primeira página.

> Em 1997, este jornal lançou uma campanha para legalizar a droga. Se soubéssemos, na época, o que podemos revelar hoje (...) Números recordes de adolescentes estão solicitando tratamento contra as drogas em resultado de fumar *skunk*, a cepa de maconha que é 25 vezes mais forte do que a resina vendida na década passada.

Por duas vezes nesta história, lemos que a maconha é 25 vezes mais forte do que era 10 anos atrás. Na retratação da ex-editora do jornal, Rosie Boycott, a *skunk* era "30 vezes mais forte". Em um artigo interno, a questão da potência foi levemente rebaixada para um "pode ser". O artigo até fez referência aos números: "O Serviço de Ciências Forenses diz que, no início dos anos 1990, a maconha continha cerca de 1% de tetrahidrocanabinol (THC), o composto que causa alteração da mente, mas, agora, ela pode ter até 25%."

Pura fantasia.

Estou com esses dados à minha frente, junto com os dados anteriores lançados pelo Laboratory of the Government Chemist, pelo Programa de Controle de Drogas das Nações Unidas e pelo Centro de Monitoramento de Drogas e Dependência da União Europeia. Vou informá-los a vocês porque creio que, quando conhecem os fatos, as pessoas são bastante capazes de formar uma opinião própria sobre importantes questões sociais e morais.

Os dados do Laboratory of the Government Chemist são referentes ao período entre 1975 a 1989. A resina de maconha continha entre 6% e 10% de THC, e a erva continha entre 4% e 6%. Não existe uma tendência clara.

Os dados do Serviço de Ciências Forenses fornecem números mais recentes, sem grande mudança na quantidade de resina, mas indicando que a erva de maconha produzida domesticamente dobrou de potência, de 6% para 12% ou 14%. (São dados de 2003 a 2005.)

A tendência crescente da potência da maconha é gradual, nada espetacular e impelida, em grande medida, pela maior disponibilidade de erva de maconha cultivada intensiva e domesticamente.

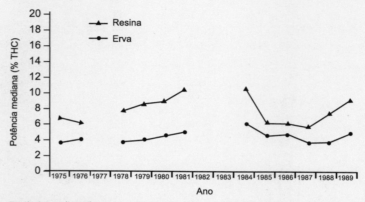

Potência mediana (porcentagem de THC) dos produtos de maconha examinados no Reino Unido (Laboratory of the Government Chemist, 1975-1989)

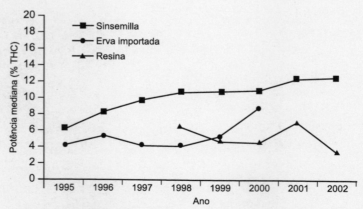

Potência mediana (porcentagem de THC) dos produtos de maconha examinados no Reino Unido (Serviço de Ciências Forenses, 1995-2002)

ESTATÍSTICAS ERRADAS

Ano	Sinsemilla %	Resina %	"Tradicional" à base de plantas importadas
1995	5.8	Sem dados	3.9
1996	8.0	Sem dados	5.0
1997	9.4	Sem dados	4.0
1998	10.5	6.1	3.9
1999	10.6	4.4	5.0
2000	12.2	4.2	8.5
2001	12.3	6.7	Sem dados
2002	12.3	3.2	Sem dados
2003	12.0	4.6	Sem dados
2004	12,7	1,6	Sem dados
2005	14.2	6.6	Sem dados

Conteúdo médio de THC nos produtos de maconha recolhidos no Reino Unido (Serviço de Ciências Forenses, 1995-2002)

Lembrem-se: "25 vezes mais forte". Repetidamente e na primeira página.

Se você quisesse implicar com a moral e com o raciocínio político do *Independent*, bem como com sua evidente e desavergonhada venalidade, você poderia argumentar que o cultivo intensivo de uma planta que cresce perfeitamente bem ao ar livre é a reação da indústria da maconha à própria ilegalidade do produto. É perigoso importar maconha em grande quantidade. É perigoso cultivar um campo de maconha. Então, faz mais sentido cultivá-la intensivamente, em ambiente fechado, usando propriedades caras, mas produzindo uma droga mais concentrada. No fim das contas, os produtos mais concentrados são uma consequência natural da ilegalidade da droga. Você não pode comprar folhas de coca em Peckham, embora seja possível comprar crack.

É claro que se pode encontrar maconha excepcionalmente forte em algumas partes do mercado britânico, mas isso sempre aconteceu. Para chegar a esse número assustador, o *Independent* só pode ter comparado a *pior* maconha do passado com a *melhor* maconha atual. Isso é absurdo e, de qualquer forma, seria possível fazer exatamente o mesmo com os números referentes a 30 anos atrás, se desejássemos: os números das amostras individuais estão disponíveis, e, em 1975, a erva de maconha mais fraca analisada tinha 0,2% de THC enquanto, em 1978, a erva de maconha mais forte tinha 12%. Por esses números, a erva de maconha ficou "60 vezes mais forte" em apenas três anos.

Esse medo não é novo. Em meados dos anos 1980, durante a "guerra às drogas" promovida por Ronald Reagan e a campanha "Apenas diga não", de Zammo, em *Grange Hill*, os ativistas norte-americanos afirmaram que a maconha era 14 vezes mais forte do que fora em 1970. Isso nos faz pensar. Se ela estava 14 vezes mais forte em 1986 do que em 1970, e agora está 25 vezes mais forte do que no início dos anos 1990, isso quer dizer que ela é 350 vezes mais forte do que em 1970?

Nem a melhor maconha poderia ser tão forte. É impossível. Isso exigiria que houvesse mais THC do que caberia no volume total ocupado pela própria planta. Isso exigiria que a matéria fosse condensada em uma maconha superdensa de plasma de quark-glúons. Pelo amor de Deus, não digam ao *Independent* que isso é possível.

A cocaína inunda o playground

Agora, estamos prontos para passar a algumas questões estatísticas mais interessantes, com uma história sobre outra questão emotiva: um artigo em *The Times*, em março de 2006, intitulado "Cocaine Floods the Playground" ["A cocaína inunda o playground"]. "O uso da droga por crianças dobra em um ano", dizia o subtítulo. Era verdade?

Se você lesse o comunicado à imprensa emitido pela pesquisa realizada pelo governo, no qual a matéria se baseava, descobriria que "quase não houve mudança nos padrões de uso de drogas, bebida ou fumo desde 2000". Porém, esse era um comunicado lançado pelo governo, que talvez encobrisse falhas, e os jornalistas são pagos para investigar. O *Telegraph* e o *Mirror* também publicaram a história. Será que os jornalistas encontraram a notícia escondida no relatório?

Você pode ter acesso ao documento completo on-line. É uma pesquisa com nove mil crianças, de 11 a 15 anos, em 305 escolas. O resumo de

ESTATÍSTICAS ERRADAS

três páginas dizia, novamente, que não havia mudança na prevalência do uso de drogas. Se examinar o relatório completo, você encontrará as tabelas de dados brutos: ao perguntarem-lhes se haviam usado cocaína no ano anterior, 1% disse sim, em 2004, e 2% disseram sim, em 2005.

Então os jornais estavam certos? O uso dobrou? Não. Quase todos os números fornecidos eram 1% ou 2%. Todos haviam sido arredondados. Os funcionários públicos são muito prestativos quando recebem um telefonema. Os números reais eram 1,4%, para 2004, e 1,9%, para 2005 — não 1% e 2%. Assim, o uso de cocaína não havia dobrado. Mas as pessoas ainda queriam defender essa história: afinal, o uso de cocaína havia aumentado?

Não. O que temos agora é um aumento no risco relativo de 35,7% ou um aumento no risco absoluto de 0,5%. Usando números reais, 45 crianças a mais, das nove mil, responderam "sim" à pergunta "você usou cocaína no ano passado?".

Você precisa pensar se um pequeno aumento como esse é estatisticamente significante? Fiz as contas, e a resposta é sim, pois obtemos um valor "p" de menos de 0,05. O que é algo "estatisticamente significante"? É só um modo de expressar a probabilidade de seu resultado ser meramente atribuível ao acaso. Você pode acertar cinco vezes seguidas em um jogo de cara ou coroa usando uma moeda normal, especialmente se jogar por bastante tempo. Imagine um vidro com 980 peças azuis e 20 peças vermelhas misturadas: de vez em quando — mesmo que raramente —, você pode, com os olhos vendados, pegar três peças vermelhas seguidas. O corte padrão para a significância estatística é um valor "p" de 0,05, o que é outro modo de dizer que se eu fizesse esse experimento 100 vezes, esperaria um falso resultado positivo cinco vezes, apenas por acaso.

Voltando a nosso exemplo concreto, imaginemos que não houvesse diferença no uso de cocaína, mas você fizesse a mesma pesquisa 100 vezes: você poderia obter uma diferença como essa, em decorrência do acaso, só porque escolheu aleatoriamente mais crianças que usaram cocaína. Mas você esperaria que isso acontecesse menos de cinco vezes em 100 pesquisas.

CIÊNCIA PICARETA

Então, temos um aumento de 35,7% no risco, o que parece estatisticamente significante, mas é um número isolado. "Minerar os dados", tirando-os de seu contexto no mundo real, e dizer que são significantes, é enganador. O teste de significância estatística supõe que cada percentagem é independente, mas aqui os dados estão em *cluster*, como dizem os estatísticos. Eles não são percentagens, são crianças reais em 305 escolas. Eles andam juntos, eles copiam uns aos outros, eles compram drogas uns com os outros, existem modas, epidemias e interações.

Quarenta e cinco crianças a mais usando cocaína pode ser uma enorme epidemia em uma escola ou representar alguns grupos, de uma dezena de crianças, em escolas diferentes ou miniepidemias em um punhado de escolas. Ou todas essas crianças estão comprando e consumindo cocaína sozinhas, sem os amigos, o que me parece muito improvável.

Esse aumento se torna imediatamente menos significante em termos estatísticos. O pequeno aumento de 0,5% só foi significante porque se originou em uma grande amostra de nove mil crianças — como nove mil partidas de cara ou coroa —, e a única coisa que quase todos sabem sobre estudos como esse é que uma amostra maior significa que os resultados provavelmente serão mais significativos. Porém, se os dados não forem independentes, é preciso tratá-los, em alguns aspectos, como uma amostra menor, e, assim, os resultados se tornarão menos significantes. Como os estatísticos diriam, você precisa "corrigir o *cluster*". Isso é feito com elementos de matemática avançada que causariam dor de cabeça em todos nós. Tudo o que você precisa saber é que os motivos pelos quais é preciso "corrigir o *cluster*" são transparentes, óbvios e fáceis, como acabamos de ver (na verdade, como ocorre com muitos instrumentos, saber quando usar uma ferramenta estatística é diferente de entender como ela é construída, mas igualmente importante). Ao corrigir o *cluster*, você reduz muito a significância dos resultados. Esse aumento no uso de cocaína, que caiu de "dobrou" para "35,7%", sobreviverá?

Não. Porque existe mais um problema com esses dados: há coisas demais a serem escolhidas. Existem dezenas de dados no relatório: solventes, cigarros, ketamina, maconha e assim por diante. Uma prática padrão em pesquisas é só considerar uma descoberta significante se ela

286

ESTATÍSTICAS ERRADAS

tiver um valor "p" de 0,05 ou menos. Porém, como dissemos, isso significa que cinco comparações serão positivas, apenas por acaso, em cada 100. Este relatório possibilita dezenas de comparações, e algumas delas, por acaso, mostrariam aumentos no uso, como o número referente ao uso de cocaína, por exemplo. Se você jogar dois dados por vezes suficientes, obterá um duplo seis três vezes seguidas. É por isso que os estatísticos fazem uma "correção de comparações múltiplas", uma correção para "jogar os dados" muitas vezes. Esse fator, como no caso da correção de *cluster*, é especialmente brutal em relação aos dados e, muitas vezes, reduz dramaticamente a significância dos achados.

A mineração de dados é uma profissão perigosa. Você poderia dizer — olhando os dados, sem saber nada sobre como as estatísticas funcionam — que esse governo relatou um aumento significante de 35,7% no uso de cocaína. Porém, os estudiosos de estatística que o compilaram conheciam os *clusters* e o método de correção de Bonferroni para comparações múltiplas. Eles não são burros e ganham a vida trabalhando com estatísticas.

Foi por isso, presumivelmente, que disseram claramente em seu resumo, e no comunicado à imprensa e no relatório completo, que não houve mudança entre 2004 e 2005. No entanto, os jornalistas não queriam acreditar: eles tentaram reinterpretar os dados, procuraram embaixo do capô e pensaram que tinham achado uma notícia. O aumento passou de 0,5% — um número que poderia representar uma tendência gradual, mas que também poderia ser um achado totalmente acidental — para uma história de primeira página em *The Times* sobre o uso de cocaína haver dobrado. Você pode não confiar no comunicado à imprensa, mas se, não souber nada sobre números, está se arriscando muito ao mergulhar sob o capô de um estudo para encontrar uma notícia.

Bem, de volta a algo fácil

Existem também alguns modos perfeitamente simples para gerar estatísticas ridículas; dois, entre os mais comuns, são escolher um grupo de amostragem incomum e fazer uma pergunta idiota. Digamos que 70%

de todas as mulheres desejem que o príncipe Charles não possa interferir na vida pública. Bom, espere — 70% de todas as mulheres *que visitam meu site* querem que o príncipe Charles não possa interferir na vida pública. Dá para perceber aonde vamos chegar. Além disso, existe algo chamado *viés de seleção* nas pesquisas feitas com voluntários: apenas as pessoas que se dão o trabalho de preencher o formulário de pesquisa terão seu voto registrado.

Houve um excelente exemplo no *Telegraph*, no final de dezembro de 2007. A manchete era "Médicos dizem não a abortos em suas cirurgias". "Clínicos gerais estão ameaçando fazer um protesto contra os planos do governo para que permitam que eles realizem abortos em suas cirurgias, revela o *Daily Telegraph*." Um protesto! "Quatro entre cinco clínicos gerais não desejam realizar abortos, embora a ideia esteja sendo testada em esquemas-piloto do Serviço Nacional de Saúde, revelou uma pesquisa."

De onde vieram esses números? Foi feita uma pesquisa sistemática com todos os clínicos gerais e houve grande esforço para obter uma resposta daqueles que não quiseram responder voluntariamente? Telefonemas para todos? Uma pesquisa pelo correio, pelo menos? Não. Foi uma votação on-line em um chat de médicos que ocasionou essa notícia. Aqui está a pergunta e as opções disponíveis:

"Clínicos gerais devem realizar abortos em suas cirurgias?"
Concordo inteiramente, concordo, não sei, discordo, discordo inteiramente.

Sejamos claros: eu mesmo não compreendo essa pergunta. Esse "devem" significa "devem poder"? Ou significa "têm o dever"? E sob quais circunstâncias? Com mais treinamento, tempo e dinheiro? Com outros sistemas aos quais recorrer no caso de resultados adversos? Além disso, lembre-se, esse é um site que os médicos procuram para fazer reclamações. Eles estão dizendo "não" em uma reclamação por ter mais trabalho e porque se sentem desanimados?

Além disso, o que exatamente "aborto" significa aqui? Examinando os comentários no chat, posso dizer que a frase se referia a abortos cirúrgicos, e não à pílula relativamente segura e ministrada por via

ESTATÍSTICAS ERRADAS

oral para interromper a gravidez. Os médicos não são tão brilhantes, como se pode ver. Aqui estão algumas citações:

Essa é uma ideia absurda. Como os clínicos gerais podem realizar abortos em suas cirurgias? E se houver uma complicação importante, como uma perfuração uterina e intestinal?

As cirurgias feitas por clínicos gerais são os lugares, por excelência, das doenças infecciosas. A ideia de realizar ali qualquer tipo de procedimento estéril envolvendo um órgão abdominal é reprovável.

A única situação em que isso poderia ou deveria acontecer é se o consultório do clínico geral tiver instalações cirúrgicas ambulatoriais e contar com uma equipe adequadamente treinada; isto é, uma equipe de sala cirúrgica, com anestesista e ginecologia (...) qualquer cirurgia implica riscos e, presumivelmente, teremos treinamento cirúrgico ginecológico a fim de realizar essas cirurgias.

Por que tanta discussão? Vamos fazer abortos em nossas cirurgias, em salas de estar, em cozinhas, em garagens, em lojinhas; você sabe, como nos velhos tempos.

E aqui está a minha favorita:

Acho que a questão foi mal formulada e espero que [o site] não libere os resultados desta pesquisa para o *Daily Telegraph*.

Enganando você

Seria errado supor que os mal-entendidos se limitam aos escalões mais baixos da sociedade, como médicos e jornalistas. Alguns exemplos mais sérios vêm do escalão mais alto.

Em 2006, depois de um importante relatório emitido pelo governo, a mídia divulgou que um assassinato por semana era cometido por alguém com problemas psiquiátricos. Os psiquiatras deveriam trabalhar

CIÊNCIA PICARETA

melhor, disseram os jornais, e evitar assassinatos. Todos concordaríamos, estou certo, com qualquer medida sensata para melhorar a gestão de risco e a violência, e é sempre oportuno ter um debate público sobre a ética em deter pacientes psiquiátricos (embora, em nome da justiça, eu também gostaria de ver uma discussão para a detenção preventiva de todos os outros grupos de risco potencial — como alcoólatras, violentos recorrentes, pessoas que abusaram de funcionários e assim por diante).

Porém, para se engajar nessa discussão é preciso entender a matemática por trás da previsão de eventos muito raros. Vamos examinar um exemplo concreto: o exame de HIV. Quais aspectos de um procedimento diagnóstico precisamos medir para julgar sua utilidade? Os estatísticos diriam que o exame de sangue para detectar o HIV tem uma "sensibilidade" muito alta, de 0,999; ou seja, existe uma chance de 99,9% de o exame de sangue detectar o vírus. Eles também dizem que o exame tem uma alta "especificidade", de 0,9999 — assim, se você não estiver infectado, existe uma chance de 99,99% de que o teste seja negativo. Que exame de sangue excelente!*

Porém, se você examinar a situação pela perspectiva da pessoa que está sendo testada, a matemática torna-se ligeiramente contraintuitiva porque, estranhamente, o valor preditivo do exame negativo ou positivo altera-se nas diferentes situações, dependendo da raridade do evento que o exame está tentando detectar. Quanto mais raro o evento, pior a detecção se torna, mesmo sendo o mesmo teste.[125]

É mais fácil entender usando números concretos. Digamos que a taxa de infecção entre homens do grupo de alto risco em determinada área seja de 1,5%. Se fizermos nosso excelente exame de sangue em 10 mil desses homens, podemos esperar 151 resultados positivos: 150 homens serão realmente HIV-positivos e terão exames de sangue positivos verdadeiros, e um será o falso positivo que podemos esperar ao usar um exame que oferece um resultado falso em cada 10 mil. Assim, se você

---

*Esses números são aproximados e extraídos do excelente livro, de Gerd Gigerenzer, *Reckoning with Risk* Londres, Penguin, 2002.

[125]Gigerenzer G., *Adaptive Thinking: Rationality in the Real World*, Oxford, Oxford University Press, 2000.

ESTATÍSTICAS ERRADAS

receber um resultado positivo para HIV nessas circunstâncias, suas chances de realmente ser HIV-positivo são 150 em 151. É um exame altamente preditivo.

Agora, vamos usar o mesmo teste em um local em que a taxa de infecção geral por HIV seja aproximadamente um em 10 mil. Se testarmos 10 mil pessoas, podemos esperar dois resultados positivos, em geral — para a pessoa que é realmente HIV-positivo e o falso positivo que podemos esperar, novamente, ao usar um exame que está errado uma vez em cada 10 mil.

Quando a taxa contextual de um evento é baixa, até mesmo nosso exame de sangue brilhante perde um pouco do seu valor. Para os dois homens com resultado positivo, nessa população em que apenas um em 10 mil tem HIV, há apenas 50% de probabilidade de serem realmente HIV-positivos.

Vamos pensar sobre a violência.[126] A melhor ferramenta preditiva para a violência causada por problemas psiquiátricos tem "sensibilidade" e "especificidade" de 0,75. É mais difícil ser exato ao prever um evento em seres humanos, que passam por tantas mudanças. Digamos que 5% dos pacientes atendidos pela equipe de saúde mental de uma comunidade irá se envolver em um evento violento em um ano. Por meio dos mesmos cálculos usados para os exames de detecção do HIV, a ferramenta preditiva, com "sensibilidade" e "especificidade" de 0,75, estaria errada 86 vezes em 100. No caso de violência grave, causada por 1% dos pacientes por ano, o perpetrador potencial seria erroneamente identificado 97 vezes em 100. Você ia deter 97 pessoas para evitar três eventos violentos? E você aplicaria essa regra a alcoólatras e a tipos antissociais diversificados?

Para casos de assassinato, crime extremamente raro nesse relatório e que exige mais ação, ocorrendo na frequência de um em 10 mil por ano entre pacientes com psicose, a taxa de falso positivo é tão alta que o melhor teste preditivo é inteiramente inútil.

---

[126]Szmukler G., "Risk Assessment: 'Numbers' and 'Values'", *Psychological Bulletin*, n. 27, 2003, pp. 205-7.

CIÊNCIA PICARETA

Isso não é causa para desespero. Algumas coisas podem ser feitas, como tentar reduzir o número de erros reais, embora seja difícil saber que proporção em "um assassinato por semana" representa uma falha clara do sistema, pois, quando olhamos para trás, pensando retrospectivamente, tudo o que aconteceu parece inexoravelmente fatídico. Eu só estou mostrando a você os números desses eventos raros. É você quem decidirá o que fazer com eles.

Prendendo você

Em 1999, a advogada Sally Clark foi julgada por assassinar seus dois bebês. A maioria das pessoas sabe que houve um erro estatístico no caso da promotoria, mas poucos conhecem a história ou a imensa proporção que a ignorância estatística tomou.

No julgamento, o professor Sir Roy Meadow, um especialista em pais que maltratam filhos, foi chamado para dar sua opinião como perito. Meadow é famoso por dizer que a chance de duas crianças da mesma família morrerem em consequência da Síndrome da Morte Infantil Súbita (SIDS) era "uma em 73 milhões".

Essa foi uma evidência muito problemática por dois motivos: é fácil entender o primeiro, mas o outro pode deixar qualquer um zonzo. Como você pode se concentrar agora para as duas páginas seguintes, será mais fácil para você do que foi para o professor Sir Roy, o juiz no caso de Sally Clark, seus advogados de defesa, os juízes da corte de recurso e quase todos os jornalistas e comentaristas jurídicos envolvidos no caso. Vamos abordar, primeiro, o motivo fácil.

A falácia ecológica

A probabilidade "um em 73 milhões" é pequena, como todos concordam. Ela foi calculada como 8.543 x 8.543, como se as chances de dois episódios de morte súbita nessa família fossem independentes. Isso parece errado desde o início, e qualquer pessoa pode ver por quê: podia haver fatores ambientais ou genéticos em jogo, compartilhados pelos dois bebês. Mas esqueça a sensação de vitória que você está sentindo por entender esse fato. Mesmo que aceitemos que duas mortes súbitas em uma família sejam muito mais prováveis do que um em 73 milhões — digamos, um em 10 mil —, a relevância de qualquer desses números ainda é discutível, como veremos agora.

A *falácia da promotoria*

A questão real nesse caso é: o que fazemos com esse número falso? Muitos relatos da imprensa afirmaram que havia uma chance em 73 milhões de que a morte dos dois bebês de Sally Clark houvesse sido acidental; isto é, de que ela fosse inocente. No tribunal, muitos pareceram ter a mesma opinião, e esse fato falso certamente fica em nossa mente. Porém, esse é um exemplo muito conhecido e bem documentado de um raciocínio errôneo conhecido como "falácia da promotoria".

Dois bebês de uma família morreram. Por si mesmo, é um evento muito raro. Uma vez que aconteceu, o júri precisa avaliar duas explicações concorrentes para a morte dos bebês: dupla morte súbita ou duplo assassinato. Sob circunstâncias normais — antes de qualquer bebê morrer —, as duas possibilidades eram muito improváveis, mas, depois de ocorrer o evento, as duas explicações se tornam, repentinamente, muito prováveis. Se queremos realmente usar as estatísticas, precisamos saber qual é relativamente *mais* rara: dupla morte súbita ou duplo assassinato. As pessoas tentaram calcular os riscos relativos desses eventos, e um jornal afirmou que ele era de cerca de 2:1, a favor da dupla morte súbita.

Não só essa nuance *crucial* da falácia da promotoria passou despercebida na época, por todos no tribunal, como claramente o fez durante o recurso, quando os juízes sugeriram que, em vez de "uma chance em 73 milhões", Meadow deveria ter dito que o evento seria "muito raro". Eles reconheceram a falha no cálculo, a falácia ecológica, o problema fácil, mas ainda aceitaram que o número oferecido estabelecia "um ponto muito amplo; ou seja, a raridade da dupla morte súbita".

Como você irá compreender, foi uma decisão totalmente equivocada: a raridade da dupla morte súbita é irrelevante porque o assassinato duplo também é raro. O processo legal inteiro deixou de perceber a nuance em como o número deveria ser usado. Duas vezes.

Meadow, tendo sido tolo, foi transformado em vilão (alguns podem dizer que esse processo foi exacerbado pela caça às bruxas contra pediatras que trabalham com abuso infantil), mas, se é verdade que ele deveria ter percebido e previsto os problemas na interpretação de seu número, o mesmo deveriam ter feito outras pessoas envolvidas no caso: um pediatra não tem mais responsabilidade em ser hábil com números do que um advogado, um juiz, um jornalista, um jurado ou um funcionário da justiça. A falácia da promotoria também é altamente relevante nas evidências com DNA, por exemplo, nas quais a interpretação depende frequentemente de questões matemáticas ou contextuais complexas. Qualquer pessoa que vá mexer com números, usá-los, pensar e persuadir com eles, para não falar em prender alguém, tem a responsabilidade de entendê-los. Tudo o que você fez foi ler um livro simples sobre ciência a respeito de números em pesquisas e já pode ver que não se trata de matemática avançada.

Perder na loteria

> Sabem, a coisa mais incrível aconteceu comigo esta noite. Eu estava vindo para cá, a caminho da palestra, e passei pelo estacionamento. E vocês não vão acreditar no que aconteceu. Eu vi um carro com a placa ARW 357. Dá para imaginar? De todos os milhões de placas no estado, qual era a chance de que eu visse essa placa esta noite? Surpreendente...
>
> *Richard Feynman*

É possível ter muito azar, sem dúvida. Uma enfermeira chamada Lucia de Berk está na prisão há seis anos, na Holanda, com seis acusações de homicídio e três tentativas de homicídio. Um número incomumente grande de pessoas morreu sob seu plantão, o que, essencialmente, junto com algumas evidências circunstanciais muito fracas, é a essência do caso contra ela. Ela nunca confessou e continua a afirmar sua inocência, mas o julgamento gerou uma pequena coleção de artigos teóricos na literatura de estatística.[127]

---

[127]Ver: <www.qurl.com/lucia>.

ESTATÍSTICAS ERRADAS

O julgamento foi amplamente baseado nos números "um em 342 milhões". Mesmo que encontremos erros aí — e, acreditem, iremos encontrar —, como na história anterior, o número, em si, é praticamente irrelevante. Como vimos repetidamente, o mais interessante na estatística não é a matemática complicada, mas o que os números significam.

Existe também uma lição importante aqui, que beneficia a todos: coisas improváveis acontecem. Alguém ganha na loteria todas as semanas; crianças são atingidas por raios. Só é estranho e surpreendente que aconteça algo muito específico e improvável que *você tenha previsto*.*

Aqui está uma analogia.

Imagine que eu esteja perto de um grande celeiro de madeira, com uma metralhadora enorme. Cubro os olhos com uma venda e, rindo de modo maníaco, disparo milhares de balas na lateral do celeiro. Então, solto a arma, ando até a parede, examino-a por algum tempo, em toda a sua extensão, andando de um lado para o outro. Encontro um ponto em que existem três buracos de bala próximos e, então, desenho um alvo ao redor deles, anunciando orgulhosamente que sou um excelente atirador.

Creio que você discordaria de meus métodos e de minhas conclusões aqui, mas foi exatamente o que aconteceu no caso de Lucia: os promotores encontraram sete mortes durante os plantões de uma enfermeira, em um hospital, em uma cidade, em um país e, então, desenharam um alvo ao redor dos eventos.

Isso quebra uma regra crucial de qualquer pesquisa que envolva estatísticas: você não pode encontrar sua hipótese em seus resultados. Antes de submeter seus dados a uma ferramenta estatística, você precisa ter uma hipótese específica a ser testada. Se sua hipótese origina-se de uma análise dos dados, não faz sentido analisar os mesmos dados para confirmá-la.

Essa é uma forma filosófica e bastante complexa de circularidade matemática, mas também houve formas muito concretas de raciocínio

---

*Todas as manhãs, quando acordava, o mágico e ativista James Randi costumava escrever em um cartão, que punha no bolso, "Eu, James Randi, morrerei hoje", seguido pela data e por sua assinatura. Ele o fazia só para o caso, como explicou recentemente, de realmente morrer em algum acidente completamente imprevisível.

CIÊNCIA PICARETA

circular no caso. Para coletar mais dados, os investigadores voltaram às alas do hospital para tentar achar mais mortes suspeitas. Porém, todas as pessoas a quem pediram que lembrassem "incidentes suspeitos" sabiam que essa pergunta estava sendo feita porque Lucia podia ser uma assassina em série. Havia um alto risco de "um incidente suspeito" se transformar em sinônimo de "Lucia estava presente". Algumas mortes súbitas, ocorridas quando a acusada não estava presente, não foram incluídas nos cálculos porque, por definição, elas não eram suspeitas porque Lucia não estava presente.

Fica pior. "Pediram que listássemos os incidentes que ocorreram durante os plantões de Lucia ou pouco depois", disse um funcionário do hospital. Desse modo, mais padrões foram revelados e, assim, era ainda mais provável que os investigadores encontrassem mais mortes suspeitas nos plantões de Lucia. Enquanto isso, Lucia aguardava, na prisão, o dia do julgamento.

Assim são feitos pesadelos.

Ao mesmo tempo, uma grande quantidade de informações estatísticas foi quase completamente ignorada. Nos três anos antes de Lucia trabalhar na ala em questão, aconteceram sete mortes. Nos três anos em que ela trabalhou na ala, houve seis mortes. Aqui está o que penso: parece estranho que a taxa de mortalidade em uma ala *diminua* no momento em que uma assassina em série entra em ação. Se Lucia matara todos, não poderia ter havido mortes naturais naquela ala nos três anos em que ela trabalhou ali.

Ah, por outro lado, como a promotoria revelou no julgamento, Lucia gostava de tarô. E o que escreveu em seu diário pareceu um tanto estranho quando foram lidos trechos durante o julgamento. Então, ela pode mesmo ter matado essas pessoas.

No entanto, o mais estranho vem agora. Ao gerar seu número obrigatório, espúrio e tortuoso — "um em 342 milhões" —, o estatístico da promotoria cometeu um erro simples e rudimentar. Ele combinou testes estatísticos separados, multiplicando os valores "p", a descrição matemática do acaso ou a significância estatística. Esta parte é para os nerds maníacos por ciência e será cortada pelo editor, mas pretendo escrevê-

ESTATÍSTICAS ERRADAS

la de qualquer modo: não se pode simplesmente multiplicar os valores "p"; é preciso integrá-los por meio de um instrumento inteligente, talvez pelo "método de Fisher para combinação de valores 'p' independentes".

Se você multiplicar os valores "p", incidentes prováveis e inocentes parecerão totalmente improváveis. Digamos que você trabalhou em 20 hospitais, cada um com um padrão inocente de incidentes de, digamos, 0,5. Se você multiplicar esses valores "p" inocentes, de eventos ocorridos inteiramente ao acaso, terá um valor "p" final de $p < 0,000001$, extremamente significante em termos estatísticos. Com esse raciocínio matemático errado, você automaticamente será convertido em um suspeito se trabalhar em muitos hospitais. Você já trabalhou em 20 hospitais? Pelo amor de Deus, se trabalhou, não conte para a polícia holandesa.

15 Medos em relação à saúde

No capítulo anterior, examinamos casos individuais; eles podem ter sido notórios e, em alguns aspectos, absurdos, mas o alcance do dano que puderam causar é limitado. Já mencionamos, com o exemplo do conselho do dr. Spock aos pais sobre como os bebês deveriam dormir, que, quando seu conselho é seguido por um número muito grande de pessoas, você pode causar muitos danos se estiver errado, mesmo com a melhor intenção, porque os efeitos de uma pequena distorção no risco são ampliados pelo tamanho da população.

É por esse motivo que os jornalistas têm uma responsabilidade especial e é por isso que vamos dedicar o último capítulo deste livro ao exame dos bastidores de duas histórias de terror muito esclarecedoras: o boato sobre estafilococos resistentes à meticilina e o boato sobre a vacina tríplice viral. Porém, como sempre, e como você sabe, estamos falando sobre muito mais do que apenas essas duas histórias e haverá muitas distrações ao longo do caminho.

O grande boato sobre estafilococos resistentes à meticilina

Existem muitas maneiras como os jornalistas podem enganar um leitor por meio da ciência: eles podem escolher as evidências ou ajeitar as estatísticas ou podem colocar a histeria e a emoção diante das afirmações frias e neutras feitas pelas figuras de autoridade. A questão dos estafilococos resistentes à meticilina, surgida em 2005, é o mais próximo de simplesmente "inventar coisas" que já encontrei até o momento.

Percebi o que estava acontecendo quando recebi um telefonema de um amigo que trabalha como jornalista investigativo sob disfarce para a TV. "Aceitei um trabalho como faxineiro para obter algumas amostras de estafilococos resistentes à meticilina para meu *escândalo das superbactérias em hospitais imundos*", disse ele, "mas todas as amostras foram negativas. Onde errei?" Feliz por poder ajudar, expliquei que os estafilococos resistentes à meticilina não resistem muito em janelas e maçanetas. As histórias que ele estava lendo por toda parte só podiam ter sido distorcidas. Dez minutos depois, ele ligou, triunfante: havia falado com uma jornalista de saúde de um famoso tabloide, que lhe dissera qual laboratório usar: "Esse laboratório sempre dá resultados positivos", foram as palavras dela para o Chemsol Consulting, situado em Northants e operado por um dr. Christopher Malyszewicz. Se você viu algum escândalo sobre amostras positivas para estafilococos resistentes à meticilina, certamente veio daqui. Todos vêm.

Os microbiologistas ficaram perplexos quando os diversos hospitais onde trabalhavam foram vítimas dessas histórias. Eles tiraram amostras das mesmas superfícies e as enviaram a laboratórios conhecidos e com boa reputação, inclusive aos laboratórios dos próprios hospitais, mas as culturas foram negativas, ao contrário dos resultados dados pelo Chemsol. Um artigo acadêmico, escrito por microbiologistas eminentes, descrevendo esse processo em um hospital — UCLH — foi publicado em um periódico revisado por pares e totalmente ignorado por toda a mídia.[128]

Antes de continuarmos, devemos esclarecer uma coisa que está ligada a toda esta sessão sobre medos relacionados à saúde: é muito razoável se preocupar com os riscos à saúde e verificá-los cuidadosamente. Nem

---

[128]Manning N., Wilson A. P., Ridgway G. L., "Isolation of MRSA From Communal Areas in a Teaching Hospital", *Journal of Hospital Infection*, v. 3, n. 56, março de 2004, pp. 250-1.

MEDOS EM RELAÇÃO À SAÚDE

sempre podemos confiar nas autoridades e, neste caso, muitos hospitais não são tão limpos quanto gostaríamos. A Grã-Bretanha tem mais estafilococos resistentes à meticilina que muitos outros países, o que pode ocorrer por inúmeros motivos, inclusive por medidas de controle de infecção, limpeza, padrões de prescrição ou coisas nas quais ainda não pensamos (estou citando apenas o que me vem à mente no momento).

Porém, estamos examinando um laboratório particular, o grande trabalho de jornalistas investigativos sob disfarce, escrevendo histórias sobre estafilococos resistentes à meticilina, e um número muito alto de resultados positivos.

Decidi ligar para o dr. Chris Malyszewicz e perguntar-lhe se tinha alguma ideia sobre o motivo dos resultados diferentes.

Ele disse que não sabia e sugeriu que os microbiologistas dos hospitais podiam estar colhendo amostras nos lugares errados e nas horas erradas. Muitas vezes, são incompetentes, explicou ele. Perguntei-lhe sua opinião sobre os tabloides sempre escolherem seu laboratório (resultando em 20 artigos até o momento, incluindo uma primeira página memorável no *Sunday Mirror*, com a manchete "Esfregão da Morte"). Ele não fazia ideia. Perguntei-lhe por que vários microbiologistas haviam dito que ele se recusava a publicar seus métodos completos quando tudo o que eles queriam era replicar suas técnicas em seus próprios laboratórios e entender a discrepância nos resultados. Ele disse que havia contado tudo a eles (pensando retrospectivamente, suspeito que ele estava tão confuso que acreditava que isso era verdade). Ele também pronunciou de forma errada o nome de algumas bactérias muito comuns.

Foi nesse ponto que perguntei ao dr. Malyszewicz quais eram suas qualificações. Não gosto de criticar o trabalho de alguém com base em quem essa pessoa é, mas achei que era uma pergunta justa sob tais circunstâncias. Ao telefone, sendo inteiramente franco, ele não me pareceu ter a capacidade intelectual necessária para operar um complexo laboratório de microbiologia.

Ele me disse que era bacharel em ciências pela Universidade de Leicester. Na verdade, ele estudou na Politécnica de Leicester. Disse-me que tinha um Ph.D. O *News of the World* chamou-o de "respeitado

CIÊNCIA PICARETA

especialista em estafilococos resistentes à meticilina". O *Sun* chamou-o de "o principal especialista em estafilococos resistentes à meticilina do Reino Unido" e de "microbiologista". Ele foi tratado de modo similar no *Evening Standard* e no *Daily Mirror*. Por intuição, fiz-lhe uma pergunta difícil. Ele admitiu que havia feito um "doutorado por correspondência" nos Estados Unidos, não reconhecido no Reino Unido. Ele não tinha qualificações nem treinamento em microbiologia (como muitos jornalistas foram repetidamente informados por microbiologistas profissionais). Ele era simpático, sabia conversar e gostava de agradar. O que ele estava fazendo naquele laboratório?

Existem muitos modos para identificar um tipo de bactéria, e você pode aprender alguns truques em casa, com um microscópio barato: você pode olhar para elas e ver seu formato ou quais tipos de corantes aderem a elas. Você pode ver as formas e as cores que as colônias criam ao crescerem "em cultura" em uma placa de vidro e pode verificar se algumas coisas afetam seu crescimento (como a presença de determinados antibióticos ou de alguns nutrientes). Ou você pode verificar as marcas genéticas. Esses são apenas alguns exemplos.

Falei com o dr. Peter Wilson, um microbiologista da Universidade de Londres que havia tentado obter informações com o dr. Malyszewicz sobre seus métodos para detectar a presença de estafilococos resistentes à meticilina, mas que só ouviu histórias incompletas e confusas. Ele experimentou usar os meios de crescimento que o dr. Malyszewicz estava usando, nos quais parecia estar confiando para distinguir os estafilococos resistentes à meticilina de outras espécies coletadas de bactérias, mas esse meio também permitiu o crescimento de muitas outras bactérias. Então, as pessoas começaram a tentar obter as placas do dr. Malyszewicz, nas quais ele afirmara haver estafilococos resistentes à meticilina. Ele se recusou a mostrá-las. Os jornalistas ficaram sabendo. Por fim, ele liberou oito placas. Falei com os microbiologistas que os testaram.

Em seis das oito placas nas quais o dr. Malyszewicz, Ph.D., acreditava ter encontrado estafilococos resistentes à metacilina, o laboratório não encontrou nada (e elas foram submetidas a análises microbiológicas meticulosas e periciais, inclusive a reação de cadeia de polimerase, tecnologia por trás da "marca genética"). Em duas placas, realmente havia estafilococos resistentes à meticilina, mas de uma cepa muito incomum. Microbiologistas têm enormes bibliotecas sobre formação genética de diferentes tipos de agentes infecciosos, usadas para pesquisar como as doenças viajam ao redor do mundo. Por meio desses bancos, podemos ver, por exemplo, que uma cepa do vírus da poliomielite original da província de Kano, no norte da Nigéria, depois do medo que tiveram da vacina, matara pessoas do outro lado do mundo.

Essa cepa de estafilococos resistentes à meticilina nunca havia sido encontrada em um paciente no Reino Unido e apenas raramente na Austrália. Existe *muito* pouca probabilidade de ter sido encontrada no Reino Unido; o mais provável era ter ocorrido uma contaminação em consequência do trabalho que a Chemsol havia feito para tabloides australianos. Nas outras seis placas nas quais Malyszewicz pensava ter estafilococos, havia apenas bacilos, um grupo de bactérias comuns e completamente diferentes. Os estafilococos resistentes à meticilina parecem uma bola. Os bacilos parecem um bastão. Dá para perceber a diferença entre eles com uma ampliação de 100 vezes — o microscópio científico e educativo vendido na loja Toys'Я'Us por 9,99 libras fará esse trabalho muito bem (se você comprar um, recomendo que analise seu esperma com o rosto mais sério do mundo: é um momento muito comovente).

Podemos perdoar os jornalistas por não acompanharem os detalhes científicos. Podemos perdoá-los por serem perdigueiros investigativos de notícias, embora tenham ouvido muitas vezes — de microbiologistas normais, não de homens de preto — que os resultados da Chemsol eram improváveis ou, talvez, impossíveis. Porém, houve alguma outra coisa, mais concreta, que sugerisse a esses jornalistas que seu laboratório favorito estava fornecendo resultados imprecisos?

Talvez sim, quando visitaram o laboratório de Malyszewicz, que não tinha nenhum dos credenciamentos que se esperaria de um laboratório normal. Em apenas uma ocasião, o fiscal de microbiologia do governo teve permissão para inspecioná-lo. Seu relatório descreve o laboratório Chemsol como "uma construção térrea isolada, de madeira, com aproximadamente seis por dois metros, no quintal". Isso é um barracão de jardim. O relatório descreve "bancadas de boa qualidade doméstica (mas não em conformidade com os padrões de laboratórios de microbiologia)". Era um barracão de jardim com instalações de cozinha.

Devemos também mencionar, nesse assunto, que Malyszewicz tinha um interesse comercial: "Preocupado com os estafilococos resistentes à meticilina? O presente perfeito para um amigo ou um parente hospitalizado. Mostre o quanto você se importa com a saúde dele dando-lhe um kit hospitalar antimicrobiano. Garanta que ele saia dali em perfeita saúde." No fim das contas, a maior parte do dinheiro da Chemsol era gerado com a venda de desinfetantes para combater estafilococos resistentes à meticilina, muitas vezes com materiais promocionais bizarros.

Como os jornais responderam às preocupações, expressas por microbiologistas experientes de todo o país, de que esse homem estava fornecendo resultados falsos? Em julho de 2004, dois dias depois de Malyszewicz permitir que dois microbiologistas examinassem seu barracão, o *Sunday Mirror* escreveu um artigo longo e irado sobre eles: "O secretário de saúde John Reid foi acusado, ontem à noite, de tentar calar o principal especialista britânico em estafilococos resistentes à meticilina, que podem matar." O principal especialista britânico não tinha qualificações em microbiologia, trabalhava em um barracão em seu quintal, pronunciava de forma errada os nomes de bactérias comuns e, perceptivelmente, não entendia os aspectos mais básicos da microbiologia. "O dr. Chris Malyszewicz é pioneiro em um novo método para detectar os níveis dos estafilococos resistentes à meticilina e de outras bactérias", continuou o jornal. "Eles me fizeram muitas perguntas sobre meus procedimentos e meu histórico acadêmico", disse o dr. Malyszewicz. "Foi uma tentativa escandalosa para desacreditá-lo e silenciá-lo", disse Tony Field, presidente do grupo nacional de apoio às vítimas da bactéria, que, inevitavelmente, considerava o dr. Malyszewicz um herói, como faziam muitos que haviam sofrido com a bactéria.

O editorial do *Sunday Mirror* conseguiu costurar três clássicos da falsificação científica em um tributo tocante:

MEDOS EM RELAÇÃO À SAÚDE

As pessoas que alertam o público parecem evocar o pior deste governo.

ISSO NÃO É MODO DE TRATAR UM MÉDICO DEDICADO

Primeiro, o especialista em alimentos "Frankenstein", Arpad Puzstai, sentiu a ira do governo quando ousou alertar a população sobre as lavouras geneticamente modificadas. Depois, o dr. Andrew Wakefield teve o mesmo destino, quando sugeriu uma ligação entre a vacina tríplice viral e os casos de autismo. Agora, é a vez do dr. Chris Malyszewicz, que expôs publicamente os níveis alarmantemente elevados de uma bactéria mortal, estafilococo resistente à meticilina, nos hospitais do Serviço Nacional de Saúde.

O dr. Chris Malyszewicz deveria receber uma medalha por seu trabalho. Em vez disso, ele contou ao *Sunday Mirror* como o secretário de saúde John Reid enviou dois consultores seniores à sua casa para 'silenciá-lo'.

O *Sunday Mirror* não foi o único. Quando o *Evening Standard* publicou um artigo com base nos resultados de Malyszewicz ("Bactérias mortais disseminadas em um horrendo estudo hospitalar"), dois consultores seniores de microbiologia do Hospital da Universidade de Londres (UHC), dr. Geoff Ridgway e dr. Peter Wilson, escreveram ao jornal apontando os problemas nos métodos de Malyszewicz. O *Evening Standard* nem se deu o trabalho de responder.

Dois meses depois, outra história, também usando os resultados falsos de Malyszewicz, foi publicada pelo jornal. Dessa vez, o dr. Vanya Gant, mais um microbiologista consultor da UCH, escreveu ao jornal. E o *Standard* dignou-se a responder:

> Confirmamos a precisão e a integridade de nossos artigos. A pesquisa foi realizada por uma pessoa competente, usando meios atuais. Chris Malyszewicz (...) é um microbiologista plenamente treinado, com 18 anos de experiência (...) Acreditamos que os testes utilizados (...) foram suficientes para detectar a presença do tipo patogênico de estafilococos resistentes à meticilina.

O que você está vendo aqui é um jornalista de um tabloide dizendo a microbiologistas de um departamento de pesquisas de primeira classe que eles estão enganados sobre microbiologia. Esse é um excelente exemplo de um fenômeno descrito em um de meus artigos de psicologia favoritos: "Unskilled and Unaware of It: How Difficulties in Recognizing One's Own Incompetence Lead to Inflated Self-Assessments" [Sem habilidade e sem noção: como dificuldades em reconhecer a própria incompetência leva a exageros em suas capacidades], de Justin Kruger e David Dunning. Eles observaram que pessoas incompetentes exibem uma dupla dificuldade: elas não só são incompetentes, como podem ter dificuldades demais para perceber a própria incompetência porque as habilidades necessárias para *fazer* uma avaliação correta são as mesmas que usamos para *reconhecer* uma avaliação correta.

Como foi observado, as pesquisas mostraram repetidamente que quase todos nós nos consideramos acima da média em várias habilidades, inclusive liderança, convivência e capacidade de expressão. Mais, estudos anteriores demonstraram que leitores pouco habilidosos são menos capazes de avaliar sua própria compreensão de texto, motoristas ruins são menos capazes de prever seu próprio desempenho em um teste de tempo de reação, estudantes ruins são piores em prever seu desempenho em um teste e, o mais assustador, rapazes socialmente inábeis não percebem suas repetidas gafes.

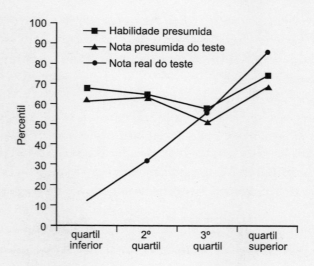

MEDOS EM RELAÇÃO À SAÚDE

Kruger e Dunning reuniram essas evidências, mas também fizeram uma série de novos experimentos, examinando habilidades em domínios como humor e raciocínio lógico.[129] Seus achados foram duplos: as pessoas com desempenho especialmente fraco em relação a seus pares não percebiam sua própria incompetência, porém, mais do que isso, eram menos capazes de reconhecer a competência *nos outros*, porque isso também depende de "metacognição" ou conhecimento sobre a habilidade.

Essa foi uma distração usando psicologia popular. Há outro ponto mais geral a ser comentado. Os jornalistas frequentemente se comprazem com a fantasia de que estão revelando vastas conspirações e de que todas as empresas da área médica se uniram para ocultar uma verdade medonha. Na realidade, eu diria que os 150 mil médicos no Reino Unido mal conseguiriam concordar em uma segunda linha de gerenciamento de hipertensão, mas não importa: essa fantasia foi a estrutura para a história sobre a vacina tríplice viral, sobre as amostras de estafilococos resistentes à meticilina e sobre muitas outras, e uma grandeza similar impeliu muitos dos exemplos presentes neste livro, nos quais um jornalista concluiu que sabia mais do que os cientistas, inclusive sobre o "uso de cocaína no playground".

Frequentemente, os jornalistas citam a talidomida como o maior triunfo do jornalismo investigativo em medicina e como se corajosamente houvessem exposto os riscos do medicamento diante da completa indiferença médica; o assunto surge quase sempre que falo sobre os crimes da mídia sobre ciência e, por isso, vou explicar detalhadamente aqui uma história que, na verdade, nunca aconteceu.

Em 1957, a esposa de um funcionário da Grunenthal, empresa farmacêutica alemã, teve um bebê sem orelhas.[130] O marido havia levado uma nova medicação antináusea para que sua esposa grávida experimentasse, um ano antes de o remédio ser posto à venda; esse é um exemplo de como

---

[129]Kruger J., Dunning D., "Unskilled and Unaware of It: How Difficulties in Recognizing One's Own Incompetence Lead to Inflated Self-Assessments", *Journal of Personality and Social Psychology*, v. 6, n. 77, 1999, pp. 121-34.

[130]Brynner R., Stephens T. D., *Dark Remedy: The Impact of Thalidomide and its Revival as a Vital Medicine*, Cambridge, MA, Perseus Books, 2001.

as coisas foram precipitadas e de como é difícil perceber um padrão a partir de um único evento.

O remédio chegou ao mercado e, entre 1958 e 1962, cerca de 10 mil crianças nasceram, em todo o mundo, com malformações graves provocadas por essa droga, a talidomida. Como não havia um monitoramento central de malformações ou de reações adversas, o padrão não foi percebido. O obstetra australiano William McBride foi o primeiro a dar o alarme, em um periódico médico, publicando uma carta no *Lancet* em dezembro de 1961. Ele dirigia uma grande unidade obstétrica, viu um grande número de casos semelhantes e foi, corretamente, considerado um herói — recebeu um CBE —, mas é triste pensar que ele só estava em uma posição tão boa para perceber o padrão porque havia prescrito a medicação muitas vezes sem conhecer os riscos que poderia trazer para as pacientes.*[131] Quando a carta foi publicada, descobriu-se que um pediatra alemão, que notara um padrão similar, descrevera os resultados de seu estudo em um jornal de domingo alemão algumas semanas antes.

Quase imediatamente, o remédio foi recolhido, e a vigilância farmacêutica iniciou esquemas de notificação em todo o mundo, por mais imperfeitos que você os considere. Se você suspeitar que experimentou uma reação adversa a um medicamento, considero sua obrigação, como membro do público geral, preencher um formulário de advertência em yellowcard.mhra.gov.uk. Esses relatos podem ser reunidos e monitorados como um alerta precoce e são parte do sistema de controle pragmático e imperfeito para perceber problemas relacionados a medicamentos.

Nenhum jornalista esteve ou está envolvido nesse processo. Na verdade, Philip Knightley — um deus do jornalismo investigativo, da lendária equipe Insight do *Sunday Times*, e o homem mais associado à cobertura heroica sobre a talidomina — escreveu em sua autobiografia sobre sua vergonha por não ter coberto antes essa história.[132] Eles co-

---

*Muitos anos depois, em uma infeliz falta de sorte, William McBride foi culpado de fraude em pesquisa e de falsificação de dados e seu registro médico foi cancelado em 1993, embora tenha sido reativado posteriormente.

[131]"Thalidomide Hero Found Guilty of Scientific Fraud", *New Scientist*, 27 de fevereiro de 1993.
[132]Pilger J. (org.), *Tell me no Lies*, Londres, Cape, 2004.

MEDOS EM RELAÇÃO À SAÚDE

briram a questão política da indenização, e o fizeram muito bem (essa é mais a área dos jornalistas, afinal), mas, mesmo assim, tardiamente, devido a ameaças legais abomináveis feitas pela Grunenthal durante o final da década de 1960 e o início da década seguinte.

Os jornalistas que escrevem sobre medicina, apesar do que possam tentar dizer, não revelaram os perigos da talidomida e, em muitos aspectos, é difícil imaginar um mundo no qual os personagens que produzem histórias e boatos como o relacionado aos estafilococos possam, de algum modo, estar significativamente envolvidos no monitoramento e na administração da segurança farmacológica, talvez auxiliados por "grandes especialistas" que trabalham em um barracão em seu jardim.

O que o episódio sobre os estafilococos resistentes à meticilina me revela, além de uma grandiosidade arrogante e desdenhosa, é a mesma paródia que vimos em nossas referências anteriores a histórias de ciência sem sentido: atuam na mídia os graduados na área de ciências humanas, os quais, talvez se sentindo intelectualmente ofendidos por acharem a ciência muito difícil, concluem que ela deve ser simplesmente arbitrária e inventada. Você pode escolher um resultado em qualquer lugar e, se ele servir a seus interesses, ninguém poderá tirá-lo de você com suas palavras inteligentes, porque tudo é só um jogo que depende exclusivamente da pessoa que você entrevistar, nada tem realmente significado. Você não entende as palavras complicadas e, portanto, crucialmente, *os cientistas também não entendem.*

Epílogo

Embora fosse um homem muito agradável, ficou imediatamente claro, desde minha primeira conversa telefônica com Chris Malyszewicz, que ele não tinha o conhecimento básico necessário para participar de uma discussão rudimentar sobre microbiologia. Por mais complacente que possa parecer, senti uma simpatia genuína por ele, considerando-o quase como uma figura ao estilo de Walter Mitty. Ele afirmou atuar como consultor de "Cosworth-Technology, Boeing Aircraft, British Airways, Britannia Airways, Monarch Airways, Birmingham European Airways".

CIÊNCIA PICARETA

Depois da British Airways e da Boeing, que não tinham qualquer registro de ter trabalhado com ele, desisti de contatar as outras empresas. Ele me enviava comentários confusos em resposta a críticas detalhadas de suas "técnicas analíticas".

Caro Ben,

Como uma citação:
"Estou surpreso, mas sabendo o que sei que não sou e sabendo o que pretendo."

Obrigado,
Chris

Tenho um posicionamento forte em relação a essa história, e não culpo Chris. Estou certo de que a verdadeira natureza do conhecimento dele ficaria clara para qualquer pessoa que falasse com ele, independentemente de conhecimento científico, e, na minha opinião, era a mídia que deveria ter percebido, com seus grandes escritórios, cadeias de comando e de responsabilidade, códigos de conduta e políticas editoriais: não um homem, em um barracão em seu quintal na periferia de Northampton, rodeado por bancadas de cozinha e por equipamentos que ele mal entendia, comprados com empréstimos bancários que ele se esforçava para pagar.

Chris não gostou do que escrevi sobre ele nem do que foi dito a seu respeito quando a história foi revelada. Passamos algum tempo ao telefone: ele se sentia perturbado e, sendo franco, eu me sentia bastante culpado. Ele sentia que o que estava acontecendo a ele era injusto. Ele explicou que nunca quis ser um especialista em estafilococos resistentes à meticilina, mas, depois da primeira história, os jornalistas simplesmente voltaram a procurá-lo e tudo se transformou em uma bola de neve. Ele pode ter cometido alguns erros, mas só queria ajudar.

Chris Malyszewicz morreu em um acidente, após perder o controle de seu carro perto de Northampton, um pouco depois das histórias sobre os estafilococos terem sido reveladas. Ele estava muito endividado.

310

16 O boato da vacina tríplice viral na mídia

O escândalo sobre os estafilococos resistentes à meticilina se resumiu a em um boato simples, circunscrito e coletivo. O caso da vacina tríplice viral é algo muito maior: é o protótipo do medo relacionado à saúde, modelo em que todos os outros devem ser julgados e compreendidos. Ele tem todos os ingredientes, exageros, golpes de ilusionismo e aspectos de incompetência e de histeria sistêmica e individual. Ainda agora, sinto alguma ansiedade quando ouso mencionar esse nome, por duas razões simples.

Em primeiro lugar, um exército de ativistas e colunistas, mesmo em 2008, irá bater às portas dos editores ao perceber o mais sutil sinal de discussão sobre o assunto, exigindo seu direito a uma resposta longa, enganadora e emotiva em nome do "equilíbrio". Essas exigências são sempre aceitas, sem exceção.

Mas existe outra questão, menos importante do que pode parecer a princípio: Andrew Wakefield, o médico que muitos imaginam estar no centro da história, está respondendo a acusações de conduta profissional imprópria, diante do Conselho de Medicina, e, até que eu tenha terminado de escrever e você esteja lendo este livro, o julgamento deverá estar concluído.

Não tenho ideia de como será o julgamento e, sendo sincero, embora eu me alegre por essas questões serem verificadas, casos parecidos são muito comuns no Conselho de Medicina. Não tenho grande interesse

CIÊNCIA PICARETA

em saber se o trabalho individual de alguém foi eticamente dúbio; a responsabilidade pelo medo em relação à vacina tríplice viral não pode ser colocada sobre os ombros de um único homem, por mais que a mídia esteja se esforçando para dizer que sim.

A culpa pesa sobre centenas de jornalistas, colunistas, editores e executivos que mantiveram essa história cínica e irracional nas primeiras páginas de seus veículos por incríveis nove anos. Como veremos, eles extrapolaram, exagerada e absurdamente, os dados de um estudo ao mesmo tempo que ignoraram solenemente todos os dados tranquilizadores e todas as refutações posteriores. Eles citaram "especialistas" como autoridades, em vez de explicar a ciência por trás da vacina, ignoraram o contexto histórico, enviaram idiotas para cobrir os fatos, colocaram histórias emotivas de pais lutando contra cientistas pacatos (aos quais hostilizavam) e, o mais bizarro, simplesmente inventaram histórias.

Agora, eles afirmam que a pesquisa original de Wakefield, realizada em 1998, foi desmascarada (ela nunca foi muito convincente, para começo de conversa), e você poderá observar eles tentarem colocar todo o peso do medo criado sobre os ombros de um homem. Também sou médico e não imagino, nem por um momento, que eu pudesse criar uma história que duraria nove anos apenas por causa da minha vontade. É por causa da cegueira da mídia — e de sua falta de disponibilidade em aceitar sua responsabilidade — que eles continuarão a cometer os mesmos crimes no futuro. Não há nada que você possa fazer a respeito, então talvez valha a pena prestar atenção.

Para refrescar a memória, aqui está a história da vacina tríplice viral, conforme apareceu nos noticiários britânicos a partir de 1998:

- O autismo está se tornando mais comum, embora ninguém saiba por quê.
- Um médico chamado Andrew Wakefield fez uma pesquisa mostrando uma relação entre a vacina tríplice viral e o autismo.
- Desde então, mais pesquisas confirmaram essa relação.

- Existem evidências de que as vacinas separadas podem ser mais seguras, mas os médicos do governo ou beneficiados pela indústria farmacêutica simplesmente descartaram essas declarações.
- Tony Blair provavelmente não vacinou seu filho mais novo.
- O sarampo não é tão ruim.
- E, afinal de contas, a vacina não é uma boa prevenção.

Acho que foi basicamente assim. A afirmação central de cada um desses itens foi enganosa ou completamente falsa, como veremos.

O contexto dos medos em relação à vacina

Antes de começarmos, vale a pena parar um momento e examinar os medos em relação a vacinas ao redor do mundo, porque sempre me surpreendo ao ver como esses pânicos são circunscritos e como não conseguem se propagar em solos diferentes. O medo causado pela vacina tríplice viral associada ao autismo, por exemplo, praticamente não existe fora da Grã-Bretanha, nem mesmo na Europa e nos Estados Unidos. Mas, por toda a década de 1990, a França foi tomada pelo medo de que a vacina contra a hepatite B causasse esclerose múltipla (não ficarei surpreso se esta for a primeira vez que você ouve isso).

Nos Estados Unidos, o principal medo concentrou-se no uso de um agente preservativo chamado timerosal; embora o mesmo agente fosse usado na Grã-Bretanha, esse medo não nos afetou. E, nos anos 1970 — já que o passado também é um exemplo —, a preocupação de que a vacina contra a coqueluche estivesse causando danos neurológicos foi difundida pelo Reino Unidos, impelida por um médico.

Olhando ainda mais longe, houve um forte movimento contra a vacina para varíola em Leicester, até a década de 1930, apesar de seus benefícios demonstráveis, e, na verdade, o sentimento anti-inoculação nasceu aí: quando James Jurin estudou a inoculação contra a varíola (descobrindo que ela estava associada a uma taxa de mortalidade mais baixa do que a causada pela doença natural), seus números e ideias estatísticas foram tratados com imensa suspeita. De fato, a inoculação

CIÊNCIA PICARETA

contra a varíola continuou a ser ilegal na França até 1769.* Mesmo quando Edward Jenner introduziu a vacinação, muito mais segura para proteger as pessoas contra a varíola, na virada do século XIX, enfrentou forte oposição por parte dos peritos londrinos.

E, em um artigo da *Scientific American*, datado de 1888, você pode encontrar os argumentos usados atualmente em campanhas contra a vacinação:

> O sucesso daqueles que se colocam contra a vacinação foi demonstrado pelos resultados em Zurique, Suíça, onde, por alguns anos, até 1883, houve uma lei de vacinação obrigatória, e a varíola foi completamente evitada, não ocorrendo nenhum caso em 1882. Esse resultado foi usado no ano seguinte pelos que se opunham à vacinação, para demonstrar como tal lei era desnecessária, e, aparentemente, teve influência suficiente para fazer com que a lei fosse rejeitada. O estudo das mortes nesse ano (1883) mostrou que em cada mil mortes duas foram causadas pela varíola; em 1884, foram três; em 1885, foram 17, e, no primeiro trimestre de 1886, foram 85.

Enquanto isso, o bem-sucedido programa de erradicação global da poliomielite, lançado pela OMS, concentrava-se em erradicar essa doença mortal — em uma repetição do que havia acontecido com o vírus da varíola, com exceção de algumas poucas amostras. Porém, em algum momento, imames da pequena província de Kano, no norte da Nigéria, afirmaram que a vacina era parte de um plano americano para espalhar a AIDS e a esterilidade pelo mundo islâmico e organizaram um boicote que se espalhou rapidamente a cinco outras regiões do país. O acontecimento foi seguido por uma grande epidemia de pólio na Nigé-

---

*O desprezo pelas estatísticas nas pesquisas de saúde não era incomum: Ignaz Semmelweis observou, em 1847, que morriam mais pacientes na ala obstétrica atendida pelos estudantes de medicina do que na ala atendida pelas parteiras em formação (na época em que estudantes faziam todo o trabalho de consulta nos hospitais). Ele tinha certeza de que o fenômeno acontecia porque os estudantes de medicina traziam algo ruim dos cadáveres nos quais estudavam na sala de dissecação e, assim, instituiu práticas adequadas de lavagem das mãos com água clorada e fez alguns cálculos em relação aos benefícios. As taxas de mortalidade caíram, mas, em uma era da medicina que dava prioridade à "teoria" sobre as evidências empíricas do mundo real, ele foi basicamente ignorado até Louis Pasteur confirmar sua teoria sobre os micróbios. Semmelweis morreu sozinho em um hospício. Você já ouviu falar em Pasteur.

O BOATO DA VACINA TRÍPLICE VIRAL NA MÍDIA

ria e nos países vizinhos e, tragicamente, até em países mais distantes. Agora, ocorrem surtos no Iêmen e na Indonésia, causando paralisia em crianças, enquanto análises laboratoriais do código genético demonstram que esses surtos foram causados pela cepa do vírus originária de Kano.

Afinal, como qualquer casal de classe média formado em ciências humanas e com filhos concordaria, a vacina não é uma coisa boa só porque quase erradicou a poliomielite — uma doença incapacitante que, ainda em 1988, era endêmica em 125 países.

A diversidade e o isolamento desses pânicos antivacinação ajudam a ilustrar o modo como eles refletem mais as preocupações sociais e políticas locais do que representam uma avaliação genuína dos dados relacionados ao risco. Se a vacina contra hepatite B ou poliomielite ou a tríplice viral fossem perigosas em um país, deveriam ser igualmente perigosas em qualquer lugar do planeta — e se essas preocupações se baseassem em evidências, especialmente em uma era de propagação rápida de informações, seriam expressas por jornalistas de todo o mundo. Mas não são.

Andrew Wakefield e seu artigo no Lancet

Em fevereiro de 1998, um grupo de pesquisadores e médicos, liderados por um cirurgião chamado Andrew Wakefield, do Hospital Royal Free, em Londres, publicou um artigo de pesquisa no *Lancet*, que atualmente é considerado um dos artigos mais mal-entendidos e mal relatados na história da pesquisa acadêmica. Em alguns aspectos, o artigo tinha culpa: era mal escrito e não afirmava claramente sua hipótese ou suas conclusões (ele pode ser lido on-line, se você quiser). Há algum tempo, foi parcialmente modificado.

O artigo descrevia 12 crianças com problemas intestinais e comportamentais (principalmente autismo) e mencionava que os pais ou médicos de oito crianças acreditavam que os problemas haviam começado alguns dias após receberem a vacina tríplice viral. O texto também relatava diversos exames de sangue e de amostras de tecidos realizados com cada criança. Os resultados, às vezes, eram anormais, mas variavam entre as crianças.

> Foram investigadas 12 crianças, indicadas consecutivamente ao departamento de gastroenterologia pediátrica em consequência de um histórico de distúrbios de desenvolvimento global, com perda de habilidades adquiridas e sintomas intestinais (diarreia, dor abdominal, inchaço e intolerância alimentar). (...) Em oito crianças, o início dos problemas comportamentais foi associado, pelos pais ou pelo médico, à vacinação tríplice viral (...) Nessas oito crianças, o intervalo médio entre a exposição e os primeiros sintomas comportamentais foi de 6,3 dias (amplitude 1-14).[133]

O que esse artigo lhe diz sobre uma ligação entre coisas tão comuns quanto a vacina tríplice viral e o autismo? Basicamente nada. Trata-se de uma coletânea de 12 histórias clínicas, um artigo classificado como "série de casos" — e uma série de casos, por seu próprio projeto, não demonstra um relacionamento entre uma exposição e um resultado. Wakefield não estudou crianças que receberam a vacina e crianças que não a receberam e, depois, comparou as taxas de autismo entre os dois grupos (esse teria sido um "estudo de grupo"). Ele não estudou crianças com e sem autismo e comparou as taxas de vacinação entre os dois grupos (esse teria sido um "estudo de caso-controle").

Outro fator poderia explicar a aparente conexão entre a vacina tríplice viral, os problemas intestinais e o autismo nessas oito crianças? Em primeiro lugar, embora pareça raro que essas condições ocorram juntas, as crianças foram atendidas em um centro especializado dentro de um hospital-escola, e só foram indicadas para o local porque tinham problemas intestinais e comportamentais (as circunstâncias dessas indicações estão sendo examinadas pelo Conselho de Medicina, como veremos).

Em um país com milhões de habitantes, a reunião de algumas crianças com uma combinação de problemas bastante comuns (vacinação, autismo, problemas intestinais) em um lugar que *está atuando como um farol para essa combinação*, como fazia essa clínica, não deveria nos

---

[133]Wakefield A. J., Murch S. H., Anthony A *et al.*, "Ilea-lymphoid-Nodular Hyperplasia, Non-Specific Colitis, and Pervasive Developmental Disorder in Children", *Lancet*, v. 9103, n. 351, 1998, pp. 637-41.

O BOATO DA VACINA TRÍPLICE VIRAL NA MÍDIA

impressionar. Você deve se lembrar, como no caso da infeliz enfermeira holandesa Lucia de Berk (e nas notícias sobre os ganhadores da loteria), que acontecerão combinações improváveis, em algum lugar, a algumas pessoas, inteiramente por acaso. Desenhar um alvo ao redor delas não nos diz nada.

Todas as histórias sobre tratamento e risco começam com modestos palpites clínicos como essas histórias, mas as sugestões sem qualquer comprovação geralmente não chegam ao noticiário. Quando esse artigo foi publicado, uma entrevista coletiva foi realizada no Hospital Royal Free e, para a surpresa de muitos outros clínicos e pesquisadores presentes, Andrew Wakefield anunciou que considerava prudente usar vacinas separadas para as três doenças. Ninguém deveria ter se surpreendido: o hospital já havia lançado um vídeo em que Wakefield afirmava a mesma coisa.

Todos temos o direito de dar palpites clínicos, como indivíduos, mas não havia, nesse estudo com 12 crianças nem em qualquer outra pesquisa publicada, algo que sugerisse que vacinas separadas seriam mais seguras. Na verdade, existem bons motivos para acreditar que essa opção pode ser mais prejudicial: elas exigem seis idas ao médico e seis picadas desagradáveis, o que significa que quatro consultas a mais podem ser perdidas. Talvez você esteja doente, de férias, em mudança, talvez tenha esquecido quais vacinas foram aplicadas, talvez não entenda por que vacinar meninos contra a rubéola, ou meninas contra caxumba, ou talvez seja uma mãe solteira, com dois filhos e nenhum tempo.

Além disso, é claro, as crianças passariam muito mais tempo vulneráveis a infecções, especialmente se houvesse um intervalo de um ano entre as doses, como Wakefield recomendou. Ironicamente, embora ainda seja desconhecida a maioria das causas de autismo, um dos poucos motivos característicos é a infecção por rubéola enquanto a mãe está grávida.[134]

---

[134]Por exemplo, Chess S., "Autism in Children with Congenital Rubella", *Journal of Autism and Childhood Schizophrenia*, janeiro a março de 1971, pp. 33-47.

CIÊNCIA PICARETA

A história por trás do artigo

Algumas questões bastante preocupantes foram formuladas desde então. Não vamos discuti-las detalhadamente porque não acho que histórias *ad hominem* sejam um assunto muito interessante e porque não quero que esse aspecto — em vez das evidências da pesquisa — seja o que formará sua conclusão sobre os riscos da vacina e do autismo. Porém, em 2004, surgiram algumas coisas que não podem ser ignoradas, inclusive alegações de múltiplos conflitos de interesse, fontes de vieses não declaradas no recrutamento dos participantes da pesquisa, achados negativos não revelados e problemas com o caráter ético dos testes. Essas questões foram descobertas por um persistente jornalista investigativo do *Sunday Times*, chamado Brian Deer, e fazem parte das alegações que estão sendo investigadas pelo Conselho de Medicina.

Por exemplo, está sendo investigado se Wakefield deixou de revelar ao editor do *Lancet* seu envolvimento em uma patente relativa a uma nova vacina; mais preocupantes são as questões sobre a origem das 12 crianças que participaram do estudo do Royal Free, realizado em 1998.[135] Embora o artigo afirme que foram indicações em sequência para a clínica, Wakefield estava recebendo 50 mil libras por uma consultoria médica a um escritório de advogados, quando examinou crianças cujos pais estavam preparando um caso contra a vacina tríplice viral. Outro motivo para a investigação é a sugestão de que muitas crianças haviam chegado a Wakefield, especificamente, porque ele podia mostrar uma relação entre a vacina e o autismo, formal ou informalmente, e estava trabalhando em um caso jurídico. Esse é o problema do direcionamento, mais uma vez, e, sob essas circunstâncias, o fato de que os pais ou os médicos de *apenas* oito das 12 crianças acreditarem que os problemas foram causados pela vacina torna-se pouco impressionante.

Das 12 crianças, 11 processaram as empresas farmacêuticas (a única exceção era norte-americana) e 10 haviam contratado consultorias

---

[135]Ver: <http://briandeer.com/wakefield/vaccine-patent.htm>.

médicas para processar as empresas fabricantes da vacina antes que o artigo fosse publicado, em 1998. O próprio Wakefield recebeu 435.643 libras, mais despesas do fundo de auxílio legal, por seu papel no caso contra a vacina.

Diversos exames clínicos invasivos — como punções lombares e colonoscopias — foram realizados nas crianças, ainda que exigissem liberação pelo comitê de ética. Este foi informado de que todos os exames tinham indicação clínica — ou seja, favoreceriam o tratamento clínico das crianças —; atualmente, o Conselho de Medicina está investigando se as práticas foram contrárias aos interesses clínicos das crianças e realizadas simplesmente por causa da pesquisa.

Para realizar a punção lombar, uma agulha é colocada no centro da coluna para recolher um pouco de fluido espinhal; para a colonoscopia, um longo tubo, com uma câmera flexível e uma luz, é inserido pelo ânus, subindo pelo reto e pelos intestinos. Os dois exames envolvem riscos e, de fato, uma criança examinada em uma extensão do projeto de pesquisa foi seriamente ferida durante a colonoscopia e levada, às pressas, para a Unidade de Terapia Intensiva do Hospital Great Ormond Street após seu intestino ser perfurado em 12 pontos. Houve uma falha múltipla de órgãos, inclusive problemas nos rins e no fígado, além de danos neurológicos, e a família recebeu uma indenização de 482.300 libras. Essas coisas acontecem, ninguém tem culpa e estou meramente ilustrando os motivos pelos quais se deve ser cauteloso ao fazer exames.

Paralelamente, em 1997, o jovem doutorando Nick Chadwick começava sua carreira de pesquisa no laboratório de Andrew Wakefield, usando tecnologia de PCR (uma reação de cadeia de polimerase, usada como parte da identificação de DNA) para procurar traços de material genético da cepa de sarampo nos intestinos dessas 12 crianças, sendo esse um aspecto central da teoria de Wakefield. Em 2004, Chadwick deu uma entrevista ao programa *Dispatches*, do Channel 4, e, em 2007, participou de um caso norte-americano referente a vacinas, afirmando que não havia encontrado RNA referente ao sarampo nessas amostras. Mas esse importante achado, que conflitava com a teoria de seu carismático supervisor, não foi publicado.

CIÊNCIA PICARETA

Eu poderia continuar neste assunto.

Ninguém sabia essas coisas em 1998. De qualquer forma, não é algo relevante porque a maior tragédia causada pelo boato quanto à vacina tríplice viral é ter vindo a público antes de serem avaliadas cautelosa e equilibradamente as evidências disponíveis. Agora, você verá repórteres — inclusive na BBC — falarem coisas estúpidas como "Desde então, a pesquisa foi desmascarada."[136] Errado. A pesquisa nunca justificou a interpretação sensacionalista feita pela mídia. Se eles tivessem prestado atenção, o medo nem teria começado.

A cobertura da imprensa começou

O mais incrível sobre o medo da vacina — e que muitas vezes é esquecido — é que, na verdade, não começou em 1998. O *Guardian* e o *Independent* cobriram essa entrevista coletiva em suas primeiras páginas, mas o *Sun* ignorou-a inteiramente, e o *Daily Mail*, o jornal internacional dos medos de saúde, publicou sua matéria com pouco destaque, no meio do jornal. A cobertura era geralmente feita por jornalistas especializados em saúde e ciência, capazes de avaliar os riscos e as evidências. A história foi bem suave.

Em 2001, o medo começou a ganhar impulso. Wakefield publicou um artigo de revisão em um periódico obscuro, questionando a segurança do programa de imunização, embora não tivesse novas evidências. Em março, publicou um novo trabalho de laboratório, com pesquisadores japoneses ("o artigo Kawashima"), usando dados de PCR para mostrar que havia vestígios do vírus do sarampo nos leucócitos das crianças com problemas intestinais e com autismo. Isso constituía, essencialmente, o oposto dos achados de Nick Chadwick no laboratório de Wakefield, que continuaram desconhecidos pelo público (e, desde então, um trabalho publicado mostrou como o artigo de Kawashima produziu um falso

---

[136]"No Jabs, No School, Says Labour MP". Disponível em: <http://news.bbc.co.Uk/l/hi/health/7392510.stm>

O BOATO DA VACINA TRÍPLICE VIRAL NA MÍDIA

resultado positivo, embora a mídia tenha ignorado completamente essa questão e Wakefield pareça ter retirado seu apoio ao estudo).

As coisas começaram a se deteriorar. Os ativistas contra a vacinação começaram a acionar sua formidável máquina publicitária contra um grupo bastante caótico, formado por médicos independentes de diferentes órgãos não coordenados. Histórias dramáticas envolvendo pais perturbados foram jogadas diante de pesquisadores em roupas de veludo cotelê, sem treinamento para enfrentar a mídia, que apenas falavam sobre dados científicos. Se você quer evidências contra a existência de uma conspiração médica sinistra, não precisa procurar além dos médicos e dos pesquisadores retraídos e do seu envolvimento com a mídia durante essa época. O Royal College of General Practitioners [Escola Real de Clínicos Gerais] não só deixou de falar claramente sobre as evidências como — heroicamente — encontrou alguns clínicos gerais contrários à vacinação, cujos contatos passavam aos jornalistas que pediam alguma indicação.

A história ganhava impulso, talvez associada ao desejo mais amplo, de alguns jornais e celebridades, de simplesmente atacar o governo e o serviço de saúde. Um posicionamento diante da vacina tríplice viral passou a ser parte da política editorial de muitos jornais, muitas vezes associado a rumores de que os dirigentes do veículo tinham parentes afetados pelo autismo. Era a história perfeita, em que uma figura pioneira e carismática lutava contra o sistema, uma figura similar a Galileu, e havia elementos de risco, tragédias pessoais e, é claro, a questão da culpa. De quem era a culpa pelo autismo? E, no pano de fundo, esse diagnóstico novo e extraordinário de uma doença que atingia crianças pequenas e que parecia ter surgido do nada e sem explicação.

Autismo

Ainda não sabemos o que provoca o autismo. Um histórico de problemas psiquiátricos na família, parto prematuro e problemático e inversão no posicionamento do feto são fatores de risco, mas bastante modestos — o que significa que são interessantes do ponto de vista da pesquisa, mas não explicam a doença em uma pessoa específica. Fatores de risco costumam ser assim. Meninos são mais afetados do que meninas, e a incidência continua a aumentar, em parte devido ao diagnóstico mais preciso — pessoas que antes eram rotuladas como "subnormais mentalmente" ou "esquizofrênicas" agora recebem o diagnóstico de "autismo" —, mas também, possivelmente, por outros fatores que ainda não compreendemos. A história sobre a vacina tríplice viral apareceu nesse vácuo de incerteza.

Havia algo estranhamente atraente no autismo como ideia para jornalistas e comentaristas. Entre outras coisas, é um distúrbio de linguagem que pode tocar em um ponto específico para os escritores, mas é filosoficamente agradável porque as falhas no raciocínio social exibidas pelas pessoas com autismo nos dão uma desculpa para falar e pensar sobre nossas normas e convenções sociais. Os livros sobre autismo e perspectiva autista se transformaram em best-sellers. Aqui estão algumas palavras sábias para nós, ditas por Luke Jackson, um garoto de 13 anos com síndrome de Asperger, que escreveu um livro de conselhos para adolescentes com essa doença (*Freaks, Geeks and Asperger Syndrome*). Este trecho foi extraído da seção sobre namoro:

> Se a pessoa pergunta algo parecido com " estou parecendo gorda?" ou diz "não sei se gosto deste vestido", ela está "pedindo elogios". Essas coisas são muito difíceis, mas me disseram que, em vez de ser completamente sincero e dizer que ela está mesmo gorda, é mais gentil dizer algo como "não se preocupe, você está ótima". Você não está mentindo: simplesmente escapou de uma pergunta complicada e elogiou a pessoa ao mesmo tempo. Seja econômico com a verdade!

O diagnóstico da síndrome de Asperger, ou transtorno de espectro autista, está sendo aplicado a um número cada vez maior de pessoas, e crianças e adultos que antes seriam considerados "estranhos" têm sua personalidade medicalizada por sugestões de que têm "traços da síndrome de Asperger". Seu crescimento como uma categoria de pseudodiagnóstico atingiu proporções similares ao diagnóstico de "dislexia leve" — você terá sua própria opinião quanto a essa utilidade — e seu uso disseminado permitiu que todos sintamos que podemos participar da maravilha e do mistério do autismo, cada um com uma conexão pessoal ao medo da vacina tríplice viral.

Entretanto, o autismo genuíno é, na maioria dos casos, um transtorno de desenvolvimento amplo, e a maioria dessas pessoas não escreve livros excêntricos sobre sua visão do mundo, revelando muito sobre nossas convenções e costumes sociais em um estilo narrativo charmosamente neutro e sem consciência de si. Do mesmo modo, a maioria das pessoas com autismo não tem as habilidades telegênicas que a mídia tanto gosta de mostrar em documentários, como ser *realmente incrível* em cálculos mentais ou tocar piano como um profissional enquanto olha confusamente para uma média distância.

O fato de que a maioria das pessoas pensa nessas coisas quando a palavra "autismo" surge em sua mente é uma prova da transformação em mito e da "popularidade" paradoxal desse diagnóstico. Mike Fitzpatrick, um clínico geral cujo filho tem autismo, diz que duas perguntas o fazem perder a calma. A primeira é: "Você acha que foi provocado pela vacina tríplice viral?" A outra é: "Ele tem alguma habilidade especial?"

Leo Blair

A maior catástrofe de saúde pública, porém, se concentrou em um bebê chamado Leo. Em dezembro de 2001, perguntaram aos Blair se seu filho mais novo havia recebido a vacina, o que eles se recusaram a responder. Quase todos os outros políticos ficariam felizes em esclarecer se seus filhos haviam ou não sido vacinados, mas você pode imaginar como as pessoas acreditavam que os Blair eram o tipo de família que não vacinaria seus filhos, especialmente quando todos estavam falando sobre a "imunidade de rebanho" e com a preocupação de que colocariam o filho em perigo se o vacinassem, para que o resto da população ficasse em segurança.

Foram levantadas dúvidas em relação à onipresença da amiga mais íntima e auxiliar de Cherie Blair. Carole Caplin era uma guru da Nova Era, uma *"coach"* de vida e uma "pessoa voltada para as pessoas", embora seu namorado, Peter Foster, fosse um fraudador condenado. Foster ajudou nas compras de propriedades dos Blair e disse que eles levaram Leo a um curador da Nova Era, Jack Temple, que oferecia pêndulos de cristal, homeopatia, terapia com ervas e curas com círculos neolíticos em seu quintal.

Não sei quanto crédito se deve dar às afirmações de Foster, mas o fato de serem amplamente divulgadas na época teve impacto sobre o medo em relação à vacina. Disseram que o primeiro-ministro do Reino Unido concordou que Temple usasse um pêndulo de cristal sobre seu filho para protegê-lo (e, portanto, proteger seus colegas de escola, é claro) de sarampo, caxumba e rubéola e que deixou que Cherie entregasse a Temple uma mecha do seu cabelo e aparas de suas unhas, os quais Temple preservou em frascos de álcool. Ele disse que bastava oscilar um pêndulo sobre o frasco para saber se o dono estava saudável ou doente.

Algumas coisas certamente são verdadeiras. Usando esse pêndulo de cristal, Temple afirmava poder coletar a energia dos corpos celestiais. Ele vendia remédios com nomes como "Memória Vulcânica", "Manteiga Rançosa", "Barras de Macaco", "Tronco de Banana" e, meu favorito, 'Esfíncter". Era um homem com muitas conexões. Jerry Hall o endossou. A duquesa de York escreveu a introdução de seu livro *The Healer: The Extraordinary Healing Methods of Jack Temple*. Ele disse ao *Daily Mail* que crianças amamentadas desde o momento do nascimento adquirem imunidade natural contra todas as doenças, além de vender uma alternativa homeopática à vacina tríplice viral.

> Digo a todas as minhas pacientes grávidas que, quando o bebê nascer, elas devem colocá-lo ao seio até que não haja mais pulsação no cordão umbilical. Isso leva cerca de 30 minutos. Ao fazê-lo, elas transferem seu sistema imunológico para o bebê, que, então, terá um sistema imunológico plenamente funcional e não precisará de vacinas. (...) O sr. Temple recusou-se a confirmar,

ontem, se aconselhou ou não a sra. Blair a não vacinar seu filho Leo. Mas ele disse: "Se as mulheres seguirem o meu conselho, seus filhos não precisarão da vacina, ponto final."*

Daily Mail, 26 de dezembro de 2001

Cherie Blair também visitava regularmente a mãe de Carole, Sylvia Caplin, uma guru espiritual. "Houve um período especialmente ativo, no verão, em que Sylvia estava canalizando energias para Cherie duas ou três vezes por semana, existindo um contato quase que diário entre elas", relatou o *Mail*. "Houve momentos em que Cherie enviava fax com até 10 páginas." Sylvia, como muitos ou a maioria dos terapeutas alternativos, era fortemente contrária à vacina (mais de metade de todos os homeopatas contatados em um estudo[137] desaconselhavam a vacina). O *Daily Telegraph* escreveu:

> Passamos para o que é um assunto muito político: a vacina tríplice viral. Os Blair endossaram a vacina publicamente e provocaram uma pequena tempestade ao se recusarem a dizer se seu filho, Leo, havia sido vacinado. Sylvia [Caplin] não hesita: "Sou contra", disse ela. "Fico impressionada que tantas coisas sejam dadas a criancinhas. O certo é que substâncias tóxicas são colocadas nas vacinas e, para uma criancinha, a vacina tríplice viral é algo ridículo. Ela certamente provocou autismo. Todas as negações dadas pela corrente antiga da medicina estão abertas a questionamento porque a lógica e o bom senso devem lhe dizer que existem substâncias tóxicas na vacina. Você não acha que isso afetará uma criancinha? Você permitiria? Não — é demais, é cedo demais e a fórmula está errada."

Também foi relatado — sem dúvida como parte de um boato maldoso — que Cherie Blair e Carole Caplin incentivaram o primeiro-ministro a encontrar-se com Sylvia e pedir que ela "consultasse The Light, o que Sylvia acreditava

---

*Eis o que Jack disse sobre cãibras: "Por anos, muitas pessoas têm sofrido com cãibras. Ao usar o pêndulo, descobri que o corpo não está absorvendo o elemento 'escândio', que está ligado e controla a absorção do fosfato de magnésio." E quanto a queixas gerais de saúde: "Com base em minha experiência com o pêndulo, observei que muitos pacientes sofriam graves deficiências de carbono em seus sistemas. A facilidade com que as pessoas estão sofrendo fraturas finas é extremamente aparente aos olhos treinados."

[137]Schmidt K., Ernst E. Andrews., "Survey Shows That Some Homoeopaths and Chiropractors Advise Against MMR", *British Medical Journal*, v. 7364, n. 325, 14 de setembro de 2002, p. 597.

ser um ser superior ou Deus, usando seu pêndulo", para decidir se seria seguro participar da guerra do Iraque. E, já que estamos no assunto, em dezembro de 2001, *The Times* descreveu as férias dos Blair em Temazcal, no México, onde esfregaram frutas e lama em seus corpos, dentro de uma grande pirâmide, na praia, e gritaram enquanto passavam por um ritual de renascimento da Nova Era. Depois, fizeram um voto pela paz mundial.

Não estou dizendo que acredito em tudo o que foi dito. Só estou dizendo que era no que as pessoas estavam pensando quando os Blair se recusaram a esclarecer a questão de terem ou não vacinado seu filho enquanto um tumulto se formava. Isso não é um palpite. De todas as histórias escritas sobre a vacina tríplice viral naquele ano, 32% mencionavam a questão de Leo Blair ter sido ou não vacinado (Andrew Wakefield só foi mencionado em 25%), que também foi o fato mais lembrado em pesquisas junto à população.[138] O público, compreensivelmente, estava considerando o tratamento de Leo Blair como uma medida da confiança que o primeiro-ministro depositava na vacina, e poucos podiam entender por que a questão seria um segredo se não houvesse algum problema.

Os Blair, contudo, citavam o direito de seu filho à privacidade, o que achavam mais importante do que a crise que se anunciava na saúde pública. É chocante que Cherie Blair tenha decidido agora, em uma ação de marketing para sua lucrativa autobiografia, abrir mão do princípio tão vital na época e tenha escrito em seu livro não só sobre o momento exato em que Leo foi concebido, mas sobre a vacina (ela disse que ele tomou, mas parece não ter certeza se foram vacinas separadas nem sobre a data; francamente, desisto dessas pessoas).

Por mais que possa parecer trivial e até voyeur para você, esse evento foi fundamental para a cobertura sobre a vacina tríplice viral. O ano de 2002 viu o debate em torno de Leo Blair e a saída de Wakefield do Hospital Royal Free, representando o auge da cobertura da imprensa por uma margem muito grande.[139]

---

[138]Hargreaves I., Lewis J., Speers T., "Towards a Better Map: Science, the Public and the Media, *Economic and Social Research Council*, 2003. Disponível em: <http://www.esrc.ac.uk/ESRCIn­foCentre/Images/Mapdocfinal_tcm6-5505.pdf>

[139]Boyce T., *Health, Risk and News: The MMR Vaccine and the Media*, Nova York, Peter Lang Publishing Inc, 2007.

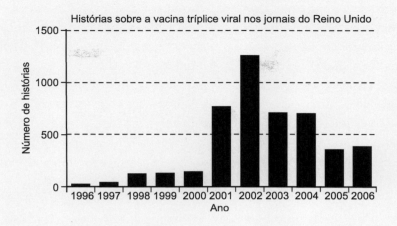

O que havia nessas histórias?

O medo da vacina criou uma pequena indústria, de fundo de quintal, sobre a análise da mídia e, assim, soube-se bastante sobre a cobertura. Em 2003, o Economic and Social Research Council (ESRC) [Conselho de Pesquisa Econômica e Social] publicou um artigo sobre o papel da mídia na compreensão pública da ciência, no qual foram amostradas todas as grandes histórias de ciência divulgadas na mídia entre janeiro e setembro de 2002, o auge do medo.[140] Dez por cento de todas as matérias falavam sobre a vacina tríplice viral, assunto que também gerava mais cartas ao editor (ou seja, as pessoas estavam claramente envolvidas); de longe, era o assunto com mais probabilidade de ser abordado em colunas de opinião ou em editoriais e gerava as histórias mais longas. A vacina tríplice viral foi a história de ciência com mais cobertura na imprensa durante anos.

Artigos sobre alimentos geneticamente modificados ou sobre clonagem eram, muito provavelmente, escritos por repórteres especializados em ciência, mas eles eram esquecidos nas histórias a respeito da vacina, possibilitando que 80% da cobertura da maior história sobre ciência do

---

[140] Ibidem.

CIÊNCIA PICARETA

ano tenha sido feita por repórteres comuns. De repente, estávamos recebendo comentários e conselhos sobre questões complexas de imunologia e de epidemiologia de pessoas que, mais comumente, contariam casos engraçados que aconteceram com uma babá a caminho de uma festa. Nigella Lawson, Libby Purves, Suzanne Moore, Lynda Lee-Potter e Carol Vorderman, para mencionar apenas alguns nomes, escreveram sobre suas preocupações mal informadas sobre a vacina, fazendo muito barulho e alvoroço. Enquanto isso, o lobby contra a vacina criava uma reputação de focar os jornalistas que escrevem sobre generalidades, alimentando-os com histórias e evitando os correspondentes de ciência ou saúde.

Esse é um padrão que já vimos antes. Se uma coisa tem afetado negativamente a comunicação entre cientistas, jornalistas e o público, é o fato de que jornalistas de ciência simplesmente não cobrem as grandes notícias de ciência. Por sair e beber com jornalistas de ciência, eu sei que, em grande parte do tempo, ninguém sequer faz uma verificação rápida dessas grandes histórias.

Mais uma vez, não estou falando sobre generalidades. Durante os dois dias cruciais seguintes à publicação da história sobre "alimentos Frankenstein" geneticamente modificados, em fevereiro de 1999, *nenhum* dos artigos de notícias, colunas de opinião ou editoriais sobre o assunto foi escrito por um jornalista de ciência.[141] Um correspondente de ciência teria dito a seu editor que existe algo estranho quando alguém apresenta achados científicos sobre batatas geneticamente modificadas, que causam câncer em ratos, no programa *World in Action*, da ITV, como Arpad Pusztai fez, em vez de publicá-los em um periódico acadêmico. O experimento de Pusztai foi finalmente publicado um ano depois — depois de um longo período em que ninguém pôde comentar a respeito porque não se sabia o que ele realmente tinha feito — e seus resultados experimentais não continham informações que justificassem o medo provocado pela mídia.

---

[141]Durant J., Lindsey N., "GM Foods and the Media", *Select Committee on Science and Technology*, 3º Relatório, Apêndice 5. Disponível em: <www.publications.parliament.uk/pa/ld199900/ldselect/ldsctech/38/3810.htm>

O fato de correspondentes especializados serem colocados de lado quando a ciência se transforma em notícia de primeira página e de nem serem usados como recurso durante esses períodos tem consequências previsíveis. Os jornalistas estão acostumados a manter uma visão crítica diante das informações dos assessores de imprensa, políticos, executivos de RP, vendedores, lobbistas, celebridades e escritores de fofocas, e, geralmente, exibem um ceticismo natural saudável, mas, no caso da ciência, não têm as habilidades necessárias para avaliar criticamente as evidências científicas. Na melhor das hipóteses, as evidências desses "especialistas" só foram examinadas em termos de quem são ou, talvez, das pessoas para aos quais trabalharam. Os jornalistas — e muitos ativistas — acham que é isso que queremos dizer com avaliar criticamente um argumento científico e parecem orgulhosos de si mesmos.

O conteúdo científico das histórias — as evidências experimentais reais — é desconsiderado e substituído por afirmações didáticas de figuras de autoridade nos dois lados do debate, o que contribui para uma sensação de que a opinião científica é, de alguma forma, arbitrária e dependente de um papel social de especialistas, em vez de se basear em evidências empíricas transparentes e prontamente compreensíveis. Pior, outros elementos vieram para o primeiro plano: questões políticas, a recusa de Tony Blair em dizer se seu filho havia sido vacinado, narrativas míticas, um cientista "pioneiro" e apelos emocionais feitos por pais.

Um leitor razoável, enfrentando uma bateria tão intensa de narrativas humanas, teria todo o direito de considerar qualquer especialista que afirmasse que a vacina era segura como alguém irresponsável e negligente, especialmente se sua fala não fosse acompanhada por uma evidência aparente.

A história também era importante porque, como no caso dos alimentos geneticamente modificados, a questão da vacina tríplice viral parecia caber em um modelo moral bastante simples, que eu mesmo apoiaria: as grandes empresas são, muitas vezes, astuciosas, e os políticos não são confiáveis. Mas o fato de suas opiniões políticas e morais serem expressas em veículos adequados é importante. Falando apenas por mim, desconfio muito das empresas farmacêuticas: não porque acho que a medicina é ruim, mas porque sei que eles ocultaram dados que não os favoreciam e porque vi seus materiais promocionais distorcerem a ciência. Também desconfio dos alimentos geneticamente modificados, mas não por causa de falhas inerentes à tecnologia e não porque sejam muito perigosos. Em algum lugar entre entremear genes para produtos que poderão tratar a hemofilia, em um extremo, e liberar genes para resistência a antibióticos na natureza, no outro extremo, encontra-se um caminho sensato para a regulamentação da modificação genérica, mas não há qualquer coisa desesperadamente admirável nem unicamente perigosa nessa tecnologia.

Apesar de tudo, continuo a desconfiar muito da modificação genética, mas por motivos que nada têm a ver com ciência, simplesmente porque ela criou uma mudança de poder perigosa na agricultura e "sementes exterminadoras" que morrem no final da estação e que são um modo para aumentar a dependência dos fazendeiros, tanto internamente quanto no mundo em desenvolvimento, ao mesmo tempo que colocam o suprimento global de alimentos nas mãos das multinacionais. Se você quiser ir mais fundo, a Monsanto é simplesmente uma empresa desagradável (ela fabricou o Agente Laranja durante a Guerra do Vietnã, por exemplo).

Observando as campanhas cegas, agitadas e impensadas contra a vacina tríplice viral e os alimentos geneticamente modificados — que espelham o pensamento infantil de que "a homeopatia funciona porque os efeitos colaterais do Vioxx foram ocultados pela Merck" — é fácil experimentar uma sensação difusa de oportunidades políticas perdidas e sentir que, de algum modo, toda a nossa indignação sobre as questões de desenvolvimento, sobre o papel do dinheiro em nossa sociedade e sobre as simples práticas corporativas fraudulentas está sendo desviada de qualquer ponto em que poderia ser válida e útil e dirigida para fantasias pueris e míticas. Fica nítido, para mim, que, se você realmente se importa com as grandes empresas, o meio ambiente e a saúde, então você está desperdiçando seu tempo com pessoas como Pusztai e Wakefield.

A cobertura científica é ainda mais dificultada pelo fato de que o assunto pode não ser de fácil compreensão. Isso pode parecer um insulto

O BOATO DA VACINA TRÍPLICE VIRAL NA MÍDIA

a pessoas inteligentes, como os jornalistas, que se imaginam capazes de entender a maioria das coisas, mas tem havido uma aceleração na complexidade recentemente. Há 50 anos, seria possível esboçar uma explicação completa para o funcionamento de um rádio AM em um guardanapo, usando um conhecimento científico básico, de nível escolar, e construir em sala de aula um aparelho de rádio, usando cristal de galena, essencialmente igual ao equipamento instalado em seu carro. Quando seus pais eram jovens, eles podiam consertar o próprio carro e entender a ciência por trás da maior parte da tecnologia cotidiana, mas não é mais assim. Até mesmo um geek teria dificuldade, atualmente, para lhe dar uma explicação sobre como funciona seu celular porque é mais difícil de entender e explicar a tecnologia, e os aparelhos do dia a dia passaram a ter uma complexidade de "caixa-preta" que pode parecer sinistra, além de intelectualmente debilitante. As sementes estavam plantadas.

Mas voltemos ao "x" da questão. Se havia pouca ciência, o que apareceu em todas essas longas histórias sobre a vacina tríplice viral? Voltando aos dados lançados pelo ESRC em 2002, apenas 25% mencionavam Andrew Wakefield, o que parece estranho, considerando que ele era a pedra fundamental da história. Isso criou a impressão equivocada de que um grande corpo médico suspeitava da vacina, em vez de apenas um "pioneiro". Menos de um terço dos relatos de jornais se referiam às evidências claras e numerosas de que a vacina era segura, e apenas 11% mencionavam que a vacina é considerada segura em 90 outros países, nos quais é usada.

Era raro encontrar muita discussão sobre as evidências, pois eram consideradas complicadas demais, e, quando os médicos tentavam explicá-las, eram frequentemente calados ou, ainda pior, suas explicações eram condensadas em afirmações inócuas de que "a ciência demonstrou" que não havia com o que se preocupar. Essa desconsideração sem informações foi colocada à frente das preocupações dos pais perturbados.

No decorrer de 2002, as coisas ficaram realmente estranhas. Alguns jornais, como o *Daily Mail* e o *Daily Telegraph*, transformaram a vacina no foco de uma grande campanha política, e a beatificação de Wakefield atingiu um pico febril. Lorraine Fraser o entrevistou para o *Telegraph*, descrevendo-o como "um defensor dos pacientes que sentem que seus medos foram ignorados". Ela escreveu uma dúzia de artigos semelhantes no ano seguinte (e a recompensa veio quando recebeu o British Press Awards Health Writer [Prêmio da Imprensa Britânica para Jornalista de Ciência] em 2002, uma honra que não espero receber).

Justine Picardie fez uma reportagem fotográfica sobre Wakefield, sua casa e sua família para a revista *Telegraph*. Andy é, diz ela, "um herói simpático e de cabelos brilhantes para as famílias com crianças autistas". Como é a família dele? "Uma família agradável e ativa, como todos gostariam de ter como amigos, unida contra as forças misteriosas que plantaram dispositivos invasivos e levaram fichas de pacientes em roubos aparentemente inexplicáveis." Ela imagina — e juro que não estou inventando — um filme de Hollywood retratando a luta heroica de Wakefield, com Russell Crowe no papel principal e "Julia Roberts como uma mãe solteira e aguerrida em busca de justiça para seu filho".

As evidências a respeito da vacina tríplice viral

Então, quais são as evidências sobre a segurança da vacina?

Existem várias maneiras como abordar as evidências da segurança de uma intervenção, dependendo de quanta atenção você deseja dar à questão. A abordagem mais simples é escolher uma figura de autoridade arbitrária: um médico, talvez, embora isso não pareça atraente (nas pesquisas, as pessoas dizem que confiam mais nos médicos e menos nos jornalistas; as falhas desse tipo de pesquisa se tornaram óbvias).

Você poderia escolher outra autoridade importante, se houver alguma que combine com você. O Institute of Medicine [Instituto de Medicina], o Royal Colleges, o NHS e outras instituições apoiaram a vacina, mas, aparentemente, não foi o bastante para convencer as pessoas. Seria possível fornecer informações: um site do NHS (mmr-thefacts.nhs.uk) começava com a frase "a vacina tríplice viral é segura" (literalmente) e dava ao leitor acesso a detalhes de cada estudo.* Mas isso teve pouco efeito diante da maré. Quando um medo está aumentando, cada refutação pode parecer uma admissão de culpa, atraindo atenção para o medo.

A Cochrane Collaboration, que é tão impecável quanto possível, fez uma revisão sistemática da literatura sobre a vacina, concluindo que não havia evidência de que não fosse segura (embora a revisão só tenha sido publicada em 2005).[142] Esse trabalho revisou os dados que a mídia havia ignorado: o que foi revelado?

Para mantermos o nível moral elevado, precisamos entender algumas coisas sobre as evidências. Em primeiro lugar, não existe um único estudo perfeito que prove que a vacina é segura (embora as evidências que indicam que ela é perigosa sejam excepcionalmente fracas). Não existe, por exemplo, nenhum experimento randomizado e com controle. Em vez disso, somos apresentados a uma grande confusão de dados, vindos de vários estudos, todos com falhas idiossincráticas próprias por motivos de custo, competência e assim por diante. Um problema comum com o uso de dados antigos para responder a novas questões é que esses artigos e bases de dados podem ter muitas informações úteis coletadas de modo competente para responder as perguntas nas quais os pesquisadores estavam interessados na época, mas que não é perfeito para suas necessidades. Não é perfeito, mas pode ser muito bom.

Smeeth *et al.*, por exemplo, fez algo chamado "estudo de caso com controle", usando o GP Research Database [Banco de Dados de Pesquisa em Clínica Geral]. Esse é um tipo comum de estudo, no qual se analisa um grupo de pessoas com a doença que está sendo pesquisada ("autismo") e um grupo de pessoas saudável e busca-se uma diferença

---

*Aceitar ou não a frase "a vacina é segura" depende do que você entende por "seguro". Voar num avião é seguro? Sua máquina de lavar roupas é segura? Onde você está sentado é seguro? Você pode ficar obcecado com a ideia de que, filosoficamente, nada pode ser 100% seguro — como muitas pessoas farão —, mas você estaria argumentando a favor de uma definição incomum e sem significado.

[142]Smeeth L. *et al.*, "MMR Vaccination and Pervasive Developmental Disorders: A Case-Control Study", *Lancet*, v. 9438, n. 364, 2004, pp. 963-9.

CIÊNCIA PICARETA

em quanto cada grupo foi exposto ao fator que se pensa ser a possível causa da doença ("vacina tríplice viral").

Se você se importa com quem pagou pelo estudo — e espero que você já esteja um pouco mais sofisticado nesse quesito agora —, ele foi patrocinado pelo Medical Research Council [Conselho de Pesquisas Médicas]. Eles encontraram cerca de 1.300 pessoas com autismo e, depois, conseguiram "controles": pessoas aleatórias, que não tinham autismo, mas que tinham idade, sexo e estilos de vida similares. Depois, verificaram se a vacinação era mais comum nas pessoas com autismo ou entre o grupo de controle, sem encontrar diferenças. Os mesmos pesquisadores fizeram estudos similares nos Estados Unidos e na Escandinávia, e, mais uma vez, reunindo os dados, não encontraram ligação entre a vacina e o autismo.

Existe um problema prático com esse tipo de pesquisa, é claro, e espero que você tenha percebido: a maioria das pessoas *foi* vacinada com a tríplice viral, e, assim, as pessoas que *não foram* vacinadas podem ser incomuns de outras maneiras — talvez os pais tenham recusado a vacina por motivos ideológicos ou culturais ou a criança teve um problema de saúde preexistente — e esses fatores podem estar relacionados com o autismo. Há pouco que você possa fazer em termos de planejamento de estudo em relação a essa "variável de confusão" porque, como dissemos, não é provável que se faça um experimento randomizado com controle em que você não vacine as crianças randomicamente: você só inclui o resultado ao resto das informações a fim de chegar a uma conclusão. Do modo como aconteceu, Smeeth *et al.* se esforçaram bastante para garantir que seus controles fossem representativos. Se quiser, você pode ler o artigo e decidir se concorda.

Assim o estudo de Smeeth foi um estudo de "caso-controle", no qual grupos que tiveram ou não o resultado são comparados e se verifica o quanto a exposição foi comum em cada grupo. Na Dinamarca, Madsen *et al.* fizeram um tipo de estudo oposto, chamado de "estudo de grupo", no qual são comparados grupos que tiveram ou não exposição, a fim de buscar alguma variação no resultado. Nesse caso específico, há dois grupos de pessoas, que tomaram ou não a vacina, e verifica-se se a taxa de autismo foi diferente.

Esse estudo foi grande — muito grande — e incluiu todas as crianças nascidas na Dinamarca entre janeiro de 1991 e dezembro de 1998.[143] Na Dinamarca, existe um sistema único de identificação pessoal, vinculado aos registros de vacinação e a informações sobre diagnósticos de autismo, o que possibilitou localizar quase todas as crianças que participaram do estudo. Foi uma realização impressionante, pois houve 440.655 crianças vacinadas e 96.648 não vacinadas. Não foi encontrada diferença entre as crianças vacinadas e não vacinadas em relação às taxas de autismo ou de transtorno de espectro autista e não houve associação entre o desenvolvimento do autismo e a idade de vacinação.

Os ativistas contrários à vacina responderam a esse estudo com a afirmação de que apenas um pequeno número de crianças é prejudicado pela vacina, o que parece incoerente com suas afirmações de que ela é res-ponsável por um enorme aumento no número de diagnósticos de autismo. De qualquer modo, não seria nenhuma surpresa se uma vacina causasse uma reação adversa em um pequeno número de pessoas, como acontece com qualquer outra intervenção médica (ou, pode-se argumentar, com qualquer outra atividade humana) e, certamente, não haveria história.

Como sempre ocorre, existem problemas neste grande estudo. O acompanhamento dos registros de diagnóstico terminou um ano (31 de dezembro de 1999) após o último dia de admissão ao estudo de grupo. Assim, como o autismo ocorre depois de um ano de idade, as crianças nascidas quando o estudo já estava adiantado tinham pouca probabilidade de apresentar a alteração no final do período de acompanhamento. Porém, esse fator está destacado no estudo, e você pode decidir se acha que ele compromete as descobertas gerais. Não creio que seja um grande problema. Essa é minha opinião e acho que você concordará que ela não é especialmente tola. Afinal, o estudo foi iniciado em janeiro de 1991.

---

[143]Madsen K. M. *et al.*, "A Population-Based Study of Measles, Mumps, and Rubella Vaccination and Autism", *New England Journal of Medicine*, v. 19, n. 347, 2002, pp. 1.477-82.

CIÊNCIA PICARETA

Esse é o tipo de informação que você encontrará na revisão Cochrane, que concluiu, simplesmente, que "as evidências existentes sobre a segurança e a eficácia da vacina tríplice viral apoiam as políticas atuais de imunização em massa voltadas para a erradicação do sarampo, a fim de também reduzir a morbidade e a mortalidade associadas à caxumba e à rubéola".

Ela também contém diversas críticas das evidências revisadas, que, de modo bizarro, foram utilizadas por vários comentaristas para afirmar que havia algum tipo de remendo. Eles disseram que a revisão tendia a concluir que a vacina tríplice viral era arriscada, mas que depois, subitamente, passou a uma conclusão tranquilizadora, sem dúvida por causa de pressões políticas ocultas.

Melanie Phillips, uma das líderes do movimento antivacinação, que escreve no *Daily Mail*, ficou horrorizada pelo que pensou ter encontrado: "A revisão disse que nada menos de nove dos estudos mais famosos usados contra [Andrew Wakefield] foram elaborados de modo pouco confiável." É claro que disse. Fiquei surpreso por o número não ser maior. As revisões Cochrane têm o *objetivo* de criticar artigos.

"Evidências" científicas na mídia

Porém, em 2002, os jornais tinham mais do que apenas pais preocupados. Havia um conhecimento superficial de ciência para manter o impulso das notícias; você deve se lembrar das imagens de vírus e de paredes intestinais geradas por computador e das histórias sobre achados de laboratório. Por que não mencionei isso?

Por um motivo, esses importantes achados científicos estavam sendo relatados nos jornais e revistas, em reuniões e, na verdade, em todos os lugares, exceto nos periódicos acadêmicos onde poderiam ser lidos e avaliados cuidadosamente. Em maio, por exemplo, Wakefield "revelou com exclusividade" que "mais de 95% dos portadores do vírus em seus intestinos tinham a vacina como a única exposição documentada ao sarampo". Ele não revelou o fato em um periódico acadêmico revisado por pares, mas em um suplemento dominical.

O BOATO DA VACINA TRÍPLICE VIRAL NA MÍDIA

Outras pessoas começaram a aparecer, por todo lado, afirmando terem feito grandes achados, mas sem nunca publicar suas pesquisas em periódicos acadêmicos adequados e revisados por pares. O farmacêutico Paul Shattock, de Sunderland, foi apresentado no programa *Today* e em vários jornais nacionais como tendo identificado um subgrupo de crianças com autismo resultante da vacina. Paul Shattock é muito ativo em sites antivacinação, mas ainda não publicou esse importante trabalho, mesmo que o Conselho de Pesquisas Médicas tenha sugerido, em 2002, que ele "publicasse suas pesquisas e se apresentar ao MRC com propostas positivas".

Enquanto isso, o dr. Arthur Krigsman, consultor gastrointestinal pediátrico que trabalha na região de Nova York, dizia em audiências em Washington que havia feito muitas descobertas interessantes nos intestinos de crianças autistas, usando endoscópios. A declaração foi intensamente repetida pela imprensa. O trecho a seguir foi extraído do *Daily Telegraph*:

> Cientistas nos Estados Unidos relataram a primeira corroboração independente dos achados de pesquisa do dr. Andrew Wakefield. A descoberta do dr. Krigsman é significativa por apoiar independentemente a conclusão do dr. Wakefield de que uma combinação, anteriormente não identificada e devastadora, de doença intestinal e cerebral está afligindo crianças pequenas — uma afirmação que o Departamento de Saúde descartou como "ciência picareta".[144]

Até onde eu saiba — e sou muito bom nessas buscas —, as novas descobertas de pesquisas científicas de Krigsman, que corroboravam as afirmações de Andrew Wakefield, nunca foram publicadas em um periódico acadêmico; certamente não há sinais no Pubmed, o sumário de quase todos os artigos acadêmicos médicos.

Caso a importância desse fator não tenha ficado clara, permita que eu explique novamente. Se você visitar o prédio da Royal Society em Londres, verá seu lema orgulhosamente exibido: *Nullius in verba* —

---

[144]Ver: <http://www.telegraph.co.uk/news/main.jhtml?xml=/news/2002/06/23/nmmr23.xml>.

"Nas palavras de ninguém". Gosto de imaginar que a frase se refere à importância de publicar em periódicos científicos adequados o que você quer que as pessoas leiam e deem atenção. O dr. Arthur Krigsman tem afirmado, há anos, que encontrou evidências ligando a vacina a autismo e a doenças intestinais. Como não publicou suas descobertas, ele pode falar sobre elas até ficar sem voz porque até vermos exatamente o que ele fez, não podemos detectar a existência de falhas em seus métodos. Talvez ele não tenha selecionado os participantes corretamente. Talvez tenha medido as coisas erradas. Se ele não escrever formalmente, nunca poderemos saber, porque é isso que os cientistas fazem: escrevem artigos e os examinam para determinar se as descobertas são sólidas.

O fracasso de Krigsman e de outros em publicar em periódicos acadêmicos revisados por pares não foram ocorrências isoladas. Na verdade, elas ainda estão acontecendo, anos depois. Em 2006, a mesma coisa se repetiu. "Cientistas nos Estados Unidos ligaram o autismo à vacina tríplice viral", gritou o *Telegraph*. "Cientistas temem ligar a vacina tríplice viral ao autismo", rugiu o *Mail*. "Estudo nos Estados Unidos comprova a ligação entre a vacina tríplice viral e o autismo", disse *The Times*, um dia depois.

Quais eram esses novos dados assustadores? Essas histórias de medo baseavam-se em uma apresentação, em um pôster, em um congresso que ainda ocorreria, sobre uma pesquisa que não estava concluída, realizada por um homem com um histórico de anunciar pesquisas que nunca apareciam em periódicos acadêmicos. Na verdade, surpreendentemente, quatro anos depois, o dr. Arthur Krigsman aparecia de novo. Dessa vez, a história era diferente: ele havia encontrado material genético (RNA) de cepas de vírus da vacina contra sarampo em algumas amostras de intestinos de crianças com autismo e problemas intestinais. Se fosse verdade, o fato combinaria com a teoria de Wakefield, que, em 2006, estava aos farrapos. Também podemos mencionar que Wakefield e Krigsman atuam juntos como médicos na Thoughtful House, uma clínica particular para autismo, nos Estados Unidos, que oferece tratamentos excêntricos para distúrbios de desenvolvimento.

O BOATO DA VACINA TRÍPLICE VIRAL NA MÍDIA

O *Telegraph* continuou, explicando que a afirmação mais recente e não publicada de Krigsman replicava trabalhos similares realizados pelo dr. Andrew Wakefield, em 1998, e pelo professor John O'Leary, em 2002. Isso é, no mínimo, uma afirmação equivocada. Não existe um trabalho de Wakefield publicado em 1998 que combine com a declaração do *Telegraph* — pelo menos, não que eu possa encontrar no PubMed. Suspeito que o jornal se confundiu com o tristemente famoso artigo do *Lancet* sobre a vacina, que, em 2004, já havia sido parcialmente modificado.

Dois artigos, porém, sugerem que traços de material genético do vírus do sarampo foram encontrados em crianças. Eles receberam uma enorme cobertura da mídia por mais de cinco anos e, no entanto, os jornalistas permaneceram cuidadosamente silenciosos a respeito das evidências publicadas que sugerem que esses foram falsos resultados positivos, como veremos agora.

Um artigo foi escrito por Kawashima *et al.*, em 2002, também listando Wakefield como autor, no qual se afirmava que material genético da vacina contra sarampo havia sido encontrado em células sanguíneas. A dúvida foi lançada em ambos os artigos por tentativas de replicá-los, mostrando onde os falsos resultados positivos provavelmente apareceram, e pelo depoimento de Nick Chadwick, o doutorando cujo trabalho foi descrito anteriormente. Nem mesmo Andrew Wakefield continua a se basear nesse artigo.

O outro é o artigo escrito por O'Leary e publicado em 2002, também incluindo Wakefield como autor, e que produziu evidências de RNA do vírus do sarampo em amostras de tecidos de crianças. Mais uma vez, outros experimentos demonstraram em que ponto os falsos positivos parecem ter ocorrido, e, em 2004, quando o professor Stephen Bustin estava examinando as evidências como consultor jurídico, explicou como havia estabelecido, de modo que o satisfizera — durante uma visita ao laboratório de O'Leary —, que esses foram falsos resultados positivos causados por contaminação e métodos experimentais inadequados. Ele viu, em primeiro lugar, que não havia "controles" para verificar os falsos resultados positivos (a contaminação é um grande risco quando se procuram traços minúsculos de material genético e, por isso, é comum ter amostras "vazias" para garantir que elas continuem vazias) e encontrou problemas de calibragem nos equipamentos, problemas com os livros de registro e coisas piores. Ele expandiu essas observações, com muitos detalhes, em um tribunal americano, durante um caso sobre vacinas e autismo em 2006. Você pode ler essa explicação detalhada on-line. Para minha surpresa, nenhum jornalista no Reino Unido relatou a novidade.

Os dois artigos que afirmavam mostrar uma ligação receberam ampla cobertura da mídia na época, como também aconteceu com as afirmações feitas por Krigsman.

O que eles não lhe disseram

No exemplar de maio de 2006 do *Journal of Medical Virology* havia um estudo muito similar ao descrito por Krigsman, realizado por Afzal *et al.*, mas realmente publicado.[145] Ele também procurou RNA de vírus do sarampo em crianças com autismo regressivo depois da vacinação e usou ferramentas tão potentes que poderiam detectar o RNA mesmo em quantidade ínfima. Ele não encontrou evidências que implicassem a vacina tríplice viral. Talvez por causa desse resultado nada sensacionalista, o estudo foi solenemente ignorado pela imprensa.

Como ele foi publicado na íntegra, posso lê-lo e perceber as falhas, o que me deixa mais do que feliz, porque a ciência tem a ver com criticar abertamente os dados e as metodologias em vez de constituir quimeras em comunicados à imprensa, e, no mundo real, todos os estudos têm algumas falhas, em maior ou menor grau. Muitas vezes, as falhas são práticas. Neste caso, por exemplo, os pesquisadores não conseguiram as amostras de tecido que teriam usado idealmente porque não conseguiram a aprovação do comitê de ética para realizar procedimentos invasivos como punção lombar e biópsias de intestino em crianças. (Wakefield conseguiu obter essas amostras, mas atualmente, devemos lembrar, está

---

[145]Afzal M. A., Ozoemena L. C., O'Hare A. *et al.*, "Absence of Detectable Measles Virus Genome Sequence in Blood of Autistic Children Who Have Had Their MMR Vaccination During the Routine Childhood Immunization Schedule of UK", *Journal of Medical Virology*, v. 5, n. 78, 2006, pp. 623-30.

O BOATO DA VACINA TRÍPLICE VIRAL NA MÍDIA

passando por um julgamento de conduta profissional no Conselho de Medicina em relação a essa questão.)

Certamente, eles poderiam ter conseguido algumas das amostras extraídas de crianças supostamente prejudicadas pela vacina, não é? Seria possível pensar assim. Eles relataram no artigo que tentaram pedir aos pesquisadores antivacinação — se esse não for um termo injusto — que lhes emprestassem algumas de suas amostras de tecido. Porém, foram ignorados.*

Afzal *et al.* não foi relatado na mídia, exceto na minha coluna.

Não foi um caso isolado. Outro estudo relevante foi publicado no importante periódico acadêmico *Pediatrics*, alguns meses depois — e recebido com silêncio pela mídia —, sugerindo mais uma vez, muito enfaticamente, que os resultados anteriores de Kawashima e O'Leary continham erros e falsos resultados positivos.[146] D'Souza *et al.* replicaram os experimentos anteriores de modo muito semelhante e, em alguns aspectos, com mais cuidado, e, o mais importante, rastrearam algumas rotas pelas quais um falso resultado positivo poderia ter sido alcançado, chegando a achados surpreendentes.

Os falsos resultados positivos são comuns em PCR porque ela usa enzimas para replicar o RNA, e, assim, você começa com uma pequena quantidade em sua amostra que, então, é "ampliada" e copiada diversas vezes até que você tenha o bastante para trabalhar e fazer mensurações. Começando com uma única molécula de material genético, a reação em cadeia de polimerase (PCR) pode gerar 100 bilhões de moléculas similares em uma tarde. Portanto, o processo de PCR é extremamente sensível à contaminação — como muitas pessoas inocentes que foram presas podem lhe dizer —, e é preciso ser muito cuidadoso e limpar todos os materiais enquanto se trabalha.

---

*"Os grupos de pesquisadores que tinham acesso a espécimes originais de autismo ou que os investigaram em relação à detecção do vírus do sarampo foram convidados a participar do estudo, mas não responderam ao convite. Do mesmo modo, não foi possível obter espécimes clínicos extraídos de casos de autismo para realizar investigações independentes."

[146] D'Souza, Y. *et al.*, "No Evidence of Persisting Measles Virus in Peripheral Blood Mononuclear Cells from Children with Autism Spectrum Disorder", *Pediatrics*, n. 118, 4 de outubro de 2006, pp. 1.664-75.

CIÊNCIA PICARETA

Além de levantar questões a respeito da possibilidade de contaminação, D'Souza também descobriu que o método usado por O'Leary poderia ter ampliado acidentalmente trechos errados do RNA.

Deixem-me ser claro: essa não é, absolutamente, uma crítica aos pesquisadores individuais. As técnicas progridem, os resultados podem não ser replicáveis e nem todas as verificações duplas são práticas (embora o depoimento de Bustin afirme que os padrões no laboratório de O'Leary eram problemáticos). O surpreendente, porém, é que a mídia publicou amplamente os assustadores dados originais e, depois, ignorou completamente novos dados tranquilizadores. Esse estudo de D'Souza, como o realizado por Afzal, foi unanimemente ignorado pela mídia. Que eu saiba, foi mencionado na minha coluna, em uma nota da Reuters que não foi publicada por ninguém e no blog do namorado da pesquisadora principal (na qual ele falava sobre como estava orgulhoso de sua namorada). Em nenhum outro lugar.*

Você poderia dizer que tudo isso é bastante previsível: os jornais divulgam notícias e não é muito interessante dizer que uma pesquisa relatou que algo é seguro. No entanto, eu poderia argumentar — talvez com ar de santarrão — que a mídia tem responsabilidade especial neste caso porque exigiu "mais pesquisas" e, principalmente, porque *ao mesmo tempo* que ignoraram achados negativos bem planejados, bem realizados e publicados na íntegra, continuaram a divulgar os achados assustadores de um estudo não publicado de Krigsman, um homem com um histórico de afirmações bombásticas nunca publicadas.

A questão da vacina tríplice viral não é um caso isolado. Você deve se lembrar de histórias assustadoras sobre as obturações com mercúrio divulgadas nas duas últimas décadas: elas voltam de tempos em tempos, geralmente acompanhadas por uma história pessoal em que fadiga, tonturas e dores de cabeça desapareceram depois que um dentista visionário removeu essas obturações. Tradicionalmente, essas histórias se concluem

---

*Em 2008, quando este capítulo estava sendo finalizado, alguns jornalistas se dignaram, milagrosamente, a cobrir um experimento de PCR com um achado negativo. Ele foi relatado erroneamente como uma refutação definitiva da hipótese de ligação entre o autismo e a vacina tríplice viral. Foi uma afirmação infantil que não ajudou ninguém. Não é difícil me agradar.

com uma sugestão de que os dentistas podem estar encobrindo a verdade sobre o mercúrio e com uma solicitação de mais pesquisas a respeito da segurança dessas obturações.

Os primeiros experimentos randomizados e com controle, feitos em larga escala, sobre a segurança das obturações com mercúrio foram publicados recentemente e, se estiver esperando para ler esses resultados muito esperados e solicitados pelos jornalistas de inúmeros jornais, você pode esperar sentado porque eles não foram relatados em parte alguma. Em jornal algum. Foi um estudo com mais de mil crianças, dando a algumas obturações com mercúrio e a outras, obturações sem mercúrio, e medindo as funções renais e os resultados de desenvolvimento neurológico como memória, coordenação, condução neural, QI e assim por diante, por vários anos. Foi um estudo muito bem realizado. Não houve diferenças significativas entre os dois grupos. É uma informação que vale a pena se você ficou assustado com as reportagens sobre as obturações de mercúrio na mídia e, com certeza, você ficou.

O programa de TV *Panorama* apresentou um documentário especialmente assustador, em 1994, chamado *The Poison in Your Mouth* [O veneno em sua boca]. A imagem de abertura era dramática, com homens, em roupas de proteção, rolando barris de mercúrio. Não vou dar a última palavra sobre o mercúrio aqui. Mas acho que podemos supor, com certo grau de certeza, de que não há um documentário *Panorama* sendo produzido sobre os novos e surpreendentes dados de pesquisa que sugerem que, afinal, as obturações com mercúrio não são prejudiciais.

Em alguns aspectos, esse é só mais um exemplo de como a intuição pode ser pouco confiável ao avaliar riscos: não só é uma estratégia falha para uma avaliação numérica de resultados raros demais para que uma pessoa colete dados significativos em sua vida, mas as informações que você recebe pela mídia sobre uma gama mais ampla da população são escandalosas e criminosamente distorcidas. Assim, no fim das contas, o que a mídia britânica conseguiu?

Doenças antigas retornam

Não é de surpreender que a taxa de vacinação tríplice viral tenha caído de 92%, em 1996, para 73% atualmente. Em algumas áreas de Londres, a taxa caiu a 60%, e os números de 2004 e de 2005 mostraram que, em Westminster, apenas 38% das crianças haviam recebido as duas doses quando tinham cinco anos.*[147]

É difícil imaginar o que mais poderia estar causando esse fenômeno, exceto uma campanha muito bem-sucedida e bem coordenada pela mídia, que usou emoções e histeria contra as evidências científicas. As pessoas ouvem o que os jornalistas dizem: isso foi demonstrado repetidamente e não só com as histórias abordadas neste livro.

Um estudo feito em 2005 e publicado no *Medical Journal of Australia* pesquisou os agendamentos de mamografias e descobriu que, durante o auge da cobertura na mídia sobre o câncer de mama de Kylie Minogue, o número de exames realizados aumentou cerca de 40%. O aumento entre as mulheres anteriormente não examinadas, na faixa etária de 40 a 69 anos, foi de 101%. Esses aumentos não tinham precedentes. E não estou fazendo escolhas seletivas: uma revisão sistemática da Cochrane Collaboration encontrou cinco estudos pesquisando o uso de intervenções de saúde específicas antes e depois de uma cobertura na mídia sobre histórias específicas, e todos revelaram que a publicidade favorável estava associada ao aumento do uso e que a cobertura desfavorável estava associada à diminuição do uso.[148]

Não é apenas o público em geral: os médicos também são influenciados pela mídia e o mesmo ocorre com os pesquisadores. Um artigo maldoso publicado no *New England Journal of Medicine*, em 1991,

---

*E não 11,7% como afirmaram o *Telegraph* e o *Daily Mail* em fevereiro e em junho de 2006.
[147]Ver: <http://www.westminster-pct.nhs.uk/news/mmr0405.htm>.
Pearce *et al.*, "Factors Associated with Uptake of Measles, Mumps, and Rubella Vaccine (MMR) and Use of Single Antigen Vaccines in a Contemporary UK Cohort: Prospective Cohort Study", *British Medical Journal*, v. 7647, n. 336, 2008, p. 754.
[148]Chapman S. *et al.*, *Medical Journal of Austalia*, v. 5, n. 183, 5 de setembro de 2005, pp. 247-50.
Grilli R. *et al.*, *Cochrane Database of Systematic Reviews*, 2001, CD000389.

mostrou que um estudo mencionado no *New York Times* teria uma probabilidade significativamente maior de ser citado em outros periódicos acadêmicos.[149] Tendo lido até aqui, talvez você esteja questionando esse estudo. A cobertura no *New York Times* seria apenas um marcador substituto para a importância da pesquisa? A história forneceu um grupo de controle para comparar os resultados: por três meses, grande parte do jornal entrou em greve e, embora os jornalistas tenham produzido uma "edição de registro", esse jornal nunca foi impresso. Eles escreveram histórias sobre pesquisa acadêmica, usando seus critérios comuns para julgar a importância do estudo, mas o que escreveram sobre esses artigos nunca foi publicado e não houve aumento nas citações.

As pessoas leem jornais. Apesar de tudo o que pensamos saber, o conteúdo dos jornais nos afeta, pois acreditamos que seja verdadeiro e o levamos em conta em nossas ações, o que torna ainda mais trágico o fato de seu conteúdo ser tão deficiente rotineiramente. Estou extrapolando a partir dos exemplos extremos neste livro? Talvez não. Em 2008, Gary Schwitzer, ex-jornalista que agora trabalha com estudos quantitativos sobre a mídia, publicou uma análise de 500 artigos de saúde, cobrindo tratamentos publicados nos principais jornais dos Estados Unidos. Apenas 35% foram considerados satisfatórios no quesito "discutir a metodologia do estudo e a qualidade das evidências" (porque, na mídia, como vimos repetidamente, a ciência tem a ver com afirmações absolutas da verdade feitas por figuras de autoridade arbitrárias em jalecos brancos, em vez de descrições claras dos estudos e dos motivos pelos quais as pessoas extraíram conclusões deles). Apenas 28% das matérias cobriram adequadamente os benefícios, como apenas 33% cobriram adequadamente os efeitos adversos. Os artigos deixaram de dar qualquer informação quantitativa útil em termos absolutos, preferindo dados inúteis como "50% mais elevado".

Na verdade, têm ocorrido estudos quantitativos sistemáticos sobre a exatidão da cobertura sobre saúde em Canadá, Austrália e Estados

---

[149]Phillips D. P. *et al.*, *New England Journal of Medicine*, n. 325, 1991, pp. 1.180-3.

CIÊNCIA PICARETA

Unidos — estou tentando ir além do Reino Unido —, e os resultados têm sido decepcionantes.[150] Parece-me que a situação da cobertura sobre saúde no Reino Unido poderia ser uma séria questão de saúde pública.

Enquanto isso, a incidência de duas das três doenças cobertas pela vacina tríplice viral está aumentando de forma impressionante.[151] Temos o número mais alto de casos de sarampo na Inglaterra e no País de Gales desde que foram iniciados os métodos atuais de acompanhamento, em 1995, e a maioria dos casos ocorreu em crianças que não foram vacinadas adequadamente: 971 casos confirmados foram relatados em 2007 (principalmente associados a surtos prolongados em comunidades religiosas e nômades, nas quais o índice de vacinação é historicamente baixo) e 740 casos em 2006 (junto com a primeira morte desde 1992). Setenta e três por cento dos casos ocorreram no sudeste, sendo a maioria em Londres.

A caxumba começou a aumentar novamente em 1999, depois de muitos anos de índice com apenas dois dígitos: em 2005, o Reino Unido teve uma epidemia de caxumba, com cerca de cinco mil notificações apenas em janeiro.

Muitas pessoas que fazem campanha contra as vacinas gostam de fingir que elas não fazem muita diferença e que as doenças contra as quais nos protegem nunca foram muito graves, de qualquer modo. Não quero obrigar ninguém a vacinar seu filho, mas não acho que informações distorcidas ajudem. Em comparação com o improvável evento de que o autismo seja associado à vacina tríplice viral, os riscos provenientes do sarampo, embora pequenos, são reais e quantificáveis. O Peckham Report sobre políticas de imunização, publicado pouco depois da introdução da vacina tríplice viral, estudou a experiência recente do sarampo nos países ocidentais e estimou que, para cada mil casos notificados, houve 0,2 morte, 10 internações hospitalares,

---

[150]Schwitzer, G., *PLoS Med*, v. 5, n. 5, 2008, e95.
[151]HPA, "Confirmed Measles Mumps and Rubella Cases in 2007: England and Wales", *Health Protection Report*, v. 8, n. 2, 2008. Acessado em 9 de abril de 2008. Disponível em http://www. hpa.org.uk/hpr/archives/2008/hpr0808.pdf

O BOATO DA VACINA TRÍPLICE VIRAL NA MÍDIA

10 complicações neurológicas e 40 complicações respiratórias. Essas estimativas originaram-se de pequenas epidemias na Holanda (foram 2.300 casos, em 1999, em uma comunidade que se opunha à vacinação por motivos filosóficos, com três mortes), na Irlanda (em 2000, com 1.200 casos e três mortes) e na Itália (matando três pessoas em 2002). Vale a pena notar que muitas dessas mortes ocorreram em crianças saudáveis, que viviam em países desenvolvidos e tinham acesso a bons sistemas de assistência médica.

Embora a caxumba raramente seja fatal, é uma doença com complicações desagradáveis, que incluem meningite, pancreatite e esterilidade. A síndrome da rubéola congênita tornou-se cada vez mais rara desde o início da vacina tríplice viral, mas provoca grandes deficiências, como surdez, autismo, cegueira e retardo mental, resultantes do dano ao feto durante o início da gestação.[152]

Outra coisa que você ouvirá muito é que vacinas não fazem muita diferença, de qualquer modo, porque todos os avanços em saúde e na expectativa de vida se deveram a melhorias no sistema público por uma ampla gama de motivos. Como alguém com interesse especial por epidemiologia e saúde pública, gosto dessa sugestão e não há dúvida de que as mortes por sarampo começaram a diminuir durante todo o século passado por diversos motivos, muitos de ordem social e política: melhor nutrição, acesso à assistência médica de qualidade, antibióticos, condições de vida menos apinhadas, melhor saneamento básico e assim por diante.

A expectativa de vida, em geral, aumentou muito no século passado e é fácil esquecer o quanto essa mudança foi fenomenal. Em 1901, os meninos nascidos no Reino Unido tinham expectativa de vida de 45 anos e as meninas, de 49 anos. Em 2004, a expectativa de vida ao nascer havia subido para 77 anos para meninos, e 81 anos para meninas (embora, é claro, grande parte das mudanças deve-se a reduções na mortalidade infantil).

---

[152]Fitzpatrick M., "MMR: Risk, Choice, Chance", *British Medical Bulletin*, n. 69, 2004, pp. 143-53.

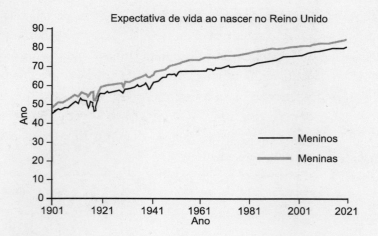

Então, estamos vivendo mais e, claramente, o motivo não é as vacinas. Não há motivo isolado. A incidência de sarampo caiu enormemente no século anterior, mas seria necessário que você fizesse um grande esforço para se convencer de que as vacinas não tiveram impacto nessa queda. Aqui, por exemplo, está um gráfico que mostra a incidência de sarampo entre 1950 e 2000 nos Estados Unidos.

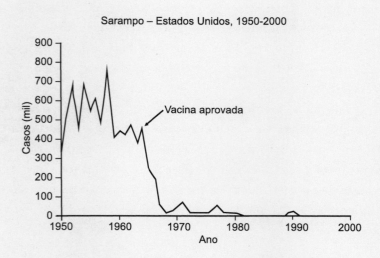

Se você acha que vacinas separadas para sarampo, caxumba e rubéola são uma boa ideia, observe que elas existem desde a década de 1970, mas que um programa conjunto de vacinação — que resultou na vacina tríplice viral — está claramente associado a uma nova queda (e, na verdade, uma queda definitiva) na taxa de casos de sarampo.

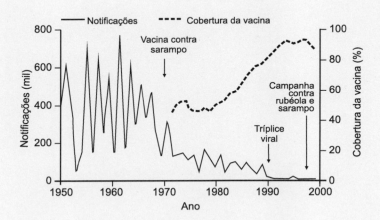

O mesmo fenômeno é verdadeiro para a caxumba.

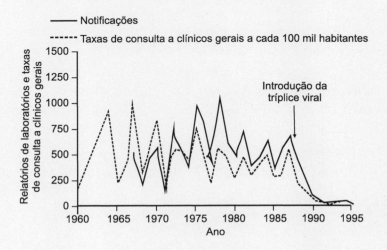

Enquanto estamos pensando na caxumba, não podemos esquecer a epidemia ocorrida em 2005, um ressurgimento de uma doença que muitos jovens médicos teriam dificuldade para reconhecer.[153] Aqui está um gráfico dos casos de caxumba, extraído do artigo do *British Medical Journal* que analisou o surto.

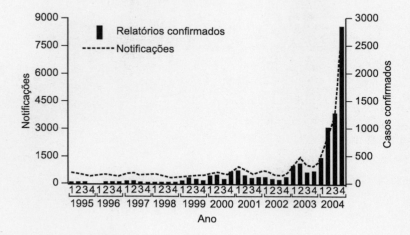

Quase todos os casos confirmados nesse surto ocorreram em pessoas entre 15 e 24 anos, e apenas 3,3% haviam recebido as duas doses da vacina tríplice viral, devido a uma escassez global da vacina no início da década de 1990.

A caxumba não é uma doença inofensiva. Não quero assustar ninguém e, como eu disse, suas crenças e decisões sobre vacinas são inteiramente livres; só estou interessado em como você pôde receber informações tão distorcidas. Antes da introdução da vacina tríplice viral, a caxumba era a causa mais comum de meningite viral e uma entre as principais causas de perda de audição em crianças. Os estudos de punção lombar mostraram que metade de todas as infecções por caxumba envolve o sistema nervoso central. A orquite causada pela caxumba é comum, incrivelmente dolorosa e ocorre a 20% dos homens que contraem caxumba

---

[153]Gupta R. K., Best J., MacMahon E., "Mumps and the UK Epidemic", *British Medical Journal*, n. 330, 14 de maio de 2005, pp. 1.132-5.

O BOATO DA VACINA TRÍPLICE VIRAL NA MÍDIA

quando adultos: cerca de metade terá atrofia testicular, normalmente em um dos testículos, mas de 15% a 30% dos pacientes terão a inflamação nos dois testículos, e 13% destes últimos terão sua fertilidade reduzida.

Não estou entrando em detalhes apenas para benefício do leitor leigo, pois na época do surto, em 2005, médicos jovens precisaram relembrar os sintomas e sinais da caxumba, uma doença que era muito incomum durante seu treinamento e sua experiência clínica. As pessoas tinham esquecido como essas doenças funcionavam e, nesse aspecto, as vacinas são vítimas de seu próprio sucesso, como vimos em nossa primeira citação da *Scientific American*, de 1888, há cinco gerações (ver página 314).

Sempre que levamos uma criança para ser vacinada, estamos cientes de que buscamos um equilíbrio entre benefícios e danos, como ocorre com qualquer intervenção médica. Não acho que a vacinação seja tão importante: mesmo que orquite por caxumba, infertilidade, surdez, morte e o resto dos efeitos não sejam divertidos, os céus não cairiam sem a vacina tríplice viral. Considerados isoladamente, muitos outros fatores de risco também não são tão importantes, mas isso não é motivo para abandonarmos toda a esperança de criar algo simples e sensato contra eles, aumentando gradualmente a saúde da nação.

É também uma questão de coerência. Correndo o risco de provocar um pânico em massa, sinto que é minha obrigação afirmar que, se a vacina ainda o assusta, tudo o mais na medicina também deveria assustá-lo, pois, sem dúvida, muitos hábitos cotidianos ligados a estilos de vida são pouco pesquisadas e não temos certeza de sua segurança. Ainda permanece a questão de por que existe um foco tão marcante na vacina tríplice viral. Se você deseja fazer algo construtivo sobre esse problema, talvez possa usar suas energias de modo mais útil. Você poderia iniciar uma campanha pela vigilância automatizada e constante em todos os registros de saúde do NHS, em busca de resultados adversos associados a qualquer intervenção; eu, por exemplo, me sentiria tentado a me juntar a essa campanha.

Porém, em muitos aspectos, essa questão não tem a ver com gerenciamento de riscos nem com vigilância, mas com cultura, histórias humanas e danos diários. Do mesmo modo como o autismo é uma condição especialmente fascinante para os jornalistas e, sem dúvida, para todos nós, a vacinação é um foco convidativo para nossas preocupações: trata-se de um programa universal que conflita com as ideias modernas de "cuidado individualizado", que está ligada ao governo, que envolve agulhas injetadas em crianças e que oferece a oportunidade para culpar alguém, ou algo, por uma tragédia horrível.

Do mesmo modo como as causas desses medos foram mais emocionais do que qualquer coisa, também foi grande parte dos danos. Os pais de crianças com autismo foram vítimas de culpa, dúvidas e autorrecriminação ao pensarem que foram responsáveis pelo dano causado aos seus filhos. Essa perturbação tem sido demonstrada em inúmeros estudos, mas, estando tão perto do fim, não desejo apresentar outra pesquisa.

Conheço uma citação tão comovente quanto perturbadora — embora ela talvez reclame por eu citá-la —, feita por Karen Prosser, que apareceu com seu filho autista, Ryan, no vídeo feito por Andrew Wakefield, no Hospital Royal Free, em 1998. "Qualquer mãe quer que seu filho seja normal", disse ela. "Descobrir que seu filho pode ser geneticamente autista é trágico. Descobrir que isso foi causado por uma vacina com a qual você concordou (...) é simplesmente devastador."

Outra coisa

Eu poderia continuar com este assunto. Enquanto escrevo, em maio de 2008, a mídia está divulgando uma "cura milagrosa" para a dislexia, endossada por celebridades e inventada por um milionário empreendedor de tintas, apesar das evidências abismais que a apoiam e apesar dos clientes correrem o risco de simplesmente perder seu dinheiro porque a empresa parece estar a caminho da concordata. Os jornais estão cheios de uma história incrível sobre um dedo que "cresceu de novo" por meio do uso de um "pó mágico" científico e especial, embora essa afirmação tenha sido feita pela primeira vez há cerca de três anos e não tenha sido publicada em nenhum periódico acadêmico, e, de qualquer modo, extremidades de dedos podem crescer sozinhas; novos escândalos sobre "dados ocultos" envolvendo as grandes empresas farmacêuticas são expostos a cada mês; curandeiros e excêntricos continuam a aparecer na TV, citando estudos fantásticos sob a aprovação de todos; e sempre haverá novos medos porque eles vendem muito e fazem com que os jornalistas se sintam vivos.

Para qualquer pessoa que sinta que suas ideias foram desafiadas por este livro ou que tenha ficado brava e para as pessoas citadas aqui eu digo o seguinte: vocês venceram. É verdade. Eu espero que haja ocasiões para reconsiderarem, mudarem sua posição diante do que foi trazido pelas novas informações (como ficarei feliz em fazer o mesmo caso haja uma oportunidade de atualizar este livro). Porém, você não precisa, pois, como sabemos, vocês, coletivamente, têm o domínio global: têm lugares cativos em todos os jornais e revistas da Grã-Bretanha e cobertura nas primeiras páginas para suas histórias de terror. Vocês nos afetam elegantemente ou de modo bizarro, a partir dos sofás dos programas diurnos na TV. Suas ideias, por mais falsas, têm imensa plausibilidade superficial, podem ser expressas rapidamente, são repetidas infinitamente e um número suficiente de pessoas acredita nelas para que vocês vivam muito bem e tenham enorme influência cultural. Vocês venceram.

As histórias espetaculares individuais não são o problema, mas a repetição constante e diária das pequenas idiotices. Isso não tem fim, e agora vou abusar de minha posição dizendo-lhes, muito brevemente, o que acho que está errado e o que pode ser feito para consertar as coisas.

O processo de obtenção e interpretação de evidências não é ensinado em escolas, nem os fundamentos da medicina baseada em evidências e da epidemiologia, embora sejam questões científicas presentes na mente da maioria das pessoas. Isso não é uma especulação vazia. Você deve se lembrar de que no começo deste livro observei que nunca houve uma exposição sobre medicina baseada em evidências no Museu de Ciências de Londres.

Uma pesquisa sobre as cinco décadas de cobertura científica no Reino Unido, desde o pós-guerra, feita pela mesma instituição, mostra, e este é o último dado deste livro, que os relatos científicos dos anos 1950 diziam respeito à engenharia e a invenções, mas que tudo mudou nos anos 1990. A cobertura sobre ciência tende a vir atualmente do mundo da medicina e as histórias são sobre o que pode matá-lo ou salvá-lo. Talvez seja narcisismo ou medo, mas a ciência da saúde é importante para as pessoas e, nesse momento em que mais precisamos dela, nossa capacidade de pensar sobre o assunto está sendo energeticamente distorcida pela mídia, pelos lobbies corporativos e, falando francamente, pelos excêntricos.

Sem que muita gente notasse, as bobagens se transformaram em uma questão extremamente importante de saúde pública, por motivos que vão muito além da histeria óbvia sobre danos imediatos: a estranha tragédia do sarampo ou o desnecessário caso de malária de um homeopata. Os médicos estão dispostos, como foi dito em nossas anotações sobre as escolas de medicina, a trabalhar "em colaboração com o paciente, em direção a um resultado ótimo". Eles discutem evidências a fim de que os pacientes possam tomar suas próprias decisões sobre os tratamentos.

OUTRA COISA

Não costumo falar nem escrever sobre como é ser um médico — isso é insípido e tedioso, e não desejo fazer sermões —, mas, trabalhando no Serviço Nacional de Saúde, encontramos inúmeros pacientes de todos os tipos, que discutem algumas das questões mais importantes de suas vidas. Isso me ensinou uma coisa: as pessoas não são bobas. Todos podem entender qualquer coisa, desde que seja explicada de modo claro, porém, mais do que isso, se estiverem suficientemente interessados. O que determina a compreensão de um público não é tanto o conhecimento científico, mas a motivação: os pacientes doentes, com uma decisão importante a tomar sobre seu tratamento, podem estar realmente muito motivados.

Porém, os jornalistas e os mercadores das curas milagrosas sabotam esse processo de tomada de decisão, diligentemente, tijolo a tijolo, fazendo críticas longas e falsas sobre o processo de revisão sistemática (porque não gostam dos achados de algum estudo), extrapolando dados encontrados em placa de laboratório, interpretando erroneamente o sentido e o valor dos experimentos, e sabotando a compreensão nacional sobre o que significa haver evidências para uma atividade. Nesse aspecto, eles são, na minha opinião, culpados de um crime imperdoável.

Você irá notar, espero, que estou mais interessado no impacto cultural das bobagens — a medicalização da vida cotidiana, a sabotagem do sentido — e que, em geral, culpo mais os sistemas do que pessoas específicas. Embora eu tenha examinado a história de algumas pessoas, o objetivo principal era ilustrar a extensão em que elas têm sido apresentadas enganosamente na mídia, que, por sua vez, está desesperada para apresentar suas figuras de autoridade preferidas como se fossem amplamente aceitas. Não estou surpreso que haja empreendedores individuais e não me impressiona que a mídia encare suas afirmações como verdadeiras. Não fico surpreso que pessoas tenham ideias estranhas a respeito da medicina nem que vendam essas ideias. Porém, fico incrível e espetacularmente decepcionado quando uma universidade começa a oferecer cursos de bacharelado em ciências com base nessas ideias. Não culpo os jornalistas individualmente (em sua maioria), mas responsabilizo todo o sistema de edição e as pessoas que compram jornais cujos valores consideram desprezíveis. Especificamente, não culpo Andrew Wakefield pelo medo diante da vacina tríplice viral (embora ele tenha feito coisas que eu não faria) e considero — sejamos muito claros, mais uma vez — de extremo mau gosto que a mídia esteja retomando toda a questão para apontá-lo como o único responsável pelos crimes que ela mesma cometeu.

Do mesmo modo, embora eu pudesse divulgar algumas histórias de clientes de terapeutas alternativos que morreram desnecessariamente, parece-me que as pessoas fazem essa escolha com os olhos abertos ou, pelo menos, semicerrados (exceto no caso dos nutricionistas, que trabalham *muito* para confundir o público e para vender sua imagem como profissionais da medicina com base em evidências). Para mim, não é uma situação em que empresários exploram pessoas vulneráveis, mas, como sempre digo, é algo um pouco mais complicado. Adoramos essas questões, por alguns motivos fascinantes, e, idealmente, deveríamos passar mais tempo pensando e falando sobre elas.

Os economistas e os médicos falam sobre "custos de oportunidade": as coisas que você poderia ter feito, mas não fez porque estava distraído com algo menos útil. Na minha opinião, o maior dano causado pela avalanche de bobagens que vimos neste livro é mais bem conceituado como um "custo de oportunidade de besteiras".

De algum modo, ficamos obcecados com esses paliativos absurdos, e quase sem evidências, relativos a dietas, que nos distraem dos conselhos sobre alimentação saudáveis e simples, porém, mais do que isso, como vimos, eles nos distraem de importantes fatores de risco ligados a estilos de vida, que não podem ser vendidos nem transformados em mercadorias.

Os médicos também estão sendo cativados pelo sucesso comercial dos terapeutas alternativos. Eles poderiam aprender com as melhores pesquisas sobre o efeito placebo e com as respostas significativas no processo de cura e aplicá-las à prática clínica cotidiana, aumentando os tratamentos efetivos, mas, em vez disso, existe uma moda entre muitos em se comprazer com fantasias infantis sobre pílulas mágicas, massagens ou agulhas. Isso não é olhar para a frente, não é includente e não ajuda em relação à natureza pouco terapêutica de consultas apressadas em

OUTRA COISA

prédios decadentes. Isso também exige, muitas vezes, que você minta para seus pacientes. "O verdadeiro custo de algo", como diz o *Economist*, "é aquilo de que você abre mão para conseguir o que deseja."[154]

Em uma escala mais ampla, muitas pessoas estão bravas com o mal causado pelas empresas farmacêuticas e nervosas com a presença de lucro nos serviços de saúde, mas essas são intuições sem forma e sem calibre, e, assim, a energia política valiosa presente aí é canalizada e desperdiçada em questões infantis como as propriedades milagrosas das pílulas de vitamina ou os males da vacina tríplice viral. Só porque as empresas farmacêuticas podem se comportar mal, as pílulas de açúcar funcionam melhor do que placebo, nem a vacina tríplice viral provoca autismo. Seja o que for que os ricos vendedores de pílulas tentem lhe dizer, com suas teorias da conspiração para a construção de suas marcas, as grandes empresas farmacêuticas não têm *medo* do setor de suplementos alimentares, pois esse setor *pertence* a elas. Do mesmo modo, elas não têm medo de perder dinheiro porque a opinião pública se voltou contra a vacina tríplice viral; se tiverem algum juízo, essas empresas estarão aliviadas que o público esteja obcecado com a vacina e que, assim, não dê atenção a questões bem mais complexas e reais ligadas aos negócios farmacêuticos e à sua inadequada regulamentação.

Para nos engajarmos significativamente em um processo político que lide com os males das grandes empresas farmacêuticas, precisamos entender um pouco sobre as evidências; somente então poderemos entender por que a transparência é tão importante na pesquisa farmacêutica, por exemplo, ver os detalhes de como esse processo funciona ou imaginar soluções criativas.

Porém, o maior custo de oportunidade está, é claro, na mídia, que tem fracassado de modo espetacular no que se refere à ciência, entendendo as coisas de modo errado e se omitindo. Nenhum treinamento irá melhorar histórias totalmente equivocadas, uma vez que os jornais já têm correspondentes especializados que compreendem a ciência. Os editores, porém, esquecem essas pessoas e dão histórias idiotas para jornalistas

---

[154]Ver: <http://www.economist.com/research/Economics/alphabetic.cfm?letter=O>.

que escrevem sobre generalidades pelo único motivo de desejarem histórias idiotas. A ciência está além de seu horizonte intelectual, e, assim, eles supõem que você irá aceitar qualquer coisa. Em uma era em que a mídia dominante teme por sua continuidade, suas declarações de que funcionam como guardiões da informação são um tanto sabotadas pelo conteúdo de praticamente todas as colunas ou postagens que já escrevi.

Para os acadêmicos e para todos os tipos de cientistas, eu diria o seguinte: você não pode impedir que os jornais imprimam bobagens, mas pode se envolver. Mande e-mails para a redação, ligue para a editoria de saúde (você pode encontrar o número de telefone na página dirigida às cartas dos leitores) e ofereça-lhes um artigo interessante de sua área. Eles vão recusar. Tente de novo. Você também pode melhorar as coisas não escrevendo comunicados idiotas à imprensa (existem extensas diretrizes, disponíveis on-line, sobre como se comunicar com a mídia), bastando esclarecer o que é especulação em sua discussão, apresentar os dados de risco em "frequências naturais" e assim por diante. Se achar que seu trabalho — ou mesmo sua área — está sendo distorcido, reclame: escreva para o editor, o jornalista, a página de cartas dos leitores, o editor de leitores, a Press Complaints Commission [Comissão de Queixas contra a Imprensa]; divulgue um comunicado explicando por que a matéria foi tola, peça que sua assessoria de imprensa ameace o jornal ou a estação de TV, use seus títulos (é constrangedor ver a facilidade com que eles impressionam) e se ofereça para escrever algo.

O maior problema é a atitude que todos demonstram de se nivelar por baixo. Tudo na mídia é apresentado sem substância científica, em uma tentativa desesperada para seduzir uma massa imaginária que não está interessada. E por que deveriam se interessar? Enquanto isso, os nerds, as pessoas que estudaram bioquímica, mas que agora trabalham como gerentes na Woolworths, são negligenciados, desestimulados e abandonados. Existem pessoas inteligentes que desejam ser estimuladas e que querem manter vivos seu conhecimento de ciência e sua paixão por ela. Negligenciar essas pessoas causa um custo alto para a sociedade. As instituições fracassaram nesse aspecto. O indulgente e bem financiado "envolvimento público com a comunidade científica" tem sido mais do

OUTRA COISA

que inútil porque também está obcecado com levar a mensagem a todos e raramente oferece conteúdo estimulante para as pessoas que já estão interessadas.

Bom, você não precisa deles. Comece um blog. Nem todos vão se importar, mas alguns, sim, e eles vão encontrar seu trabalho. O futuro está no acesso direto aos nichos de conhecimento, e você sabe que ciência não é difícil — os acadêmicos de todo o mundo explicam ideias muito complicadas a garotos ignorantes de 18 anos a cada início de ano letivo —, ela só exige motivação. Sugiro o podcast do CERN [Organização Europeia de Pesquisa Nuclear]; a série de palestras Science in the city, disponível em mp3; blogs de professores; artigos de periódicos no portal PLOS; arquivos de vídeo com palestras abertas; as edições gratuitas da revista *Significance*, editada pela Royal Statistical Society [Sociedade Real de Estatísticas], e muitos outros recursos que esperam por você. Você não vai ganhar dinheiro, mas você sabia disso quando começou. O único motivo para seguir neste caminho é saber que o conhecimento é belo e que apenas 100 pessoas compartilhando sua paixão já são o bastante.

Leituras adicionais e agradecimentos

Fiz tudo o que pude para manter essas referências no mínimo, pois este é um livro de entretenimento, não um texto acadêmico. Mais úteis do que as referências, espero, são os inúmeros materiais disponíveis em www.badscience.net, incluindo leituras recomendadas, vídeos, um conjunto de histórias interessantes dos noticiários, referências atualizadas, atividades para estudantes, um fórum de discussão, tudo o que já escrevi (exceto este livro, é claro), conselhos sobre ativismo, links para diretrizes sobre comunicações científicas para jornalistas e acadêmicos e muito mais. Sempre me esforço para acrescentar coisas novas. Alguns livros realmente se destacam e vou usar o restinho de tinta para listá-los para você. Você não irá desperdiçar o tempo que gastar com eles.

Testing Treatments, de Imogen Evans, Hazel Thornton e Iain Chalmers, é um livro sobre medicina com base em evidências, escrito para um público leigo por dois estudiosos e um paciente. Ele pode ser baixado gratuitamente em www.jameslindlibrary.org.

How to Read a Paper, do professor Greenhalgh, é o manual-padrão sobre como avaliar criticamente artigos publicados em periódicos acadêmicos. A leitura é fácil e breve, e o livro teria sido um best-seller se não fosse desnecessariamente caro demais.

Irrationality, de Stuart Sutherland, forma um bom conjunto com *How We Know What Isn't So*, de Thomas Gilovich, pois cobrem diferentes aspectos da pesquisa em ciências sociais e em psicologia a respeito de comportamentos irracionais enquanto *Reckoning with Risk*, de Gerd Gigerenzer, aborda os mesmos problemas por meio de uma perspectiva mais matemática.

Meaning, Medicine and the 'Placebo Effect', de Daniel Moerman, é excelente, e você não deve se deixar desanimar por ter sido publicado por uma editora acadêmica.

Atualmente, existem muitos blogs de pessoas que pensam como eu e que surgiram nos últimos anos na tela do computador, para meu enorme prazer. Muitas vezes, eles cobrem as notícias científicas melhor do que a mídia dominante e seus *feeds* mais interessantes estão reunidos no site badscienceblogs.net. Gosto de discordar de muitos deles em muitos assuntos.

E, finalmente, as referências mais importantes são as pessoas que me ensinaram, cutucaram, empurraram, influenciaram, desafiaram, supervisionaram, contradisseram, apoiaram e, o mais importante, divertiram. Elas são (faltam muitas e estão fora de ordem): Emily Wilson, Ian Sample, James Randerson, Alok Jha, Mary Byrne, Mike Burke, Ian Katz, Mitzi Angel, Robert Lacey, Chris Elliott, Rachel Buchanan, Alan Rusbridger, Pat Kavanagh, os blogueiros inspiradores da rede badscience, todos que enviaram uma dica sobre uma história para ben@badscience. net, Iain Chalmers, Lorne Denny, Simon Wessely, Caroline Richmond, John Stein, Jim Hopkins, David Colquhoun, Catherine Collins, Matthew Hotopf, John Moriarty, Alex Lomas, Andy Lewis, Trisha Greenhalgh, Gimpy, shpalman, Holfordwatch, Positive Internet, Jon, Liz Parratt, Patrick Matthews, Ian Brown, Mike Jay, Louise Burton, John King, Cicely Marston, Steve Rolles, Hettie, Mark Pilkington, Ginge Tulloch, Matthew Tait, Cathy Flower, minha mãe, meu pai, Reg, Josh, Raph, Allie e a fabulosa Amanda Palmer.

Índice

Achmat, Zackie 213-216
ácido pirolenhoso, 20
acupuntura, 59-60,79,84
Advertising Standards Authority [Autoridade de Padrões Publicitários], 140, 203
África do Sul, 182-97
AIDS, 98, 110, 181-182, 199, 202, 204-209, 210, 211-216, 221, 315
Alba, Jessica, 252-254
álcool 108-109, 130
Alliance for Natural Health [Aliança para Saúde Natural], 216
Alternative Medicine: The Evidence (programa de TV), 78
Alzheimer, campanha britânica, 242
Alzheimer, doença de, 242-243
American Association of Nutritional Consultants [Associação Americana de Consultores Nutricionais], 140-141
American College of Surgeons [Escola Americana de Cirurgiões], 140
anestesia, 78-79, 254
antiarrítmicos, fármacos, 236
antibióticos, 51-52
antidepressivos, 96, 168, 170, 219, 226
antioxidantes, 21, 116-127, 146, 171-172, 191

Apotex, 240
Aqua Detox, 14-18, 153
Arnall, dr. Cliff, 247-249
ARV (medicamentos antirretrovirais), 204-216
Asher, Richard, 88
Asperger, síndrome de, 322
Associação Britânica de Terapeutas Nutricionais, 216
Astel, Karl, 256n
Australasian College of Health Sciences, 142
autismo, 188, 312, 313-320
Aventis, 126
Avogadro, Amadeo, 47
AZT, 110, 181, 182, 203-204

Bacon, Francis, 268
badscience.net, 70, 160-161, 251, 361, 362
Banco Mundial, 23
Barbie adolescente que fala, 38
Barbie Liberation Organization [Organização de Libertação das Barbies], 39
"barreira incômoda", 19-21
Bateman Catering Organisation, 184-185
Bausch & Lomb, 248

BBC, 17, 73, 79n, 180, 251, 320

Beecher, Henry, 78

Berk, Lucia de, 294, 317

Betacaroteno, 120-124

Bingham, professora Sheila, 278-279

BioCare, 126, 184, 187, 198

Blackwell, 82

Blair, Cherie, 87, 313, 323, 324-326, 329

Blair, Leo, 323-326

Blair, Tony, 87, 323-326, 329

Boiron, 72

bom senso, privatização do, 18-19

Boots the Chemist, 45

Botsuana, 98

Boycott, Rosie, 281

Bradford-Hill, Austin, 110-111, 255,256n

Branthwaite e Cooper, 84

Bravo, 251

Brink, Anthony, 205, 214-6

British Doctors Study, 255

British Medical Journal, 71, 83 153, 176, 185, 218, 237, 350

Broca, Paul, 162

Buhalis, Dimitrios, 248

Bustin, professor Stephen, 339, 342;

CAM [Medicina complementar e alternativa], *ver* homeopatia

"campo bioenergético", 14

câncer de pulmão, 120, 122, 123, 124, 255, 256n

câncer: antioxidantes e 120, 122-124; radicais livres e 118; câncer de pulmão, 120, 12-124, 236-237; curas milagrosas e, 53-54; nutrição e, 12, 103, 110 113-115, 118, 120, 122-124, 181; próstata 110, 113-114; cúrcuma e 110, 113-114; vitamina C e 181

Caplin, Carole, 324, 325

Caplin, Sylvia, 324, 325

carboidrato hidrolisado, 20

Carotene and Retinol Efficacy Trial [Experimento da Eficácia de Caroteno e Retinol] ("CARET"), 122

casca de quina, 43

CBS News, 180

células fagocíticas, 118

Centro de Monitoramento de Drogas e Dependência das Nações Unidas, 281

Chadwick, Nick, 319, 320, 339

Chagas, doença de, 223

Chalmers, Sir Iain, 176

Chandra, dr. R. K., 185-186, 188

Channel, 4 78, 154, 159 319

Charles, príncipe, 100

ChemSol Consulting, 300, 303-304

Choxi+, 128

Churnalism (uso sem crítica de comunicados à imprensa), 249

ciclofosfamida 95

ciência do culto da carga 137

cimetidina 96

Clarion 252-254

Clark, Sally 292-293

Clark, Susan 273

Clayton College of Natural Health , 139, 142

Clinton, Bill, 80

cocaína, afirmação de aumento de uso por crianças, 284-287, 307

Cochrane Collaboration, 68, 115, 123-124, 176, 184, 186, 333, 336, 344

Cochrane, Archie 56-57

Cólera, 99

Colquhoun, David, 192

Committee on the Relation of Quality and Quantity of Illumination to Efficiency in the Industries [Comitê

ÍNDICE

sobre a relação entre qualidade e quantidade de iluminação e eficiência nas indústrias], 156

conferência mundial de AIDS, Toronto, 2006, 208

Congresso Nacional Africano (CNA), 207

CONSORT, 165

Cooper, professor Cary, 248

cosméticos, 33-39; anúncios de, 34-35; ácidos alfa-hidróxidos, 34; aminoácidos, 35-36; ATP Stimuline, 34; covabeads, 34; emulsificante, 33-34; ingredientes, esotéricos, 35-36; cremes hidratantes 33-38; Nutrileum, 34, 38; afirmação de fornecer oxigênio à pele, 37; embalagem, 37-38; peróxido, 37; tecnologia Regenium, XY 34; ROC Retinol Correxion, 34; vender a ideia de que a ciência é incompreensível, 38-39; Tensor Peptídeo, 34, 38; testes de, 34-35; proteína vegetal 35; vestal 34-38; vitamina A 34-35; vitamina C e, 34-35; Vita-Niacin, 34; regulamentação dos, 34-35

CRASH, experimento, 218n

creatinina, 16

Creutzfeldt-Jakob, doença de, 223

curas milagrosas 12, 53-54, 353

Curry, dr. Oliver, 249-252

Curtin, Lilias, 87

D'Souza *et al.*, 341-342

Daily Express, 110, 159

Daily Mail, 103, 106, 153,, 159, 160., 166, 194, 247, 248, 279, 320, 324, 331, 336, 338, 344

Daily Mirror, 14, 106-107, 128, 159, 279, 284 302

Daily Telegraph, 197, 247, 248, 251, 252, 253, 279 284, 288, 289, 325, 331, 332, 337, 338, 339, 344n

dano cerebral, benefícios de esteroides para pacientes com, 218n

Darwin, Charles, 269

Darwin@LSE (centro de pesquisas), 249

Davies, Nick, 249

Deer, Brian, 318

deferiprona, 240

Departamento de Educação e Competências, 26

Departamento de Saúde, 175-176,185, 337

desintoxicação 14-26, 54; Aqua Detox, 14-17; como um produto cultural, 22-23; velas de ouvido, 17-18; "programas" de cinco dias, 20; emplastro para pés, 19-21; rituais de purificação religiosa e 22-23; o que é isso?, 20-23

diclofenaco, 219, 230, 279

Diet Doctors, 195

Dieta: e saúde, falta de evidências de ligações entre, 146-150; mudanças na, experimentos randomizados e com controle sobre os efeitos das, 147-150 *ver também* nutricionistas

disfunção sexual feminina, 171

dislexia, 353

distúrbio de ansiedade social, 171

DNA, 36, 118, 293

doença cardíaca e AVC, 121, 124, 187, 191, 236, 238, 276-277, 278

doenças, negligência de, 223-224

Doll, Richard, 255, 256n

dosagem, curva de resposta, 67,95

Dowden, Angela, 106

Duas culturas de ciência, palestra (Snow), ix

CIÊNCIA PICARETA

Duesberg, Peter, 205-206
Dunning, David, 306-307
Durban, declaração de, 205-206
Durham, câmara municipal de, 158, 160, 160n, 163-166, 174
Durham, experimento com óleo de peixe, 154-169

Earthletter, 138
eclampsia, 223-224
Eclectech, 141
Economic and Social Research Council (ESRC) [Conselho de Pesquisa Econômica e Social], 327, 331
Economist, 357
eczema, 176
Edgson, Vicki, 195
Edison, Thomas, 156
Efamol, 174
efeito Hawthorne, 156-158
efeito nocebo, 44
efeito placebo 1, 30, 44, 47, 77; era dos medicamentos e, 96-97; anestesia e, 78, 79; angina e, 50, 85; em animais, 50, 94; crença no tratamento e, 88; cápsulas, pílulas e 83; em crianças 50; cor dos comprimidos e, 50, 82; custo percebido do tratamento e, 85; culturalmente específico, 96-97; atitude dos médicos no relacionamento com os pacientes, 89-; obtenção de efeito oposto do fármaco, 93-94; equipamentos eletrônicos e, 87; ética de, 99-101; efeito Hawthorne, 156-158; história do, 77-78; homeopatia, 49-50, 57-73; dor no joelho e, 50, 85; resposta significativa, 96; Moerman e, 96; efeito nocebo, 44; número de comprimidos e, 82-83; operações e, 86; embalagem de pílulas e, 81-82; dor e, 93-94; conhecimento do paciente sobre o placebo e, 94; "explicações placebo", 90; pessoas que respondem ao placebo 96-97; versão placebo provoca efeitos reais do fármaco, 94; análises quantitativas, 95-96; injeções de água salgada, 50, 83; pílulas de açúcar, e 50; experimentos de efeitos, 79-89; experimentos melhoram o desempenho, efeito sobre o, 155-156; valor em cerimônia e ritual e, 80, 84, 99; por que ter um grupo placebo?, 155-159
Efron, dr. Nathan, 248
Elder Pharmaceuticals, 126,184n
eletrólise, 16
Emerald Detox, 16
Equazen, 158, 160-164 174, 176-177
era dourada da medicina, 121, 221, 252-254, 2255-256
Ernst, professor Edward, 61, 64
Escala de Jadad, 65-67
esclerose múltipla, 260
escolas: ginástica para o cérebro, 25-32; experimento com óleo de peixe em Durham, 154-169; ciência com base em evidências nas 10; medicalização das, 169-179; promoção de pílulas como solução dos problemas, 169-178; ensino de ciência nas 10; professores, 25-32
especiação simpátrica, 251
estatísticas: viés de atribuição, 274; disponibilidade de informações, 271-272; ruins, 276-277; má sorte e, 294-297, 316; viés para as evidências positivas, 266-268; viés causado por crenças anteriores 269-

ÍNDICE

270; agrupadas 275-276; correção para comparações múltiplas 286; dragagem e mineração de dados, 285, 286-287; erros em julgamentos levam a aprisionamentos equivocados, 291-297; frequências naturais e, 277, 359; predição de eventos muito raros e, 289-271; randomicidade e, 263-265; regressão à média a, 265-267; viés de escolha, 287-289; influências sociais e, 262-265; a maior, 276-287; por que precisamos de?, 261-275

estudos de intervenção, 146-148

Evening Standard, 279, 302

Exame clínico (Epstein e De Bono), 119

experimentos, Aqua Detox, 14-19; "controle" 21; emplastros de desintoxicação para pés, 22-23; vela de ouvido, 17; com base em evidências, 10, 13; métodos 23; resultados, 23 *ver também experimentos/estudos, médicos*

Experimentos/estudos médicos, 10, 11; dados animais e 11, 113; autores proibidos de publicar dados, 239-240; linha de base, brincar, 228; cegos, 58-60, 63, 65, 72, 224-225; estudos de caso-controle, 333-334; escolhas seletivas, 114-116, 124, 184, 186, 190-191, 199, 344-345; evidências circunstanciais, uso de, 106,107; registro de experimentos clínicos, 240-241; estudos de grupo, 333-335; variáveis de confusão, 108-110; controles nos, 18, 148, 154, 224-225, 333-335; planejamento de, 41, 58-71; experimentos de dieta e intervenções de saúde, 146-148; desistentes, ignorar, 228;

publicação duplicada de resultados de experimentos, 235, 241; fracasso em publicar/não revelar resultados, 175-176; primeiro, 54-55; General Health Questionnaire (Questionário Geral de Saúde), 56; efeito Hawthorne e, 156-159; ocultação de resultados negativos ou prejudiciais, 229, 231-242; homeopatia e, 55-75; ignorar totalmente o protocolo, 228; randomização inadequada de, 224-225; manipulação de doses em experimentos que incluem medicamentos concorrentes, 225-226, 232; manipulação de estatísticas em experimentos, 227-229; manipulação de resultados de experimentos, 224-243; mídia e, 160; meta-análise, 67-70, 80-81, 122, 174-175, 191, 235; falhas metodológicas em, 67-74, 160 *ver também em falha individual*; aberto, 158-159; casos extremos, limpeza de, 229; revisão por pares, 259-261; "pragmáticos", 72; viés de publicação em experimentos, 230-236, 241; publicação, escrutínio e, 58; randomização, 61-67, 225; fraude de pesquisa e, 161-162; efeitos colaterais, ocultação em experimentos, 226-227, 235-236; estatísticas, por que precisamos de, 263-275; resultados substitutos e, 11-114, 227; revisão sistemática, e 115-116, 123; momento da conclusão do experimento, manipulação, 229; torturar os dados, 228; perturbação causada por, 56-57; controle inútil em experimentos, 225; modos em que a indústria farmacêutica pode manipular experimentos 225-243 *ver também em experimentos e no nome do experimento em questão*

Extreme Celebrity Detox, 21

Eye,Q 159, 161, 174

Ezetimiba, 241

Fast Formula Horny Goat Weed Complex [Complexo de ervas do bode excitado], 139

FDA (Federal Drug Administration), 235, 237, 238-239

Feynman, professor Richard, 114 138 294

Field, Tony, 304

Fitzpatrick, Mike, 323

fluxograma metabólico, 22, 117-118

Food for the Brain Foundation (Fundação de Alimentos para o Cérebro), 192

Forbes, Sir John, 49

Ford, Dave, 158, 159, 160, 166

Forensic Science Service [Serviço de Ciências Forenses], 281 - 283

Forest Plot , 68, 191

Foster, Peter, 324

Fox News, 252

Frankfurt, professor Harry, 105-106

Fraser, Lorraine, 332

Fruitella Plus, 128

fumo, 119-120, 121, 123, 255-256, 256n

Galenica, 174

Gant, dr. Vanya, 305

Garrow, John, 142,- 144

Gem Therapy, 87

General Medical Council [Conselho Médico Geral], 175, 311, 316-319, 340

geneticamente modificados, alimentos, 260, 305, 327-330

Gilovich, Thomas, 265, 361-362

"Ginástica para o cérebro", 9, 25-32; artérias carótidas, estimulação das, 26, 31-32; experimentos com base em evidências, 27-28; exercícios, 26-27, 29; custeada pelo governo, 26; bons pontos de, 30; autoridades locais promovem, 26; escolas, envolvimento de, na, 25-28, 31-32

Global Forum for Health Research [Fórum Global para Pesquisa em Saúde], 223

Global Fund [Fundo Global], 204

glucosamina, 172-173

GMTV, 159, 180

Goemaere, Eric, 212

Google, 141

Gould, Stephen Jay, 274

GP Research Database (banco de dados de pesquisa de clínica geral), 333

GQ, revista, 14

Graham, Sylvester, 130

Grazia, 173

Grunenthal, 307, 309

grupos de apoio, 242

Gryll e Katahn, 88

Guardian, 140141, 159, 165, 187, 198, 201, 320

gurus de estilos de vida, 21, 87, 129-151, 179-199 *ver também* homeopatia *e* nutricionistas

Hadacol, 132-133

Hahnemann, Samuel, 42-45, 47

Harvard School of Public Health [Escola de Saúde Pública de Harvard], 212

Health Products for Life, 184n, 193

Health Store News, 138

Health Watch, 144

ÍNDICE

hepatite B, vacina, 313, 315

Herald Tribune, 211

Herceptin, 242

heurística, 263

hidrólise, 20

Higher Nature, 184, 192

Hildebrandt *et al.*, 61, 64

histórias de medo, saúde 12

HIV/AIDS, 98, 110, 180-182, 202, 203-208, 210-215, 220, 239, 290-291, 314

Holford, Patrick, 110, 126, 173, 179-199, 213; afirmações sobre autismo 188; afirmações sobre AZT e AIDS, 181-182, 203; "escolhas seletivas" de evidências, 185-188, 199, 281-283; afirmações sobre resfriados e vitamina C, 181-182, 184; críticas, resposta a, 191-192, 198; CV 192-193; uso de pesquisas que caíram em desgraça, 185-186; ION e *ver* Institute for Optimum Nutrition [Instituto para Nutrição Ótima); mídia e, 179181, 194, 196; afirmação sobre laranjas sem vitamina C, 188, 199; produtos, vendas de, 184, 184n, 193-194; pingente QLink, 193-195; qualificações, 184, 184n, 189-197; sucesso de, 179-180; afirmações sobre vitamina A, 188; afirmações sobre vitamina B, 188; afirmações sobre vitamina C, 181; afirmações de que a vitamina E evita ataques cardíacos, 187, 199

homeopatia, 10-11, 15; acupuntura, 59-60, 79, 84; retorno homeopático, 53; resultados anômalos de experimentos de física, uso de, 48; arnica, 47, 49, 61, 64; benefícios da, 100; reducionismo

biológico e, 98; valor em cerimônia e, 81, 98; casca de quina, 43; Medicina Complementar e Alternativa, termo 41; perigos da 100-101; desenvolvimento de produtos/provas, 45-46; problema de diluição, 43-44, 46-48; distorce a compreensão de nosso próprio corpo, 77; ética da 91-92; marketing, 45; Matthias Rath, apoio para, na comunidade de homeopatia, 216; afirmação sobre a memória da água, 48-49; curas milagrosas e, 53-54; efeito placebo e, 44, 47, 50-51, 53; experimentos positivos, 57-58; regressão à média e, 50-52; sucussão, 43-44, 49; pílulas de açúcar e, 41, 49-50 55; experimentos e, 41-42, 49-75, 232-233, 268, 272; o que é?, 42-45

Horizon, 180, 193

Horrobin, David, 174-176

Hospital da Universidade de Londres, 305

Hospital de Middlesex, 99

Hospital Homeopático de Londres, 99

Hospital St. Mary (Londres), 17

How to Read a Paper (Greenhalgh), 224n, 361

How We Know What Isn't So, (Gilovich) 361-362

Hydrobase, 33

ibuprofeno, 83, 219, 230, 278-279

Immune C, 187

Independent on Sunday, 183

Independent, 17, 53, 247-248,281, 283, 320

indústria de vitaminas, 125-128, 201-205, 210-212 *ver também* homeopatia *e* nutricionistas indústria farmacêutica, 74; publicidade, 219-220, 241-242; autores proibidos de publicar dados, 239-240; experimentos cegos, falta de, 225; marcas e, 82, 97-98; publicação duplicada de resultados de experimentos, 235-236, 241; efeitos das falhas na retomada da homeopatia, 220; males da, 220, 356-357; ocultação de resultados prejudiciais, 235-239, 241; como um medicamento chega ao mercado, 220, 221-229; randomização inadequada de experimentos 225; influência sobre quais fármacos são pesquisados, 223-224; invenção de novas doenças, 169-170; manipulação de doses em experimentos que incluem comparação de medicamentos, 226, 231-232; manipulação de estatísticas em experimentos, 227-229; manipulação de resultados de experimentos, 226-243; marketing de medicamentos, para os médicos, 221-223, 242; medicamentos "eu também", 221; doenças negligenciadas, 223-225; experimentos de Fase, I 222; experimentos de Fase II, 222; experimentos de Fase III, 222; preços, 220-221; lucros, 220-221; prova de conceito, 222; viés de publicação nos experimentos, 223, 229-235; gastos com, P&D 221, 222; efeitos colaterais, mascaramento nos experimentos, 221-222, 235-36; resultados substitutos, uso de, 227; uso de controle inútil em experimentos, 225; valor da 9, 16; sistema Yellow Card e 222

Institute for Cognitive Neurosciences [Instituto de Neurociências Cognitivas], 196

Institute for Optimum Nutrition (ION) [Instituto para Nutrição Ideal], 110, 173, 179, 185, 193, 196-197

Institute of Medicine [Instituto de Medicina], 332

International AIDS Conference [Conferência Internacional de AIDS], Durban, 2000, 185-7

International Criminal Court [Tribunal Penal Internacional] em Haia, 214-215

Ioannidis, John, 257

Irrationality (Sutherland), 361-362

ISRS, medicamentos, 170, 219, 226-227, 234,

ITV, 154, 159, 180, 194, 328

Jackson, Luke, 322

JAMA 240

Jamal, dr. Goran, 175

Jariwalla, dr. Raxit, 181-182

Jenner, Edward, 314

Johnson, Alan, 87

Journal of Cognitive Neuroscience, 27

Journal of Medical Virology, 340

Jurin, James, 313

Kelliher, Adam, 160, 161, 176-177

Kelliher, Cathral, 72,177

Kellogg, John Harvey, 130-131

Knightley, Philip, 308

Knipschild, Paul, 114

Kocher, Theodor, 78

Krigsman, dr. Arthur, 259, 337-340, 342

Kruger, Justin, 306-307

ÍNDICE

Laboratory of the Government Chemist, 281

Ladbrokes 248

Lancet, 70, 87, 95, 187, 193, 308, 315, 318, 339

Laryngoscope, 18

Late Late Show, The, 180

LeBlanc, Dudley J. 131-132

Leicester Polytechnic [Politécnica de Leicester], 301

Lévi-Strauss, Claude, 92-93

Lewis, dr. David, 248

linfedema, 136

Linus Pauling Institute , Palo Alto, 182

Lipitor, 192

Living Food for Health [Comida viva para a saúde], (McKeith) 142, 150

Lombroso, Cesare, 162

London Today, 194

London Tonight, 180

Long, Huey, 132

Loratadine, 221

Macfadden, Bernard, 131

maconha, afirmação de potência aumentada 281

Madsen *et al.,* 334

Magaziner, Howard, 144

magnetismo, 13

malária 43, 100, 354

Malyszewicz, dr. Christopher, 300-305, 309-310Mandela, Nelson, 214

Manual do professor para ginástica para o cérebro, 26

Marber, Ian, 195

Mbeki, Thabo, 204-207, 209-210

McBride, William, 308, 308n

McKeith Research Ltd, 139

McKeith, dra. Gillian, 129, 130, 133, 134, 136, 141, 149, 150, 179, 213, 261; ciência do culto da carga, 137; pílulas herbáceas sexuais ilegais, venda de , 138; falta de conhecimento científico, 133-136; alimentos vivos em pó, 142-143; linfedema, afirmações de ser capaz de identificar, 136; mídia e, 129, 134, 154-155, 140-141; afirmações enganosas, 133-142; paternalismo, 146-147; Ph.D., 129, 136-142; resposta a críticas, 139-145; vendas de enzimas alimentícias, 136; espinafre e, 133-136; site 136

Meadow, professor Sir, Roy 292-294

Meaning, Medicine and the 'Placebo Effect' (Moerman), 362

Médecins sans Frontières [Médicos sem Fronteiras], África do Sul, 212

Medical Journal of Australia, 344

Medical Press, 77

Medical Research Council [Conselho de Pesquisas Médicas], 334, 337

medicamentos: marcas, 82, 97-98; dosagem, curva de resposta, 80, 112; diminuição de novos, 221; como um remédio chega ao mercado 220, 221-229; marketing de, 221-222; eu também, 221; embalagem, 82-83; efeito placebo e *ver* placebo, efeito; P&D 220-221; IRSS *ver* medicamentos IRSS; experimentos *ver* experimentos; sistema Yellow Card, 222 *ver também* indústria farmacêutica *e nome de cada fármaco*

medicina alternativa *ver* homeopatia

medicina dominante: com base em evidências 10, 13, 218, 219, 229; é maligna?, 217-243; era dourada da, 120-121, 221, 252-255;

indústria farmacêutica *ver* indústria farmacêutica

Medline, 105

medos de saúde, dúbios *ver* histórias de medo

medos ligados a vacinas, 313-315

Merck, 237, 239, 241, 330

Mesotelioma, 121

Methodological Errors in Medical Research (Andersen), 224n

Meticilina, 299-310, 311

Metro, 251

Meu filho, meu tesouro, 125

MHRA, 122

mídia, 169; grupos de apoio usados para promover medicamentos na, 242-243; histórias revolucionárias, 253-257; diminuição do número de histórias de ciência, 250-251, 257-259, 327-330, 358-359; experimentos de Durham, cobertura dos 153, 154, 158-162, 164-165, 167, 168; histórias de equação, 246-248; cobertura de alimentos geneticamente modificados, 259, 327, 328, 329-330; formados em ciências humanas com pouca compreensão de ciência, domínio na, 244-245; falta de ciência nas histórias de ciência, 257-259, 328-3299, 331; "cientistas pioneiros", promoção dos, 260, 299, 300-304, 307, 310, 311, 314-321, 326, 329, 330, 331-332; estudiosos médicos, efeito sobre, 344; prática médica, efeito sobre, 343-344; obturações de mercúrio, e 342-343; vacina tríplice viral, cobertura da, 311, 319-321, 325, 327, 330-332, 335-339, 351; nutricionistas, relacionamentos com, 103, 179-182, 194, 196; uso de, grupos de RP para promover produtos, 245, 247-248, 250, 251-253; promove o entendimento errado da ciência 12, 245-261; bobagens sem conteúdo apresentadas como notícias científicas, 251-252; estudos quantitativos das histórias de saúde na mídia, 345-346; histórias de medo, 259, 298-309; jornalistas científicos, deixados de lado, 249-250, 327-329, 358; histórias aparentemente científicas, atração das, 10, 28-30, 92, 126-127; estatísticas, e 276, 278, 279, 280-286; histórias falsas, 244-232

Minogue, Kylie, 344

Miracle Superfood (McKeith), 138

Moerman, Daniel, 80-81, 96, 362

Monsanto, 330

Montgomery e Kirsch, 85

mortes desnecessárias, 125

MRC Centre for Nutrition in Cancer Epidemiology Prevention and Survival [Centro para Nutrição em Prevenção, Epidemiologia e Sobrevivência ao Câncer], Universidade Cambridge, 279

Multiple Risk Factor Intervention Trial [Experimento de Intervenção de Múltiplos Fatores de Risco], 146

Myth of the Balanced Diet, The, 184

Nações Unidas, 212

Naproxeno, 237-239

National Health Service [Serviço Nacional de Saúde], 242, 288, 305, 355

National Institute for Clinical Excellence (NICE) [Instituto Nacional para Excelência Clínica], 218n, 242-243

ÍNDICE

Nature, 120

New England Journal of Medicine, 235, 238, 344

New Optimum Nutrition Bible, 181, 183, 186

New York Times, The, 211, 345

News of the World, 301

Newsnight, 100, 104-105

Newsweek, 132

novas entidades moleculares, diminuição do número de, 170, 221

"O feiticeiro e sua magia " (Lévi-Strauss), 92-93

O'Leary, professor John, 339, 341-342

Observer, 17, 159, 173

óleo de peixe, 150-168, 175-177

óleo de prímula, 161, 175-176

Oliver, Jamie, 168

Olivieri, Nancy, 240

Ondansetron, 235

Opodo 248

Optimum Nutrition Magazine, 185

Organização Mundial de Saúde (OMS), 211, 224, 314

Oxazepam, 82

Panorama, 343

Parker, Peter, 78

Parkinson, doença de, 94

Pasteur, Louis, 314n

Pauling, Linus, 114-115

PCR, 341, 342

Peckham Report 325-6

Pediatrics, 341

pêndulo de cristal 324

Pepfar, 210

Peto, Richard, 120, 122

PhDiva (blogueira), 141

Phillips, Melanie, 336

Physical Culture, 131

Picardie, Justine, 332

pingente QLink, 193-195, 195n

Pitman Medical, 88

Play Your Cards Right [Jogue bem suas cartas], 52, 266

poliomielite, 314-315

Portwood, Madeline, 158, 160, 163-164, 166

Press Association, 159

Press Complaints Commission [Comissão de Queixas contra a Imprensa], 49, 74, 198, 358

professores, escola, 13, 15-16, 19, 20

Projeto Carélia do Norte, 148-149 nutricionistas, 11-12, 30, 75; envelhecimento, abordagem ao, 104-105; álcool, afirmações sobre, 108-109; dados de animais e, 111-113; antioxidantes, afirmações sobre 116-128; autismo e, 188; denominam a si mesmos homens/mulheres de ciência, 11, 137-142, 1179-180, 184, 188, 189-197; câncer, afirmações sobre o 12, 103, 110, 113-114, 118, 120, 122-124, 181; ciência do culto da carga, 137; "escolhas seletivas" de evidências, 114-116, 124; evidências circunstanciais, uso de, 106-107; resfriados, abordagem diante de, 106-107, 184-186; variáveis de confusão, ignorar as, 108-110; dieta e saúde, falta de evidências de conexões entre, 145-150; mudanças na alimentação, experimentos randomizados e com controle sobre os efeitos de, 146-150; os dados existem?, 104-106; dra. Gillian McKeith ver McKeith, dra. Gillian; ácidos graxos essenciais, afirmações sobre, 160-161; óleo de peixe, afirmações sobre, 150-168; sementes de linho, afirmações sobre, 150-151; ácido fólico, afirmações sobre, 183; enzimas alimentares, afirmações sobre, 136-137; alimentos são menos nutritivos agora, afirmação de que, 188; suco de frutas, afirmações sobre, 104-105; números históricos de, 129-133; óleo de linhaça, afirmações sobre, 161; manufatura complicada para justificar a existência da profissão, 144-145; mídia e, 103, 179-183, 194, 196; distorção das evidências, 103-104, 110-116; "terapeutas nutricionais", 11, 179; energia nutricional, afirmações sobre, 135-136; azeite de oliva, afirmações sobre, 107; ômega-3, afirmações sobre, 150-153, 160, 173-174; ômega-6, afirmações sobre 150-151; movimento de alimentos orgânicos e, 130; salsinha, afirmações sobre, 150-151; paternalismo, 145; professor Patrick Holford *ver* Holford, professor Patrick; óleo de prímula, afirmações sobre, 161, 1175-176; como profissional, 12, 103, 1144-145; qualificações do, 137-142, 180, 182, 187-197; alimentos crus, afirmações sobre, 142; religião/moralidade e, 130-131; reputação do 129; resposta aos questionamentos, 139-144; rugas na pele, afirmações sobre, 105, 106-108; espinafre, afirmações sobre, 133-135; resultados substitutos e, 1-114; títulos de profissionais, 179, 179n; cúrcuma, afirmações sobre, 110, 113-114; vitamina A, afirmações sobre, 123, 128, 188; vitamina B, afirmações sobre, 184, 188; vitamina C, afirmações sobre, 110, 114-115, 128, 151-152, 184-187, 187n, 188-189; vitamina D, afirmações sobre, 160; vitamina E, afirmações sobre, 120-124, 128, 188

Prosser, Karen, 352

Prosser, Ryan, 352

PubMed, 144, 337,339

Pusztai, dr. Arpad, 260, 328, 330

Quality Assurance Agency for Higher Education (QAA) [Agência de Garantia de Qualidade para a Educação Superior], 196

Quesalid, 92

radicais livres, 118-119

Randi, James, 48, 295n

Ranitidina, 97

Rasnick, David, 205-206

Rath, Matthias, 201-205, 207, 210-216

Reckoning with Risk (Gigerenzer), 290n, 362

reducionismo, atração do, 29, 99, 128, 170

reforço da comunidade, 273-274

"regressão à média", 51-53, 265-267

Reid, John, 304-305

relações públicas (RP), 246-254

reposição hormonal, terapia de, 125

resfriados, comuns, 51-52, 114-115, 185-187, 187n

Reuters, 342

Ridgway, dr. Geoff, 305

Roberts, Gwillym, 193

Roche, 126

ÍNDICE

Rofecoxibe (Vioxx), 219, 237-239, 330

Royal College of General Practitioners, 321

Royal Free Hospital, 315, 317, 318, 326, 352

Royal Pharmaceutical Society [Real Sociedade Farmacêutica], 173

Royal Society, 260, 337

Sainsbury's, 128

Salvarsan, 80

sarampo, caxumba e rubéola debate sobre o uso da vacina contra, 16, 209, 220, 267, 298, 310-351; Andrew Wakefield, papel de, 261, 305, 311-312, 315-321, 326, 330, 331-332; evidências individuais, uso de, 271; autismo, e 315317, 321-333, 338-321; benefícios da vacina, 345-351; estudo de caso-controle, 333-334; estudo de grupo 334-335; "especialistas" e, 109; "estudo Kawashima", 320, 338-340; material genético (RNA) de cepas de vírus de sarampo de vacinas encontrado em exames de fezes de autistas e de pessoas com problemas intestinais, Wakefield fez afirmações sobre, 338-341; homeopatas e, 99-100; *Lancet*, estudo de Wakefield no 324-329; Leo Blair e, 323-326; cobertura da mídia sobre, 12, 88-90, 100, 2360-261, 318-321, 324-326, 327-332, 337-344; taxa de vacinação, efeitos da queda na, 343-351; Nick Chadwick, papel de, 320-322, 340; evidências sobre, 332-337, 340-342; uso de pesquisa não publicada, 260; medos de vacinas no contexto do, 313-314

Schairer e Schöniger, 256n

Schering-Plough, 221, 241

Schwitzer, Gary, 345

Science Citation Index, 256n

Scientific American, 314, 351

Scolnick, Edward, 238

Scotsman, 251

Sem habilidade e sem noção: como dificuldades em reconhecer a própria incompetência leva a exageros em suas capacidades, (Kruger/Dunning), 284-5Semmelweis, Ignaz, 314n

serviço de saúde pública dos Estados Unidos, 80

Shang *et al.,* 69-70

Shattock, Paul, 337

Síndrome da Morte Infantil Súbita (SIDS), 292-294

Sky News, 180

Sky Travel, 248

Smeeth *et al.,* 333-334

Smith, dr. Richard, 185

Snow, C. P., 9

Snow, John, 122

Sociedade de Nutrição, 106

Society of Homeopaths [Sociedade de Homeopatas], 46

Spock, dr. Benjamin, 125, 299

Sports Illustrated jinx, 52, 266

Stevenson, dr. Paul, 248

Straten, Michael van, 104-106, 110, 111

Stryer, 117

Summerbell, professora Carolyn, 191

Sun, 141, 159, 249, 251, 302, 320

Sunday Mirror, 301, 304-305

Sunday Times, 14, 173, 183, 308, 318

suplementos alimentares: AIDS e, 181-182; antioxidantes 21, 116-128, 145, 171-172, 190; suplementos de cálcio,

125; câncer e, 12, 103, 110, 113-114, 118, 120, 121-123, 181; resfriados e, 114-115, 184-188; custo dos, 188; óleo de peixe, 150-151, 154-168, 175-177; Gillian McKeith e *ver* McKeith, dra. Gillian; imagem do setor, 168; desânimo e 168-169; marketing de 126-129, 167-175; mídia e setor de, relacionamento entre, 153-154, 158-161, 166, 169, 171, 195-198; Patrick Holford e *ver* Holford, professor Patrick; pílulas como soluções para problemas, incentiva a ideia de, 168-171; poder do setor, 125-126; determinação de preços, 127; afasta outros fatores de estilo de vida do debate sobre saúde, 168-'69; defesas aparentemente científicas dos produtos, 126-127; experimentos, 150-152, 154-167, 175-176, 183-192, 194-195; valor do setor, 9, 174, 177; vitaminas, 34-35, 110, 114-115, 121-127, 151, 181, 18-188, 199 *ver também nutricionistas*

Sykes, Kathy, 78

Systematic Reviews, 114

talidomida, 307-309

Tallis, Raymond, 91

Teesside University, 180, 183, 188, 189, 190, 191, 192, 193, 195

Temple, Jack, 324, 325n

teoria evolucionária, 249-251

terapeutas alternativos, 21, 357-358 *ver também* homeopatia

Tesco, 248

Testing Treatments (Evans/Thornton/Chalmers) 224n, 361

This Morning, 180

Thompson, dra. Elizabeth, 73-74

Thoughtful House, 338

Timerosal, 313

Times, The, 36, 97-98, 159, 194, 260, 284, 287, 326, 338

Today, 278, 337

Tonight with Trevor MacDonald, 180

Toronto Haemoglobinopathies Programme , 240

Tramer, Martin, 235

Treatment Action Campaign (TAC) [Campanha de Ação de Tratamento], 207, 213-215

Treatment for Self-Abuse and its Effects (Kellogg), 131

Tripanosomíase, 223

Tshabalala-Msimang, dra. Manto, 205, 207-208, 210-211

Tuskegee Syphilis Study [Estudo Tuskegee sobre Sífilis], 80

UNAIDS, 211

União Europeia, 139

UNICEF, 211

Universidade Cardiff, 247, 249

Universidade de Birmingham, 246

Universidade de Cambridge, 252, 279

Universidade de Luton, 196-197

Universidade de Stellenbosch, 208

Universidade de Surrey, 248

Universidade Liverpool Moores, 248

universidades: padrões em declínio dentro das, 11-12, 180, 183, 184, 185-193 qualificações dúbias, 180, 183, 184-193, 300-301; histórias de fórmulas que saem das, 245-246; homeopatia em, 73-74; mídia, relacionamento com, 78-79; estudos patrocinados por, RP 246-52; professores de compreensão pública de ciência, 78-

79; histórias excêntricas que saem das, 244-245; equívocos que entram nas, 11-12

valores "p", 296-297
van Helmont, John Baptista, 61
varíola, 312-313, 314
vaselina, 33
Veet 252
velas de ouvido Hopi, 17
velas de ouvido, 17-18,154-155
Velho Testamento, 54
Viagra, 170
Victoria Health, 173
viés de atribuição, 274
VIGOR, 237
Village Voice, 206
vinho, antioxidantes e, 128
VitaCell, 204
"Vita-Long", 132
vitamina A, 34-35, 123, 128, 188
vitamina B, 185, 188
vitamina C e, 105, 110, 128, 151-152, 181, 185-187, 187n, 180
vitamina E, 121-124, 128, 188
Voltaire, 51

Wakefield, Andrew, 261, 305, 311-312, 315-321, 326, 330, 331-332, 336, 337, 338-339, 352, 356
Warwick, dr. Kevin, 246
Washington Post, 206
Weber, professor Richard, 252-253
Wells, H. G., 252, 280
Wild Pink Yam, The [Rosa Selvagem], 131n, 139
Williams, professor Hywel, 175
Wilson, doença de, 223
Wilson, dr. Peter 302, 305
Winterson, Jeanette, 97
Wolpert, professor Lewis, 258n
Woman's Own, 159
Womens Health Initiative [Iniciativa de Saúde Feminina], 147
World in Action, 328
WPP, 254

Yellow Card, sistema, 222, 308
You Are What You Eat, 135

Zigzag, 78

O texto deste livro foi composto em Sabon,
desenho tipográfico de Jan Tschichold de 1964
baseado nos estudos de Claude Garamond e
Jacques Sabon no século XVI, em corpo 11/15.
Para títulos e destaques, foi utilizada a tipografia
Frutiger, desenhada por Adrian Frutiger em 1975.

A impressão se deu sobre papel off-white
pelo Sistema Digital Instant Duplex da Divisão
Gráfica da Distribuidora Record.